科学新经典文丛

量子时刻：奇妙的不确定性

【美】罗伯特·P. 克里斯（Robert P. Crease）

【美】阿尔弗雷德·沙夫·戈德哈伯（Alfred Scharff Goldhaber）　著

刘朝峰　译

人民邮电出版社

北京

图书在版编目（CIP）数据

量子时刻：奇妙的不确定性 /（美）罗伯特·P.克里斯（Robert P. Crease），（美）阿尔弗雷德·沙夫·戈德哈伯（Alfred Scharff Goldhaber）著；刘朝峰译. -- 北京：人民邮电出版社，2016.7（2023.9重印）
（科学新经典文丛）
ISBN 978-7-115-42419-8

Ⅰ. ①量… Ⅱ. ①罗… ②阿… ③刘… Ⅲ. ①量子论 Ⅳ. ①O413

中国版本图书馆CIP数据核字(2016)第132235号

版 权 声 明

- ◆ 著　　[美] 罗伯特·P. 克里斯（Robert P. Crease）
　　　　　[美] 阿尔弗雷德·沙夫·戈德哈伯
　　　　　（Alfred Scharff Goldhaber）
　　译　　刘朝峰
　　责任编辑　刘　朋
　　责任印制　彭志环
- ◆ 人民邮电出版社出版发行　北京市丰台区成寿寺路 11 号
　　邮编　100164　电子邮件　315@ptpress.com.cn
　　网址　https://www.ptpress.com.cn
　　北京盛通印刷股份有限公司印刷
- ◆ 开本：880×1230　1/32
　　印张：10.875　　　　　　2016 年 7 月第 1 版
　　字数：216 千字　　　　　2023 年 9 月北京第 19 次印刷
　　著作权合同登记号　图字：01-2015-1710 号

定价：45.00 元
读者服务热线：**(010)81055410**　印装质量热线：**(010)81055316**
反盗版热线：**(010)81055315**
广告经营许可证：京东市监广登字20170147号

内容提要

量子这个想法于 20 世纪早期诞生在物理学的一个偏远角落里，它说能量是一份一份具有有限大小的而不是无限可分的。这在大众的想象中植入了丰富的比喻和象征。量子意象和语言现在就像一连串无穷无尽的光子一样轰击着我们。诸如平行宇宙、量子跃迁、不确定性原理以及薛定谔猫这样的说法不断出现在漫画、电影、小说、哲学、艺术以及日常生活中，被每一代新的艺术家和作家重新解释。

量子跃迁是大还是小？不确定性原理有多不确定？这种量子词汇的密集轰击是做作古怪的，抑或是我们思考方式的一个根本改变？在这本开创性的图书中，哲学家罗伯特·P. 克里斯和物理学家阿尔弗雷德·沙夫·戈德哈伯把量子从科学理论到公众理解的艰难之路生动地展现在我们面前。他们追溯了量子理论的发展历程，对比分析了量子领域和传统领域的不同之处，探讨了量子在每件事物中的表现形式，揭示了量子世界的奇异之处及其对科学和当代世界的影响。科学和人文领域的读者都可以从中受到启发。

献给学习科学的人们，无论年龄大小，

愿你们能享受不计其数的安全旅程

与科学发现的无穷喜悦。

作者介绍 |

罗伯特·P. 克里斯（Robert P. Crease）：美国石溪大学哲学系教授；《物理观察》期刊的联席主编，并为《物理世界》杂志撰写每月专栏《临界点》；英国物理学会（位于伦敦）会员，美国物理学会会员。他撰写、合著、翻译、编辑过 10 多本图书，包括《权衡中的世界：对绝对测量系统的历史性追寻》《伟大的方程：科学中的突破，从毕达哥拉斯到海森堡》《棱镜和摆：科学中 10 个最精彩的实验》。他的文章和评论刊登于《大西洋月刊》《纽约时报》《华尔街日报》《科学》《新科学家》《美国科学家》以及其他学术和大众出版物。在纪念哲学家和趣味数学家马丁·加德纳的聚会中，他喜欢和儿子扮演"矩阵博士"。

阿尔弗雷德·沙夫·戈德哈伯（Alfred Scharff Goldhaber）：美国石溪大学杨振宁理论物理研究所教授，美国物理学会会员，是他们家三代物理学家中的第二代。他与母亲合写了也许是物理学史上的首篇母子合著论文，内容有关原子核的振动；他与百岁高龄的父亲在《今日物理》上合写了一篇关于中微子性质的文章。戈德哈伯研究磁单极子、基本粒子、原子核、凝聚态物理学、天体物理学和宇宙学，写过很多物理学专题研究综述文章。除了和罗伯特·P. 克里斯合写了《量子时刻：奇妙的不确定性》之外，他还开设了一门面向本科生的课程"量子力学的物理和数学基础"。他的大众讲座包括《安培、法拉第与基础物理学的方式方法》和《激进的爱因斯坦与保守的爱因斯坦》。

译者序 |

量子力学是 20 世纪物理学的重大成就之一，其对物理学以及科学技术的发展产生了巨大的影响。例如量子力学与狭义相对论结合产生的量子场论，用于描述自然界中的 3 种基本相互作用：强、弱和电磁相互作用。量子力学是半导体技术革命的基础，没有量子力学，计算机、手机等现代生活中习以为常的东西都不会存在。尽管现在距离量子力学的诞生已过去了大约一个世纪的时间，但量子力学和量子技术仍处于蓬勃发展阶段，量子通信、量子计算机等有可能在将来影响每一个人的生活。

日常生活中人们熟悉的宏观低速世界可以非常好地由牛顿力学来描述，而微观世界物理现象（如原子）的描述则需要量子力学。量子力学中的不确定性原理告诉我们，不能同时精确地测量微观粒子的一对共轭变量，例如位置和动量。对其中一个变量的测量越精确，对它的共轭变量的测量就越不精确。而在牛顿力学中，物体的位置和速度（动量）是可以同时被知晓的。量子力学的这个以及其他不同于我们日常经验的性质引发了对实在性等哲学问题的讨论。

正因为量子力学具有不同寻常的性质，并且对现代社会和生活具有非常大的影响，对牛顿学说时代以来的哲学观念提出了挑战，所以一点都不奇怪它的一些专业用语甚至方程式会出现在文学、艺术和日常语言中，受到大家的广泛讨论。比如量子力学除了有玻尔、海森堡等物理学家主张的、"标准的"哥本哈根诠释外，还有其他诠释，其中的平行世界或多世界诠释为小说和电影提供了丰富的题材和巨大的想象空间。

本书以量子力学中的物理学术语如何出现在日常语言、文学以及艺术作品中为线索，讲述了量子力学的历史以及它对哲学、文学以及艺术的影响。中间穿插着与量子力学发展相关的物理学家的故事，例如普朗克、玻尔、爱因斯坦、海森堡、薛定谔、泡利、玻色等。本书从不同的视角审视量子力学的发展以及它对社会科学、人文精神的影响，适合所有类型的读者阅读。生活在现代社会的人不一定需要理解量子力学，但应该了解量子力学的历史及其对人类的影响。本书的两位作者分别为美国石溪大学哲学系和杨振宁理论物理研究所的教授，这本书源于他们合作开设的一门本科生课程"量子时刻（The Quantum Moment）"，书中有不少生动的教学实例、幽默活泼的语言以及对物理概念和图像通俗易懂的解释。希望读者阅读本书时能有所收获，享受到阅读的乐趣。

感谢我的妻子暑业，她是译文的第一位读者，给我提了很多修改意见。感谢我们的孩子，他们给我的生活带来了很多乐趣，尽管有时候也让人抓狂。

限于水平，加上时间有限，译者对一些语句的理解和把握肯定有不到之处，书中可能存在错误和不妥的地方，敬请读者批评指正。译者电子邮箱：liuzf@ihep.ac.cn。

刘朝峰

2016 年 6 月

目　　录

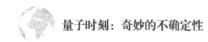

引 言

不久前，我们俩在教室里听学生作期末报告，报告内容必须有原创性工作。有两个学生朗读了简短的剧本，一个学生表演了一首嘻哈歌曲，其他学生通过各种各样的媒介展现他们的艺术作品。有一个正在接受精神分裂症治疗的学生欲说还休，但最后还是勇敢地用量子力学里的叠加态语言解释了这种病带来的痛苦，使得通常喧闹的教室变得寂静无声。接下来是两个理科生作报告，他们戴着安全护目镜，将液氮倒在一种特殊的第二类超导体磁铁上，给大家演示了"量子悬浮"，解释了这个现象背后的阿布里科索夫－迈斯纳效应。在报告期间，学生们拿能找到的各种有关量子的话题开玩笑，包括网页上"量子啤酒"和"量子爵士乐"等诸如此类的东西。最后是一个学机械工程的学生作报告。他拿出一堆零碎东西，包括百事可乐瓶、眼镜、透明胶带以及一个乒乓球等。他将这堆东西一起摆到教室前面，从一个特定的角度投出一束光到这堆杂物上。结果让所有人都大吃一惊：墙上出现了一只猫的清晰影像。

这些报告是"量子时刻"这门课布置的最后作业，这门课我俩已经一起教了 6 年。这是一门面向物理和哲学专业的选修课，吸引了不同专业方向的学生。文科学生选修这门课是被"量子"

猫的影像（胡安·梅萨摄）

这个词到底是什么意思所吸引，而选课的理科学生想知道一个科学术语能否以及为什么能真正应用于人类行为。其他学生则被抓人眼球的课程名称所吸引，或者是这门课满足了某些课程要求，同时也和他们排满的课表不冲突。

这门课是关于量子的文化影响的。"量子"这个词描写了这样一个事实：能量的传递是以一份一份有限大小的方式进行的，它不是无限可分的。量子于1900年被引入用来解释光是如何被发射和吸收的，当时这些现象属于物理学的一个偏远分支，让人感到困惑不解。随后发生了两次量子革命。第一次发生在1900年到1925年之间，当时科学家们探讨和发展了这个理论，但没有引起公众的广泛关注。随后从1925年到1927年，这个理论经过第二次革命发展成了量子力学。量子力学不同寻常的推论激发了公众的好奇心和讨论。直到 80 多年后的今天，对于如何理解第二次量子革命，人们仍然感到茫然，很多人觉得它令人困惑，有些虚无缥缈，甚至骇人听闻。几乎每个月都有关于量子的新书籍出版。"量子"这个词被用到了日常生活中，出现在戏剧、诗歌、电影、绘画、小说、音乐、哲学、无数的公司名称以及以"大众科学"方式出现的心理学和神经科学中。海森堡的不确定性原理、薛定谔猫、平行宇宙以及其他量子力学的概念和图像出现在 T 恤衫、咖啡杯、漫画、小说、诗歌以及电影中。在一个美国电视系列剧《绝命毒师》里，海森堡是主人公的化名，他是一位高中化学老师，制造和贩卖非法的药物——冰毒。2012 年 3 月，《纽约时报》的一篇评论文章说量子术语恰当地描述了总统候选人米特·罗姆尼的竞选活动以及个性："因为我们已经进入量子政治时代，米特·罗姆尼是第一个量子政治家。"[1] 在 2012 年 11 月的竞选中击败米特·罗姆尼的奥巴马总统在采访中引用了海森堡的不确定性原理来解释他是怎样从顾问那里寻求指导和意见的。我们问上课的学生，在 21 世纪，为什么量子这个概念在**人类**世界里仍然作为一种隐喻出现：狂野而神秘，充满创造力？

我们给的阅读书籍和文章每个学期都有变化，但涵盖历史、哲学和社会学，甚至还有一些戏剧（包括迈克尔·弗莱恩的《哥本哈根》）和小说（比如尼尔·斯蒂芬森的《飞越修道院》）。我们给学生们提供一些背景知识，帮助他们理解各种各样的概念和图像（如不确定性原理、互补性、薛定谔猫、平行宇宙等）是如何从量子这个想法中发展出来的。我们要求学生们仔细思考量子语言和图像是如何被使用和滥用的。比如，在《另一个地球》和《兔子洞》这样的电影中，平行宇宙的使用是一个半科学性的深刻剧情转折还是一个转移注意力的噱头？

学生们的期末作业涉及由量子启发而来的创造性作品，可单独完成或者小组合作完成。除了前面已经提到的那些学生，其他学生也谱写过歌曲，制作过多媒体展示，装饰过衣物，创作过抨击或揶揄滥用量子的表演艺术。有一年，学生们制作了一段关于一个物理专业大二学生的视频（演员是一个物理专业的大二学生），他正在努力学习量子力学。有一天，这个学生走进了石溪大学的物理答疑室（一个真实存在的地方），期待着那天有一个好的答疑老师在那里。一个英语专业的学生（由一个英语专业的学生扮演）跑到他跟前：

英语专业学生：感谢上帝，你在这儿真是太好了！我一定得找个人说说。我刚读了篇讲量子力学的文章，我说了你绝对不会相信。根据牛顿定律，所有事情都是确定的，但现在量子力学说没有什么是确定的。这里有个海森堡不确定性原理，我是说，我能到外面去，但可能根本就没有什么所谓的外面……我从宿舍里出来，天气晴朗，但现在（指着她的伞）有可能正在下雨。

物理专业学生（恼怒地）：外面的天气很好，我发誓。

英语专业学生：现在所有的事情都不确定了。根据牛顿定律，所有事情都没问题，今天天气好，但现在不再是这样了……我是一个粒子还是波？甚至你真的存在吗？

物理专业学生（生气地）：你没问题，我没问题，你的仓鼠没问题，你的宿舍也没问题。

英语专业学生（突然睁大了眼睛）：我的仓鼠！我的宿舍！……我不知道我的仓鼠现在在干什么……什么都是一团糟……

物理专业学生在他的笔记本上写下"为什么是我？"，然后站起来离开了教室。

"我看了你们学校扩展后的课程设置，'职业摔跤时代的量子力学诗歌'这门课看起来有些牵强吧。"

我们两一个是物理学家，另一个是哲学家。物理学家戈德哈伯教一门关于量子力学基础的入门课程。量子力学现在是一个已经很完整并被充分理解的有关物质和能量的理论，它基于这样一个发现：在亚原子大小的尺度上，能量具有有限大小，不可无限细分。这一非凡的理论尚未做出过被证明是错误的预言。哲学家克里斯开设的课程探讨这一理论对空间、时间、因果律和客观性等这样一些概念的影响。我俩一起开设的这门课，源于我们经常一起讨论对于学术语言和大众语言中常常点缀着"量子这"和"量子那"这一现象的不解。这些词有些确实是眼光独到，用得恰到好处，有些却只是一些毫无意义的时髦用语，就为了给人留下深刻印象或博得出彩。

开始我们以为量子对文化的影响不会很重要，我们将会找到的相关词汇和图像只不过是江湖骗子迷惑轻信者的小伎俩，或者是一些略知科学知识的艺术家在借用科学的文化权威和影响力。后来我们发现量子语言和图像确实经常以一些滑稽、做作、古怪和滥用的方式被使用，但我们也注意到量子为思考人类和整个世界提供了一些重要的新的字眼和方法，这已经成为了第二自然。量子语言和图像对整个世界的渗透范围之广让我们吃惊。"quantum"（拉丁语中的"多少"）以及它的复数形式"quanta"仍然按照它的词源以常规的方式继续出现。一个例子是出现在一条还经常被引用为"Quanta Cura"的教皇教谕的标题中。这是一条于1864年，远在量子力学出现之前，由教皇庇护九世写的教谕。这个标题来自于文件开头的几个拉丁词语，意为"何等关心"。但在量子力学出现之后，许多作家和诗人以独出心裁的方式使用着量子语言和图像。2006年的畅销书之一《欢乐家庭：一个家庭的悲喜剧》是艾丽森·贝须朵的漫画传记，描写了她和父亲的关系以及后来的结果。书中有一个惊人的场景：在著名的纽约石墙事件（被认为是同性恋解放运动的开始）发生几个星期之后，她的父亲带她去了纽约。贝须朵以形象再现的语句写道："我承认宣称和这个被神化的爆发地点有联系是荒谬的，但难道没有一个持续的振动、一个反抗的量子粒子仍然在这湿润的空气中飘荡吗？"[2]

来自艾丽森·贝须朵的《欢乐
家庭：一个家庭的悲喜剧》

　　什么样碎裂的历史－语言学之路可能联系着庇护九世和艾丽
森·贝须朵想表达的意思呢？物理术语对艺术、文学和哲学的渗
透和影响究竟是怎样成为可能的？它对社会领域产生了影响吗？
改变了我们的习惯和看法吗？反过来，文化的方方面面影响过量
子力学的发展吗？艺术及一般文化的发展和量子物理的发展这两
者之间有一种相互共鸣吗？为什么量子力学这个科学家一个世纪
以前的发现、一个现在已经被认为是理所当然的发现，在每一代
作家和艺术家看来仍像是一个新发现？我们发现，解读量子力学是
一种解释学的罗夏测试。通过探究为什么有些人把量子力学和东方
神秘主义联系在一起，而另外一些人则把它的产生归结于当时盛行

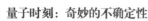

的社会焦虑，我们学到了很多东西。

弄清楚量子力学的含义（怎么把它和我们熟悉的世界以及问题联系起来）是 20 世纪早期的智力大挑战之一。也许在没有经过长期培训的情况下，不可能指导不做科学研究的人学好量子力学中的物理和数学，但展示和说明它的概念问题或者让人迷惑的地方，追寻艺术家和作家在这些方面制造的联系还是有可能的。在接下来的内容中，我们简要介绍量子力学的发展，从而一个一个地解释它的术语和图像是怎样以各自的方式开始出现在艺术、文学和日常语言中的。本书整体以一个很长的故事展开，它又由一系列相互关联的短故事构成。在每一章结束之后和下一章开始之前，我们提供一段插述来解释一些技术细节或提及在正文中没有提到的相关话题。有些读者可能想跳过这些讨论，这不会影响阅读节奏，可以这样做。

专家提醒：你可以放心地忽略任何包含短语"按照量子力学"的话。

第1章　牛顿时刻

"我在某种程度上绝对地喜欢**也许死了的猫**。"我说。

"他们不差，是的。有点假装知识分子，但我们不都这样吗？"

"我想他们的乐队名字是引用，比如这个物理学家。"我说。实际上，我**知道**。我刚刚在维基百科上查过这个乐队。

"是的，"她说。"薛定谔。但是乐队名很失败，因为薛定谔以指出量子物理的这个悖论而出名：在某些情况下，一只没被看到的猫可以既是活的也是死的。不是也许是死的。"

——《两个威尔》

奥地利物理学家埃尔温·薛定谔在1935年评论他的同行们想不明白量子力学时，半开玩笑地提出了他这只现如今很出名的猫。他不会想到这只猫将会牢牢地植入流行文化中，出现在小说和漫画中，纹饰在咖啡杯和Ｔ恤衫上。一个最近的例子出现在《两个威尔》中。这是一本由约翰·格林和戴维·利维坦著于 2010 年的青少年小说。在书里面，威尔向简（他对这个女孩有着复杂和难以表达的情感）问起薛定谔猫。简描述了这个奥地利物理学家著名的思想实验，然后接着说："薛定谔不是在支持杀猫或别的什么事……只是说一只猫可以同时既是活的又是死的，这看起来有点不可思议。"

威尔沉思了一会，思索着他自己复杂的情感。他真的被简迷住了，但又委婉地拒绝了她的第一次索吻。他不认为一个东西可以同时既真实存在又不真实存在这样的想法是根本不可能的。"在打开盒子之前，所有我们放在密封盒子里的东西都既是活的又是死的，"他对自己说，"没有观察到的东西既在那也不在那。"[1]

薛定谔猫的另一个不同用法出现在《来世蓝图》中，这是瑞安·布迪诺特的一本描述世界末日的科幻小说（2012 年出版）。在小说里面，名为艾比·福格的主人公在她不知情的情况下，被人编程渗透到另一个现实中，她总是以既死亡又活着的形式出现。有一天在停尸房里，她毛骨悚然地看到两个裸死的相同的自己。"艾比，你的自我已经进入叠加状态，"法医主任告诉她，"这就像你同时既是活的又是死的。这种同时性是一种自我复制系统，在系统里存在着你的死亡自我的各种快照。我告诉你，这让尸检非常困难。"[2]

薛定谔猫是流行文化中出现的众多来自于量子力学的图像和词语之一。有时候，它们是玩笑性质和讽刺性的，但有时候，它们是严肃的，为人类怎样看待彼此和这个世界提供了一种新的视角。

为理解这些来源于有关光如何被发射和吸收这一物理学偏远角落的图像和术语怎么会发挥出这么大的文化影响力，我们必须先理解量子出现时所处的科学框架背景，这个框架由300多年前艾萨克·牛顿的工作所设定。我们也必须先理解牛顿的工作产生的文化影响。

艾萨克·牛顿

2004年，纽约公共图书馆举办了一个无论是范围、内容还是地点都不同凡响的展览。展览名为"牛顿学说时刻：艾萨克·牛顿和现代文化的建立"，在图书馆位于曼哈顿第五大道和第四十二街交叉处的主馆举行。参观者进入这座学院派（或称布杂）风格的建筑，要经过两座著名的狮子雕像（绰号为"耐心"的在你左边，绰号为"坚韧"的在你右边），走上大理石台阶，穿过巨大的柱子进入大厅。指示牌引导你到达宏伟的主展览厅，这里不见通常的图书馆展览中出现的单调图画和文件，而是一系列让人惊叹的物品，展示了艾萨克·牛顿爵士（1642—1727）的工作对文化的巨大影响。

这些物品包括地球仪、太阳系仪（太阳系的模型）和望远镜，牛顿及其追随者的雕塑和半身雕像，关于牛顿生活片断和所做实验的画作，荷加斯、威廉·布莱克和其他人关于牛顿及其工作的肖像画。一个说明援引了诗人亚历山大·波普的著名对句：

自然和自然定律隐藏在黑夜里；

上帝说"让牛顿来吧"，然后一切变为光明。

其他展品反映了对牛顿及其工作不那么颂扬的、更加矛盾的看法。威廉·布莱克的牛顿素描画和之后的油画描绘的是，科学家被仪器和他正在画卷上描绘的图画所吸引，以一个不好看甚至是扭曲的姿势，背对着他所处的漂亮的自然之海。布莱克敬重牛顿的成就，但是谴责他的机械世界观和由此衍生出的机器的统制。布莱克对此的厌恶程度在他的座右铭中显而易见："艺术是生命之树，科学是死亡之树。"

牛顿（威廉·布莱克作，1795—1805）

展览包括一份牛顿大作《自然哲学的数学原理》的第一版，这是它第一次在美国展出，上面有牛顿本人为下一版所做的手写订正。同时展出的还有《自然哲学的数学原理》的外国版本、针对女性读者的文摘版本，和关于牛顿科学学说的少儿系列读物《汤姆望远镜》。附近摆有由光、引力、轨道、光谱、测量规则和秩序，以及其他由牛顿学说主题所启发的画作。

展览展示了由牛顿的工作引起的世界观革命。加州理工学院历史学家莫迪凯·法因戈尔德在展览的目录上写道："启蒙和革命的时代可被看作牛顿学说的时刻，这可被理解为表示着这样一个时代和样貌：牛顿学说思想渗透到了欧洲文化的方方面面。"[3]在日常用语中，"时刻（moment）"意为一段时间。在英语中，物理学家赋予了它专业性质的含义，和转动相关，即一个扭曲力或扭矩，或者是一个物体对这个扭矩的抵抗。历史学家，比如法因戈尔德使用"moment"有两重涵义：一个是指一个根本性的变化发生的特定时间段，另一个是指这个根本性变化的效果发挥出来的更长的一段时间。

牛顿的科学成就对艺术、文学、哲学、政治和宗教的影响就像同时代的任一艺术家、作者、哲学家、政治家或者神学家对这些方面的影响一样深刻，原因是牛顿的发现给一个混乱和焦虑的时代带来了明确和事物的可理解性。

17世纪的欧洲充满着恐怖和动荡，这个世纪里几乎每年都在某个地方爆发有战争。1642年到1651年之间英格兰爆发了3次内战。当时人们相信这个世界以神秘的方式运行着，由超自然的力量和高深莫测的事情驱动着。《圣经》中说时间有一个开端，也将会有一个结束。但经文对解释当前的事情基本上没有帮助。大多数人只能理解世界上很少的一部分事情，整个世界看起来像一个由好几个部分组成的超自然的体系。最明显的差别在于天地之间，两者的行为不一样。天上的事物是永恒不变的；地上的事物是变化的，有生有死，变大或变小，变成其他东西或者到处运动。它们为什么变化？因为一些神秘的力量，某种内部潜能被激发，或者是某人的计划。国王和神职人员宣称他们知道上帝的旨意，但是对几乎所有其他人来说，这个世界是不可控、无法预测和使人畏惧的。王权对政治事务拥有绝对的权力，封建领主和神职人员控制着人们生活的大多数方面。

牛顿出生于第一次英国内战爆发的 1642 年，他是改变那个世界最多的人。他是上帝给予人类的一个礼物，他的母亲在圣诞节生了他，他的父亲（一个农民）在几个月前就去世了。年轻的牛顿不喜欢他的同龄人玩的运动和娱乐活动，他把时间花在制造诸如风车、水钟和风筝等这些机械上，花在当地药剂师书房里的书籍上。他在剑桥大学三一学院时（1661—1665 年），自己独立掌握了欧洲学者们正在探索的新哲学、物理以及数学。

1665 年，伦敦发生大瘟疫，受到了重创，每 5 个居民中就有一个死于疾病。牛顿回到他母亲在林肯郡的农场。这段被迫的闲暇时间让他能不被打搅地自由作研究，物理学、天文学、光学和数学中许多重要发现的萌芽开始在他脑中形成。同时，他也研究了很多今天的科学家所不屑的事情，比如炼金术、贤者之石、启示录和其他圣经书籍。他的最大发现之一是微积分，或者叫作关于变化的数学，这是关于下列情形的精确描写：增加或者减少一点点某个量 x，不管多大还是多小，都会导致另一个量增加或者减少一点点。牛顿用微积分建立了他的运动三定律，这些定律构成了他所描述的世界的基石：这个世界是统一的、开放的、可理解的并由完全可预测的力量控制。他帮助引领了这样一种观点：整个世界是一台大机器，一台不需要上帝来保持运转的机器，它的运转可以被任何人理解，而不仅仅是国王和神职人员。

牛顿曾经过于谦虚地说过，他站在巨人的肩膀上。但这些巨人的肩膀部分是人的，部分是工业的。他的前进之路由其所处时代的技术进步所铺就：随着机械学知识的增长，数学可以应用这样一种认识在兴起，在采矿业和工业中机器得到了不断发展和使用。另外，归功于伽利略和其他人，有迹象表明天上的次序是机械的而不是超自然的，比如彗星的运动。

牛顿的巨作《自然哲学的数学原理》一般被叫作《原理》，改变了世界。这是有史以来最有影响力的单篇科学成果，它第一次描写了运动定律和万有引力。牛顿描写的世界我们现在习以为常，但对于他同时代的很多人来说不是这样的。他们觉得这个世界很难被描述，甚至是疯狂而无法理解的。地上和天上显然是不同的地方！太阳怎么能移动上百万千米外的行星？是什么在推和拉？为什么牛顿不研究控制宇宙的内在原因和机械弹簧？牛顿说他不打算去构造关于这些事情的假设，他将只考虑数学——但这是不科学的！就像法因戈尔德在展览的目录中评论的，"在转变为牛顿主义者"之前，"需要一段长时间的消化吸收和同化过程"。[4] 而一旦人类成为牛顿领地上的土著之后，牛顿的研究成果就影响了人类生活和文化的每一个角落，其影响持续的年代远远超出了牛顿的有生之年。[1]

它导致了一个历史"时刻"的诞生，重塑过去的冲突，为将来打开了新的可能性。[2] 这些转折点是文化模式的变迁，改变了人类所知和所做的事情，以及他们怎样解释他们的经验。

牛顿学说世界的简洁性、优雅性和可理解性使它让人觉得安心和美丽。地上和天上不是由不同的事物组成的截然不同的地方，而都是宇宙的一部分。这个宇宙的空间、时间和规律是单一并一致的，在所有尺度上都是相同的。这个宇宙也是均匀的，它不是由无法预测、突然出现和消失的鬼魂或者幽灵统治的。每一样事物有其与众不同的身份，处于一个特定的空间和一个特定的时间。事物不是通过取得、实现或者加强它们的存在而改变。世界像一个宇宙的舞台或者台球桌，这儿的事物是由力来推动和拉动的。所有的空间是相似和连续的，所有的方向是类似的，所有的事情是有原因的。理解事物如何以及为什么变化，就是去理解它们或者它们的各部分是如何以及为什么运动。历史上第一次，人类看待世界是一个真正的统一体，是自洽的，甚至是有逻辑性的。

牛顿学说的世界是确定和可预见的，对其特征最著名的清楚表述来自法国数学家和天文学家拉普拉斯（1749—1827）：

我们应该把宇宙的当前状态视为它的先前状态的结果，和它随后状态的原因。比如有一个智力，它可以理解所有驱动自然的力以及组成自然的万物的各自状态，它大到足够分析所有这些数据。那么，它将把宇宙中最大的物体以及最小的原子的运动包含在同一个公式中。对于它来说，没有什么是不确定的。未来，和过去一样，在它眼里都是现在。[5]

在牛顿学说的时刻，这样的一种才智代表了科学家拥有的理想知识，不需要什么神秘的知识和至高无上的权威来理解这个世界。人类可以想象出宇宙中任何地方任何尺度上发生的事情，就像在我们平常所处的尺度上所做的。你可以用球和杆来做出太阳系中物体运动的模型；在牛顿死后几百年原子理论诞生后，你可以用原子和分子做同样的事情。机械模型都可以用数学的方式表达出来。"我从来不觉得满意，直到我能做出一个事物的机械模型。"英国科学家开尔文男爵说，"如果我能构造出一个机械模型，那么我就能理解它。只要我不能将整个过程构造出一个机械模型，那么我就不能理解它。"[6]运动定律也可以用数学的方式表达。比如，两个物体之间的万有引力由一个简单的式子给出：一个常数乘上两个物体质量的乘积，再除以它们之间距离的平方。不管这两个物体是什么、在哪里以及相隔多远，这个数学表达式都成立。理解了这样一些定律让我们能将人类送上月亮，将宇宙飞船送到太阳系的边缘。

最后，牛顿学说中的世界不用涉及人的行为就可以被理解。对亚里士多德来说，解释运动需要知道机械学的推拉，还需要知道"为什么"事情正在发生，即人的意图和目标。为什么那辆马车在路上运动？部分原因是马在拉它和道路有阻力，但同时也是因为商人需要在集市上卖掉货物来养活家人，所以把车套在马上，等等。但是对于牛顿来说，解释马车的运动只需要知道力和质量，不涉及人的动作，或者说，即使涉及人的动作，这些最终也是用机械学的推拉来解释的。牛顿学说的世界是一个舞台，在这上面唯一运动的东西就是质量，唯一移动这些质量的是力。我们可以像研究玻璃鱼缸中的东西一样研究它：从外部研究它而不扰动其中的东西，就像我们这些观察者和被观察对象是分开的。测量也许会扰动我们测量的东西，但这个扰动是可预期的，并且原则上可以被降低到我们需要的任意小的程度。科学家们可以将自己从他们的测量中"拿出来"，从他们获取的知识中迁移出来。牛顿学说的时刻标记着这样一个时代：科学家们可以愉快地用机械和数学的方法研究自然规律，而不用管什么超自然的目的、计划和设计。

历史学家贝蒂·多布斯和玛格丽特·雅各布写道，牛顿学说时刻提供了"现在大多数西方人和部分非西方人生活的物质和精神世界（工业的和科学的），这被贴切地描述为现代"。[7]它减少了迷信（相信特别的、万物有灵的力量和权力），它暗示着上帝扮演一个新的角色。牛顿，一个信仰上帝的人，认为他的像机器一样的宇宙需要一个至高无上的规则制定者，他对宇宙的统一、设计以及理性的描写将促进和培养对上帝的更强的信仰。但事与愿违，在牛顿的描述中，宇宙是有规律的，在机械地运转着。这种描述将注意力吸引到了宇宙的规律上，而不是它的创造者上。上帝似乎被他自己的规律约束住了，在他创造完宇宙后，他这个机器制造者的存在显得多余了。所有"为什么"的问题都有机械和数学上的答案，这样一个事实将宗教信仰者置于防守的地位。

不管怎样，在文化的几乎所有方面，从文学和音乐到政治理论、哲学以及神学，牛顿的影响都是强大的和决定性的。[3]

牛顿的成就影响了政治理论，因为牛顿学说支持稳定的政治次序和民主的现代观念，削弱专制主义的论据。政治思想家被促使像牛顿寻找支配物理世界的规律一样寻找统治人类世界的法规。[4]牛顿的助手之一，约翰·德札古利埃写过一首诗，"牛顿世界的系统，最好的政府模型"，赞美整齐有序的太阳系就像政府的典范。美国的开国元勋读过牛顿的著作，他们关于人类事务的著作基于牛顿学说之上。托马斯·杰斐逊在《独立宣言》的第一行提到"自然法规"时，显然是想到了牛顿的研究。牛顿学说给了政治学家灵感和启迪，就像美国哲学家理查德·波逊描述这些政治学家的特征时所说的，他们进行的社会变革围绕着"人类相似和共通的地方"。[8]

牛顿的工作也给了哲学家一个新的任务。许多哲学家注意到，牛顿的工作依赖于某些理念，比如无限可扩展和分割的空间与时间、普适的因果性。这些一方面既不像数学真理一样不证自明，另一方面也不是实验上的发现。为什么这些理念看起来是如此天生固有的？德国哲学家伊曼努尔·康德说明了这些理念是经验本身可能性的前提条件，没有它们，人类的意识和观念将成为不可能。它们是我们心智软件的一部分，将知觉获取的数据以一种使我们的经验变得有序和一致的形式组织起来，使得牛顿定律能发挥效用。正如牛顿说过自己不会冒险做关于引力等事物内部原因的假设，康德说自己不会冒险去做关于什么事物和我们怎么去感受它们是相分离的这样的假设。相对于现象，他称其为本体。

艾萨克·牛顿爵士酒吧，位于英格兰剑桥市城堡街84号

诗人、画家以及其他艺术家要么从牛顿的工作中受到启迪，要么被他的工作激怒。浪漫派诗人分成两派。一派，比如英国诗人约翰·济慈认为用光的折射来解释彩虹"剥夺了彩虹的神秘感"。另一派，如他的同胞诗人詹姆斯·汤姆逊认为人们可以学会用"牛顿学说的眼睛"去看彩虹和日落，并"宣布折射定律多么合理，多么美丽"。

最后，牛顿的成就在公众中发挥出一种近乎宗教狂热的迷恋。它提供了对宇宙运行的、以前保留给宗教权威和神秘主义者的洞察力。他的工作不只是在布道中被讨论，而且也被世俗的学者和普通大众所讨论。[5]

牛顿的影响在现代生活的各个方面显而易见，既有科学上的也有文化上的。这些影响在速度计、重力计、高度计以及其他测量连续变量的仪器中很显然。在英格兰剑桥市的市郊，城堡街上林赛·麦克德莫特发廊的隔壁，有一个叫作艾萨克·牛顿爵士的酒吧。这个酒吧位于一个普通的道路交叉处，卖一些普通的啤酒，它也供应一些普通的食物。为什么取这个名字？顾客们多半会茫然地看着你，嘴里嘟哝些什么英国的伟大之处、历史或者牛顿曾经在路那头的大学里受教育等。但是酒吧的名字提醒我们，牛顿依然是一个流行偶像。牛顿的名字用于命名了剑桥大学图书馆的在线课程目录，也是力的一个单位和一种温标的名字，还用来命名了一个计算机操作系统和一个在轨的 X 射线天文台。

牛顿工作持久不衰的影响和这样一个事实联系在一起：它为我们的感性器官的演化发展方式提供了科学的框架。我们适应了一个世界，这里连续性假设被回报给我们；我们实际上看不到它，但自己把它安装进去。魔术家们知道这一点，把它叫作好连续性定律。[9]这就是他们欺骗我们的方法，他们搭起一些场景让我们感觉到一些实际上并没有发生的行为或者事情。换句话说，魔术家们巧妙地操控着一些次序，我们基于牛顿学说的基础之上，认为这些次序在我们的环境中存在。牛顿时刻并没有建立这个原则，它早已经在那里，但牛顿时刻为它提供了一个科学的依据。魔术家们在量子世界里将遇到艰难的时刻。英国生物学家理查德·道金斯写道："我们的大脑已经演化到能帮助我们在我们的身体能运作的大小和速度的同量级环境中生存下去。"这些是我们的直觉感到舒适的地带，他把它们叫作"中间世界"，并说："这是现实世界的一个狭窄范围，我们判断为正常的世界，和非常小、非常大以及非常快的世界中的奇异相对应。"[10]

在把统治自然世界中令我们的直觉感到舒适的地带的规则编纂起来时，牛顿的工作也提高了人类世界的期望，期望人类世界也是由具有因果性、一致性和连续性的法则来管理的，这种期望对艺术、文学和哲学产生了强烈的影响。比如，这些期望塑造了作者和读者关于小说人物展现的互动的直觉，这种文学形式的小说在牛顿的有生之年开始出现。的确，大多数人的真实生活是平缓的、连续的和受法律支配的，但牛顿学说为人们看世界的视角提供了一个模型，这个模型鼓励人们实际上像他们已经做的那样去看待他们的生活。

简而言之，牛顿的工作几乎影响了人类生活的每一个方面，帮助提供给了人类如康德所说的3个基本哲学问题的答案：我们能知道什么，我们应该怎么做，我们可以希望什么？牛顿时刻甚至具有一个无法触摸的、精神上的维度，我们发现出生于德国的哲学家鲁道夫·卡尔纳普以及他的同事们在他们题为《世界的科学概念》的逻辑实证主义宣言中对此说得很清楚。这个宣言写在量子革命之后不久（1929年），当时还不清楚量子革命的文化冲击将对宣言中体现的牛顿学说思想的削弱有多彻底，这份文件的精神毫无疑问是遵循牛顿学说的。实证主义哲学家们写道，科学的世界概念不更多地在于一套论文，而在于一种态度和一个方向。"前面的目标是统一的科学，"他们写道，"从这个目标发源出对公式中性系统的搜寻，对一个没有历史语言残渣的象征主义的搜寻，和对概念总系统的搜寻。"这不只是一个科学目标，他们接着说，这意味着一个完全理性的人应该具有一种特别的态度和行为：

> 追求简洁和明晰，摒弃神秘的距离和高深莫测的深度。在科学里没有"深奥"，到处都有表面：所有的经验形成一个复杂的网络，这个网络不总是可以被测量，经常只能部分被了解。所有的事情都可以被人理解，人是所有事物的测度……科学世界的概念里**没有不能解开的谜**。[11]

这个实证主义宣言的精神也许是牛顿时刻的最高峰。

量子的伏击

牛顿学说持续了大概 250 年，然后在 1900 年，它被伏击了。在研究光学中一个看起来偏僻的角落时，物理学家发现他们只有在引入一个奇怪的、完全新奇的想法——量子时才能解释所发生的现象。这个想法看起来简单，但结果却击碎了牛顿世界的根基。

进攻在两个阶段展开。从 1900 年到 1925 年，科学家们渐渐发现量子不能融洽地融入牛顿世界，和关于空间、时间以及因果律的假设相冲突。但是很多科学家希望找到一个驯服他们这个任性小孩的方法，在优雅的牛顿学说世界里给它找到一个位置，就像在《原理》发表后他们给许多其他"小孩"找到位置一样。在这个时期里，社会公众把量子理论看成和相对论是相似的：非常重要，但除了最聪明的科学家，其他人都难以理解，这些科学家因为一些复杂得不能理解的原因而为量子理论感到激动和兴奋。

然后，所有的事情都变了。在一段令人惊讶的短时间内，从1925年到1927年，驯服量子的希望被一个新理论破灭了。这个新理论的根基完全不同于经典物理学的根基，这个理论的顶点是不确定性原理。这个第二次革命被称为量子力学，它解释了牛顿力学不能解释的现象，回答了很大的一批问题，比如太阳是怎么发光的以及原子的动力学问题。它代替牛顿物理学说，成了微观世界的理论。在量子历史的第二个阶段，人们可以讨论相对于牛顿世界的量子"世界"，就好像这两者指的是由不同的定律统治的不同领域。这个新的领域和牛顿世界比起来是奇异的，甚至是不可思议的，但是它因为几个令人不安的特点而缺少简单性和优雅性。第一个是穿越尺度时带来的不同，尺度很重要，因为不同的定律分别适用于微观世界或宏观世界。第二个是非均匀性，有些事物在这个世界里与其他事物相比有不同的表现。第三个是不连续性，和牛顿学说不同，一些性质的取值（比如空间和时间）不是平滑地相互连接在一起的。第四个是不确定性，牛顿世界里的一些性质（比如位置和动量）不能同时被确定，或者甚至说不是实在的。第五个是不可预知性。第六个是不能将测量者自己从某些测量里分离出来，微观世界现象的某些性质看起来依赖于测量而存在，从而摧毁了客观性的经典概念：所有性质都有固定的值，不依赖于它们的测量。也就是说，科学家们发现他们不能将自己从知识图像的某些部分中分离出来。

1927年不确定性原理的发现摧毁了残存的回到一个确定性的

牛顿世界的希望。这个原理是量子力学的一个基础性构成，它意味着同时知道一个粒子的位置和动量是不可能的事情，它意味着布莱克的牛顿不能像他觉得可能的那样知道关于他背对着的、自然的美丽之海的所有东西，它意味着拉普拉斯的知悉全部、完美的才智在一开始就不可能。这个原理也帮助改变了很多词语的意思，包括不确定性、随机性、可能性、原因和概率。[12] 几个科学家（其中最出名的是爱因斯坦）希望站稳脚跟恢复牛顿学说的世界。有些科学家试图用公众可以理解的语言来解释发生了什么，而公众则发现这些普及工作很吸引人。这把战斗扩散到了远远超出物理学（它开始的地方）的地方，到了愈发扩展的文化领域。哲学家、艺术家、小说家以及诗人很快接受了量子的术语和概念，这些东西甚至开始出现在日常用语里。被牛顿时刻培育的文化形式受到了威胁，新形式发展之门被打开了。

　　量子世界意味着什么？它像是一片处于某个未被探索的山脉里、没被发现过的地域吗？它因为其中的迷人风景和奇特生物而很值得研究，但是对我们自己的世界却没有多少含义吗？它是不是像是在与一个处于某个遥远星系的外星文明取得联系？注定要改变我们人类怎么思考自己和我们在宇宙中的位置？或者量子世界（它毕竟处于世界的根基）对我们认为的理性和非理性、实在和非实在有更深的含义？

　　即使在这么多年后，量子时刻还是比被它胜出的牛顿时刻更含糊不清和纷乱，人们仍在寻找它的模型。人类还没有变成"量子世界的土著"。一个世纪以来，我们仍然是量子世界的移民，仍然在试图熟悉这个离奇古怪、令人费解的世界，试图理解它的含义。我们发现量子力学是迷人的，因为它似乎是在与我们在描述自己的经历时经常会遇到的困难说话。量子力学是奇怪的，我们也是这样。

"没有人懂得量子力学。"大物理学家理查德·费曼说过一句著名的话。说这话的时候，他和平常一样具有挑衅性，但是他的评论强调了这个学科恶名昭著的困难性和彻底的反直觉性。为什么这么困难呢？

一个可能的回答是：我们不能变成量子世界的土著。进化已经让我们适应在一个维度和时间尺度都符合牛顿学说的世界里思考和行动，量子效应不是可以直接察觉的。我们作为一个物种已经适应了这个世界，作为个体在这个世界里成长，通过我们的头脑怎样处理体验而在概念上停泊在这个世界里。在这种看法里，一道无法跨越的峡谷将经典世界和量子世界分割开来，因此我们总是会觉得后者是奇特的和难以理解的。学习量子世界带来的快乐就像是学习一个魔术表演时的快乐，在这里我们对自己预期的事情和发生的事情之间的不匹配感到快乐。这种激动永远都不会消失。

但是还有一个另外的回答，那就是古怪不是来自量子世界而是来自我们自己。事物只是在和熟悉的东西比较时才显得古怪。如果我们认为熟悉的东西结果却是幻想和包含错误的假设（如果我们的世界比我们想象的更奇怪），那么我们比较的量子世界将不会显得那么异想天开。如果布莱克的牛顿曾经站起来，离开他的画卷，偶尔思考一下他自己的体验，也许他就不会对新的进展感到那么惊讶。我们为了解量子世界而进行的探寻也许结果将是某种上下颠倒的《绿野仙踪》结局，我们突然意识到自己认为是家的东西其实只是一个梦，而我们的世界总是有点儿像奥兹（《绿野仙踪》中的一个人物角色），那么此时我们就会成为量子世界的土著居民了。

插节　大设计

"牛顿是我们的哥伦布,"伏尔泰写道,"(因为)他带领我们到了一个新世界。"[13] 这是一种特别的世界,是我们自己世界的一种骨架版本。这里仅有的东西是质量,这些质量所做的唯一事情是运动,而唯一让这些运动开始或者停止的东西是力。牛顿还向我们演示了这些最基本的假设导致了关于宇宙的一种观察,这种观察是如此简单、优美和能被理解,它被称为"大设计"[14]。

牛顿在他的《原理》中给我们展示了大设计,它的基本概念是力、质量和速度。每一个质点在一个特定的时刻有一个特定的位置,如果它运动,它的位置对时间的变化率称为它的速度。如果它的速度变化,速度对时间的变化率被称为它的加速度。如果质点加速,那是因为它们受到了力的影响。这些力来自于物体之间的相互作用:要么来自于接触,要么来自于吸引或者排斥。《原理》详尽地解释了运动三定律。在大设计里,3 个定律在整个宇宙的所有尺度上和所有领域里都是成立的。

第一定律:不受力作用的质点保持静止或者做匀速直线运动。如果一个质点开始运动或者改变它的匀速直线运动状态,则是因为它受到了力的作用。

第二定律:质点加速度的大小正比于作用于它的力,其方向与力的方向相同。在《原理》中，牛顿用语句把这个写了出来。只是在 100 年以后，这个定律才用符号作了精简，成为现在大家熟悉的方程形式：$\vec{F}=m\vec{a}$。

第三定律：适用于物体之间的相互作用，它说每一个力都有一个反作用力。如牛顿所说："对于每一个作用，总有一个大小相等的反作用；或者说两个物体对彼此的相互作用总是大小相等，方向相反。"牛顿继续写道，当一匹马用力拉拴在绳子上的石头时，马被拉向石头的力和石头被拉向马的力大小一样。

为了预测一个质点未来的运动或推断它过去的位置，需要制定出从这 3 个定律出发，计算任意时刻质点速度（它的位置变化率）的法则。给定了速度，我们可以计算在任意时间间隔里物体运动的距离。这个距离就是时间间隔的大小乘上这个时间间隔里的平均速度。为了确定速度，牛顿力学引入了另外一个量——动量，它由质量（也叫惯性）乘以速度给出。质量越大，物体在力的作用下越不容易改变它的速度。一段时间间隔里的平均力乘以时间间隔的大小，就给出了那段时间间隔里动量的变化。因此，为了预测所有的运动，我们只需要知道一个给定时刻所有物体的位置和速度，并知道所有时刻作用在物体上的力（只是位置和速度的函数）。

牛顿提出了第四运动定律，即万有引力定律，用于物体之间的吸引力。这个力由一个简单的表达式给出，即一个常数乘以两个物体质量的乘积，再除以物体间距离的平方：

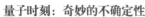

$$F = G\,\frac{m_1 m_2}{r^2}$$

不管物体是什么、在哪儿以及相隔多远，这个式子都是成立的。

在牛顿力学（或称为经典力学）中，这些假定以不同的形式得以详细阐述，被运用于很多不同的情况下：固体、液体以及气体，做环行运动、转动或振动的物体，抛射运动、摆动以及波动；许多质点构成的复杂系统。它们被运用于原子和星系。牛顿力学提供了一个方法，可以用数学的手段体现相关的运动，而不管其是多么简单还是多么复杂。

牛顿学说时代强调自然的连续性，尽管时不时有几个反叛的科学家提出不连续性和混乱处于自然的中心等观点。牛顿和他的主要竞争对手莱布尼兹（他在差不多同时期提出了同样的想法）创立了微积分。微积分是关于无穷小量概念的学说，是牛顿世界的主要数学工具。牛顿假设适用于这个工具的自然的行为表现也是这样的。使用一条古老的谚语，牛顿宣称："Natura non facit saltus。"意思是"自然不是跳跃的"。如果它真的跳跃，尺度就会有关系，微积分的应用（和经典力学适用的范围一起）就会受到限制。

牛顿学说的世界是一个朴素的、抽象的世界，没有人类的利益和癖好。在这个世界里，所有的枝形吊灯、吊架和秋千都是摆，所有的运动和舞蹈都是 $\vec{F}=m\vec{a}$ 的实例，所有的球都是弹性的，所有的平面都是无限大的。不管你移动到这个世界的哪个地方，甚至你变得更大或更小，物理定律总是保持一样。如果想发现过去发生了什么或者将来要发生什么，你可以这样做：量化位置、速度、质量和力，然后运用合适的定律进行计算。这里的计算依赖一种特别的、叫作微积分方程的工具。微积分方程是表述连续变化的性质之间关系的一种直接方法，比如（在牛顿世界里）速度与位置之间的关系，或者力与动量之间的关系。在那种语言里，x 或位置的小改变用符号 dx 来表示，t 或时间的小改变用 dt 表示，这些小改变趋近于零。速度是位置关于时间的变化率，其可表述为 $v=dx/dt$。类似地，力产生加速度这样一种效果由式子 $\vec{F}=d\vec{p}/dt$ 给出，这里动量 $\vec{p}=m\vec{v}$。一个特别简单但是重要的理想例子是一个由一根轻的弹簧和一个连在弹簧上的质点组成的系统。这样所有的惯性都归结于质点的质量：$d\vec{x}/dt=\vec{v}$，$d\vec{p}/dt=-k\vec{x}$。这里 k 是弹性系数，它给出质点相对于平衡点的位移与弹簧的反作用力之间的比例关系。

该系统被称为理想弹簧（或者胡克定律弹簧，以牛顿的主要对手罗伯特·胡克的名字命名），原因是任何一根真实的弹簧在恢复拉力变弱、不再正比于位移的大小之前，只能离开平衡点拉伸一定的距离。另外，任何真实的弹簧都有一定大小的摩擦力。但是，理想弹簧常常是一个很好的近似，它的解（它的运动和一个绕圆周的匀速运动在一个运动轴上的投影是一样的）特别简单：位移随时间的改变是一个三角函数，如果开始的状态是位移为零的话，它就是一个正比于时间的角度的正弦函数。

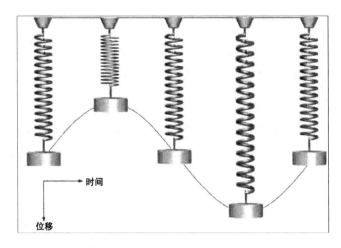

胡克定律弹簧：演示一个连接在理想（无质量）弹簧上的
物体随时间的正弦曲线运动

在《原理》出版之后的几个世纪里，科学家们发现了许多新的现象，它们都可以被纳入大设计的框架。电是其中之一。法国科学家查尔斯·库仑和其他人以仿效牛顿万有引力定律的方式研究了电荷的吸引和排斥作用。他们发现两个电荷之间或者两个磁极之间的作用力正比于电荷大小的乘积，反比于它们之间距离的平方。所有质量都是正的，但电荷或者极性可以是正或者负。这意味着所有引力质量之间都是相互吸引的，但同性电荷和磁极之间是相互排斥的，异性之间相互吸引。场的概念（一个在每一个时空位置上都有一个特定值的量）现在极大地扩展了牛顿力学的威力。其他科学家说明了电流如何产生环形磁场，而变化的磁场产生环形电场，从而建立了电和磁之间的一个联系。英国科学家詹姆士·克拉克·麦克斯韦意识到变化的电场也能产生环形磁场。

当把所有关于名叫电磁学的新现象的已知知识总结到一起的时候，他得到了一个惊人的结果：光恰好是电磁波！所有这些进展都可以被容易地纳入牛顿力学公式中，力决定质量能被多快地加速，或者说改变它们的速度。所有的新现象被舒适地安置在大设计里，由微分方程来描述。

这不是一个完全像钟表机械一样的宇宙，科学家们认识到了这个世界包含着看起来随机的行为。研究地质学、热力学和气体行为等领域的科学家发展了处理不可逆行为的方法和处理不确定性的统计工具。[15] 但这牵涉到哲学家所称的认识论的不确定性（我们对所研究物体的了解的不确定性），而不是本体论的不确定性，或者说自然本身的不确定性。这就如拉普拉斯所展示的牛顿学说信仰者的信心："词语'可能性'只是表示我们对我们所观察的现象的无知，不了解它发生的原因和一个接一个以不明显的次序出现的原因。"[16]

当量子于 1900 年首次出现时，它在牛顿学说的领域里也是这样的。它只是在解释光在特殊环境下的行为对牛顿学说预期的偏离时被发现的，量子世界只能是被发现处在一个牛顿世界里。一段时间里，科学家们完全预期量子也能被安置到大设计里的某个位置，就像到那时为止他们发现的每一个其他现象一样。他们将大为震惊。

第2章 一个像素化的世界

1967 年，评论家和小说家约翰·厄普代克针对 1963 年 11 月 22 日在美国得克萨斯州达拉斯迪利广场拍摄的照片和非专业录像资料写了一篇简短的评论。这些素材拍摄于约翰·肯尼迪总统的车队经过广场时，总统被刺客的子弹击中这样罕见的重大时刻。厄普代克注意到，越凑近仔细察看照片或者录像的每一帧画面，它们就越没有意义。谁是那个在阳光明媚的天气却打着伞的"伞人"？或者谁是那个"黄褐色皮肤的人"？他首先跑开了，然后又被看到坐在"一辆由一个黑人驾驶的灰色漫步者汽车上"。发生枪击的窗户旁边的那个窗户里的模糊身影是谁？他们是无辜的局外人还是阴谋的参与者？厄普代克写道：

"我们想知道，是否真的有一个秘密被隐藏在这里面，是否任何类似的对时间和空间片段的仔细察看都会导致类似的怪异：

情节表面存在漏洞、矛盾、反常以及妄想。也许，就像物质的基本组成一样，调查超过了常识的阈值，进入了一个亚原子领域，这里定律不被遵循，这里人类具有 β 粒子的寿命，具有中微子的透明特性，这里必须用某种粗略的平均代替绝对的真理。"[1]

多年以后，许多画面最终被发现是有合理解释的。"伞人"被确定了（除了顽固的阴谋论者不满意以外）。他在一个国会委员会前作证说，他仅仅是在抗议第二次世界大战期间肯尼迪家族对待希特勒德国的方式。一把黑伞（英国首相内维尔·张伯伦的招牌配饰）象征着纳粹绥靖者。伞人只是一个抗议者，远不是预示着这个世界理性的破缺。

但是厄普代克的描写听上去是真的。他知道当科学家们一个画面一个画面地察看亚原子世界时，这么说吧，他们看到的是不连续和怪异，事情的发生是随机的，除非把它们作为一个整体来考虑。他也知道普通大众往往会发现我们的生活遵循着一个相似的疯狂怪异的逻辑，虽然这是比喻性的。我们的世界不总是平稳的、连续的和受定律支配的。凑近了看，它常常让人感觉到是紧张不安、不连续和不理性的。今天的世界不具有牛顿学说世界的温和的几何结构，而更像一锅开水的表面。把这个叫作一个量子情形也许在科学上是不对的，但是对厄普代克和数不清的其他作家以及诗人而言，从比喻上来说这是合适的。

两个多世纪以来，牛顿学说世界温和的几何结构一直是稳定的和不可抗拒的，那么它是怎么被漏洞、矛盾、反常以及妄想刺破的呢？

马克斯·普朗克

要回答这个问题，需要绕个小弯来看看马克斯·普朗克的一生，是他将量子这个概念引入了科学。

从气质上来说，普朗克是一个非常保守的人，他没有做一个革命者的意愿。他来自于一个牧师和律师家庭，是一位有责任心、严格和诚实的人。他学会了保持低调来度过骚乱的时代。当他6岁的时候，在他的家乡基尔（那时属于石勒苏益格－荷尔斯泰因，现在属于德国），他看见过外来入侵者的部队。当他50岁住在柏林时，他看到德国在第一次世界大战中战败。74岁时，纳粹上台，那时他也在柏林。他经历了许多

马克斯·普朗克
（1858—1947）

人生悲剧。他的大儿子在第一次世界大战中丧生，二儿子在第二次世界大战中被纳粹杀害，他的房子毁于盟军的一次轰炸。虽然不是犹太人，但在纳粹恐怖中，他被攻击为"白犹太人"，原因是他传授犹太人（比如爱因斯坦）的异端邪说。但是普朗克通过保持低调²，设法在德国度过了战争时期。

从科学上来说，普朗克也是保守的。年少时，他被科学深深地吸引，因为这让他能研究一个绝对的、独立于人类行为的世界。相对于他周围险恶的世界，科学为他提供了一个非凡的庇护所。"在我看来，探索适用于这种绝对性的定律是人生最崇高的科学追

求。"在生命的尽头，普朗克回忆说。当他在慕尼黑做学生时，他的一位教授劝他放弃这个崇高的追求，告诉他物理学中"差不多所有事情都被发现了，剩下的全部事情就是填补几个空缺"。不要紧，年轻的普朗克满足于填补这些空缺和清理布满灰尘的角落。在柏林做研究生时，他的兴趣集中在热力学上。这是物理学的一个分支，有关热、光以及能量之间的关系。又一次，他的教授们劝告他这个领域的研究差不多都做完了。同样，他也不理睬这个劝告。普朗克没有发现的渴望，只想把基础建得更坚固。"普朗克是一个本质意义上的保守者，"他的传记作者写道，"他特有的效率在于他适应甚至直接面对当前现实的能力，同时他又保持和践行着传统的价值观念。"[3]

多么令人啼笑皆非，这个打算将科学的边边角角都整理好的人将提出一个打击科学最深根基的想法。普朗克在德国标准局夏洛滕堡物理技术研究所工作的时候提出了这个想法。夏洛滕堡物理技术研究所建立于1887年，是世界上第一个关于计量的国家实验室。新的电子工业产生的需求迅猛发展，德国政府要求夏洛滕堡物理技术研究所制作一个灯泡评估系统。为此，科学家们需要分析以下发生的现象：材料吸收所有落到它们上面的光，然后又以物理定律允许的最均匀的颜色分布重新发射出光。这种情况下的材料（入射光的最佳吸收体）被普朗克的老师古斯塔夫·基尔霍夫（1824—1887）称为"黑体"。德国政府因此要求夏洛滕堡的科学家研究黑体辐射，找到一个公式描述它的标准能量分布，或者辐射的强度和频率怎么随温度变化。

普朗克 1892 年在柏林继基尔霍夫之后担任教授职务，他喜欢这个研究课题。一个原因是，他是在完成作为国家公务员的义务，研究一个合乎国家利益的题目。另一个原因是，他有准备，因为这个课题和他之前的研究有紧密的联系。最后，这个辐射只依赖于材料的温度而不依赖于它的化学组成这样一个事实表明，问题的答案将会是非常重要和具有根本性的（类似于引力的根本性由这样一个事实预兆：它只依赖于物体的质量而不是它的化学组成）。普朗克写道："因为我总是认为搜寻绝对的事物是所有科学活动中最高的目标，我急切地开始了工作。"[4]

在一个经常讲的故事中（我们将在插节里精简叙述），普朗克发现，如果他假设材料具有选择性，只以一定大小能量的整数倍吸收和发射光，那么他就可以给出一个解释夏洛滕堡数据的公式。他把这一定大小的能量叫作 $h\nu$，这里的常数 h 现在用普朗克的名字命名（普朗克常数），ν 是辐射的频率。如果 E 是能量，n 是一个整数，那么普朗克的辐射公式即是 $E=nh\nu$。普朗克后来说，他做这个假设是出于"完全的绝望"。他认为这不是一个解释，而是一个数学上的技巧。他想，最终这个想法会被抛弃。但是暂时而言，他很高兴，这个公式有用。

没几个人注意普朗克的想法。但仅仅 5 年之后，有一个 26 岁、名叫阿尔伯特·爱因斯坦的专利办公室雇员在一篇著名的、最终获得了诺贝尔奖的、关于光电效应的论文里，提出一个根本性的建议：光的能量本身就是 h 的整数倍，解释了普朗克的公式。（一份一份的）光的能量的大小后来被称为光子。简而言之，量子不是普朗克所想的一个数学上的技巧，而是一个物理实在。爱因斯坦自豪地在给一个朋友的信中写道：这是"非常革命性的"。

术语"黑体辐射（Blackbody Radiation）"被赋予了新的使用功能，被涂在一艘由富兰克林欧林工程学院的学生制造的自动帆船的船体上

当时没几个人严肃地看待爱因斯坦的想法。但是到1910年，物理学家对量子的兴趣上了一个台阶。一个原因是，所有消除对它的需求的努力，或者把它和经典物理学调和到一起的努力都失败了。量子突然出现在所有地方，比如在分子理论中、在固体的热传导中以及其他地方。不管科学家们看亚原子世界的哪个地方，它都出现在每一个角落里，能量都是 $h\nu$ 的整数倍，也只是 $h\nu$ 的整数倍。它就像一个你必须邀请至某个活动的客人，尽管你知道这会让人尴尬。

1911年在布鲁塞尔召开了第一次索尔维会议，其主题是量子理论。坐者（从左至右）：沃尔特·能斯特、马塞尔·布里渊、欧内斯特·索尔维、亨德里克·洛伦兹、埃米尔·沃伯格、让·佩兰、威廉·维恩、玛丽·居里、亨利·庞加莱。站者（从左至右）：罗伯特·古德施密特、马克斯·普朗克、海因里希·鲁本斯、阿诺·索末菲、弗雷德里克·林德曼、莫里斯·德布罗意、马丁·努森、弗里德里希·哈泽内尔、豪斯特莱、爱德华·赫尔岑、詹姆士·金斯、欧内斯特·卢瑟福、海克·卡末林·昂内斯、阿尔伯特·爱因斯坦、保罗·朗之万。

　　1911年，21位欧洲重要的科学家在布鲁塞尔聚集，召开一个关于量子的峰会。[1]这次会议由比利时工业家欧内斯特·索尔维出资，由德国物理化学家沃尔特·能斯特组织。能斯特最初拒绝量子这个想法，认为它"荒诞不经"，但后来承认它不可缺少。能斯特在挑选参会者时写道：量子理论被证明是如此有用，"科学有义务严肃地对待它并仔细地研究它"。6 普朗克尤其热心，他曾担

40

心没有足够的人认真对待这个想法。对他自己而言，普朗克回信道："在过去的 10 年里，物理学中没有其他事物如此连续不断地激励我，让我感到兴奋和刺激。"[7]量子给我们的教训是，经典物理学"显然太有限，不能说明所有那些不能直接被我们的粗糙感官感觉到的物理现象"。[2]至少在世界的一个领域里，与通常牛顿学说不同的法则才适用。

首次国际关注

1911 年的索尔维会议（一次量子峰会）是量子声望的一个转折点，将这个消息从德国传到了欧洲的其他地方。英国科学家欧内斯特·卢瑟福将消息带回了英国，将他的激动之情分享给了一个对此着迷的年轻的丹麦访问者尼尔斯·玻尔。法国科学家亨利·庞加莱是如此热情，他在去世之前（1912 年）发表了一篇 6 页纸的相关论文，并开设了有关量子的课程。在《量子假说》里，他指出：第一个观察一个简单碰撞（即使是一个苹果落到地上）的人肯定认为这是一个不连续的过程，但是科学展示出这是一个假象，看起来不连续的过程只不过是快速但却是连续改变的相互对抗的力导致的结果。类似的事情会发生在量子身上吗？我们只不过是观察得还不够仔细吗？"当前任何试图对这些问题给出一个判断的努力都是在浪费纸墨。"[8]

美国人是持怀疑态度的。当时的美国在物理上是一个不容易受新思想影响的地方，美国的物理学家大多是小心翼翼地看待理论的实验物理学家。他们曾经反对相对论，而对量子则持更大的怀疑态度。[9]这些怀疑不只是固执，科学家们有理由不接受。物理史学家凯瑟琳·索普卡写道："经典物理学对每一个国家的物理学家都产生了很强的吸引力，因为它本身具有优美的内部结构，它能解释很宽范围内的物理现象。作为对比，那时的量子理论显得有些茫然，并且只在相对少数的几种情形下有用。"[10]甚至德国量子物理学家沃尔夫冈·泡利也在 10 年以后对他的同行维尔纳·海森堡说："如果一个人对经典物理学的完美统一性不是那么熟悉的话，他反而更容易找到一条路（理解量子力学）。"[11]被经典物理学的优雅、美丽、可预言性以及普适性所吸引的美国物理学家们努力地去理解一个突然冒出来的理论，而相比之下，这个理论当时看起来丑陋、奇怪、无法预言，并且似乎适用范围非常狭窄。这样一段大约从 1915 年开始的经历（可以明显地从一个学生的报告中看出）恰切地表达了美国人对这个事物的典型态度：

　　我相信我们大家都同意量子论很让人讨厌。在使用这个理论时，我们既没有明确的机械图像来指引我们，也没有明确清晰的原理来作为运算的基础。每个地方的物理学家都在努力寻找一个规避这个理论的方法。如果这样一个方法被找到了，我想我们都会放心地长吁一口气，然后睡个好觉。[3]

　　芝加哥大学的罗伯特·安德鲁·密立根决心帮助他的同事们睡个好觉。他也是一个科学上保守的人，在爱因斯坦的相对论发表 10 年以后，他还是不相信；他仍然表示相信以太，尽管以太的存在已经完全被迈克耳逊－莫雷实验推翻了。1912年密立根在欧洲待了6个月，他遇到了普朗克，参加了普朗克的讲座，但他仍然对量子理论保持全然的怀疑态度。密立根雄心勃勃，他认为他可以将这个假骑士摔下马来，用传统的方法——实验推翻量子这个观点。他用最先进的仪器重新装备了他的实验室来检验爱因斯坦1905年论文的预言。这些预言中的一些已经被检验过了，看起来是对的，但是密立根相信更精确的测量将给出不一样的结果。

罗伯特·安德鲁·密立根
（1868−1953）

　　密立根被震惊了，他的实验证实了爱因斯坦的每一条预言。他的震惊和沮丧在他公布结果的论文中表露无遗。他安慰他的读者说，他听说即使是爱因斯坦自己也不相信他自己的理论。但是在结尾，他不得不承认爱因斯坦的量子理论"确实非常精确地描述了"光电效应。[12]

　　与此同时，在解释亚原子领域的现象时，量子不停地冒出来。因在博士论文中论证了经典物理学没法解释金属的电磁性质，年轻的丹麦物理学家尼尔斯·玻尔对量子产生了兴趣。从1913年到1914年，他在原子物理的一个重大突破中将量子应用于原子（见第3章）。经典理论预言，在轨道上运行的电子将辐射能量，最后坍塌到原子核里。玻尔演示了，如果你假定电子的轨道只能具有以一个新的自然单位 $h/2\pi$ 为倍数的角动量，那么电子就不会有无穷多数目的围绕原子核的可能轨道（就像行星围绕太阳），而只有少数几个选择。这是一个和实验证据显著吻合的结果。另外一个差不多在同一时间发现的现象叫斯塔克效应，或者说谱线在外电场作用下发生分裂的现象。这个效应于1913年被发现，于1916年在一篇论文中由量子理论予以解释，论文总结道："看起来量子论的效力范围与奇迹毗邻，它的用处一点也没有被用尽。"[13]一位科学家评述说，量子已经变成了一个"健壮的婴儿"。[14]

密立根的实验成为量子论受到欢迎的一个转折点。关于它的后续影响，科学史学者马克斯·伽莫写道："量子行为成为了一种物理实在，实验可直接验证，爱因斯坦的光量子猜想被赋予了物理重要性和实验基础。"[15]不过，又过了差不多10年，光量子才被广泛接受。

量子危机

所有这些讨论都发生在物理学界里，基本上不为公众所知。日常的语言仍然继续使用"量子"的传统含义"数量"，可以是多或者少，甚至可以忽略。它被使用在人类生活的每一个方面，出现在诸如这样的词句中：贸易的数量、海军力量的大小、为过上好日子而需要的财富的多少等。有时这个词语出现在拉丁短语"quantum meruit"（一个人应获得的数量）或者"quantum sufficit"（足够多的数量）中。

1959年，伊恩·弗莱明在《时尚》杂志上发表了一篇题为《量子危机》的短故事，这后来被收录在他的短篇故事集《只为你的眼睛》中。这个故事是这个英国作家和前海军情报官员最好最动人的故事之一。它不是一个关于间谍的惊悚故事，而是一个严肃的故事，由弗莱明在他的婚姻走向终结的时候所写。在一个深夜，故事的主角、拿骚（巴哈马）的行政长官告诉邦德一个关于某位熟人的痛心故事。这个故事说，如果两个同伴都保留有至少一定数量的仁慈，那么人和人之间的关系就可以战胜最严重的灾难。当同伴之间不再关心，"快乐的量子变成零"时，痛苦将不仅仅结束两者的关系，而且会导致同伴之间相互毁灭。

弗莱明对"量子"这个词的用法与普朗克相近，它表示某个有限大小的数量，但足够产生重要的、结构性的差别。（2008 年的詹姆士·邦德电影只是和原故事有一样的标题。）这种意思大概在 1916 年开始在公众中出现，当时物理学家们开始有信心相信量子不是一个数学上的把戏，而是物理实在的东西，他们开始更经常地谈论它。[4] 当更多有关量子的消息传播到公众中时，关于量子的报告以及听众人数很快多了起来。普朗克被授予 1918 年的诺贝尔奖"以表彰他发现能量量子而对物理学的进步做出的贡献"。1919 年，爱因斯坦的名字变得家喻户晓，因为他的广义相对论做出的预言被证实了。关于爱因斯坦及其理论的大众舆论经常提到这个天才也在从事量子理论的研究工作，这进一步提高了量子的地位。而 1922 年公众宣传变得更多，当时爱因斯坦"因为对理论物理所做出的贡献，尤其是他发现了光电效应的定律"（也就是说他对量子理论的贡献）而获得了诺贝尔奖（1921 年度）。1923 年，密立根"因为对基本电荷和光电效应的研究"而获得诺贝尔奖。

面向受教育人士的报刊越来越多地提到普朗克的思想，用来描述一个非牛顿学说意义上连续的世界。1929 年《曼彻斯特卫报》写道："这个世界上什么都不会发生，除非它按照 h 的倍数行事。比如，你咬一块牛排所消耗的能量一定是用 h 的确切倍数来计量的。这一口下去似乎不可能正好是这么多 h，因为看起来应该是随机地咬了一口。"[16]

如果普朗克的名字在 20 世纪二三十年代偶尔会被严肃的新闻记者提及的话，那么在我们这个时代，他已经变成了一个流行文化明星，成为了这个像素化世界的代表人物，是发现牛顿学说世界的基石上裂纹的那些人中最早的那个。他的方程 $E=h\nu$ 是少数几个能被大众认出的方程之一。[5] 它甚至是一则幽默笑话的主题，这个笑话因为简洁的优点而获得了一项物理幽默奖。要理解这个笑话需要一点简单的数学，以及知道 ν 是希腊字母，发 "niu" 音。这个笑话是这样的：

问：What's new？（有什么新鲜事吗？）（直译可为 "什么是 new？"，new 的发音也是 "nu"，和 ν 相近。——译者注）

答：E/h。

普朗克的方程也变得很有名，出现在 T 恤衫、咖啡杯以及其他经常显示知名人士图像的地方。很多普通大众能认出这个方程并认为它很重要，尽管他们并非真的知道为什么重要。也如同名人一样，它的公众形象和影响被社会演化过程增强了。在这里是

指被大众科普书籍和文章增强的，这些书籍和文章宣扬这个方程
是科学史上具有变革性的角色。

　　然而，有些新闻记者和作者确信，普朗克的工作不仅仅开启
了科学的一个新时代，而且还开启了一个文化上的新时代。比如，
在 1930 年年底，《纽约时报》刊登了一篇文章《科学需要诗人》。
作者写道：牛顿学说的世界有严格的"工程概念"，除了"歌颂机
械"以外，没给艺术家留下什么空间。终于，"这个他们崇拜的机
器被科学抛弃了"，因为"具有数学物理形式的科学随着每一次新
发现都变得更具理想主义色彩"。曾经，希腊和拉丁诗人们了解他
们那个时候的科学。《纽约时报》说，我们的诗人也会做得一样好：

　　奇迹？诗人将在普朗克的量子理论里发现它们。量子理论解
释辐射，说它似乎是由弹丸组成的，而不是波。光量子和电子到
处飞翔，不理睬那些老旧冷酷的关于原因和结果的定律，它们就
像被赋予了自由意志一样行事。仙女、精灵不再是异想天开，阿
拉丁神灯不再那么神奇。物质只不过是一个幽灵。原子就像幽灵
一样，辐射就从它那里发射出来。宇宙不再是一个以可预言的方
式运行的机器。[17]

　　《纽约时报》接着说，这个世界对艺术家、诗人以及哲学家而
言充满着新的可能性。"我们需要的是一个卢克莱修（古罗马诗人、
哲学家），他将吸收爱因斯坦、普朗克、薛定谔以及海森堡的泉水，
创作一篇现代版的《物性论》，解释位于并超越电子和弯曲有限的

空间中的神秘与美丽。"

在我们这个时代，量子变得更加有名，为艺术家和哲学家开辟了新的富有表现力的可能性，而不仅仅是使现代版的《物性论》成为可能。

当然，普朗克没有想那么多。关于他的科学概念对艺术和文学的影响的思考也许会让这个相当保守的人感到茫然和尴尬。1947年，在他生命的最后一年，普朗克受到伦敦皇家学会的邀请去参加一个关于牛顿的庆典。这个活动在一个大厅里举行，重要的客人被一个一个地隆重介绍，他们的名字和国家被大声地从名单中宣读。普朗克是被特别邀请去的，他的名字不在名单之中。介绍人被弄糊涂了，不得不临时发挥，嗑巴了一下："马克斯·普朗克教授——不来自哪个国家！"在场人士善意地笑了，站起来热烈鼓掌欢迎普朗克，这位差不多90岁的老人慢慢地站起来接受大家的欢迎。皇家学会第二天尴尬地将普朗克加入到名单中去，但普朗克坚持要求他被标识为"来自科学世界"[18]。

插节　普朗克引入量子

在物理学史上，从来没有这样一个不起眼的数学上的内插对
物理学和哲学具有如此深远的影响。

——马克斯·伽莫，《量子力学概念上的发展》

牛顿学说时代在研究光的行为时开始瓦解。

在 19 世纪末，电气工业快速繁荣发展。电报已经存在几十
年了，而许多新的电学应用指日可待。1882 年，美国发明家托马
斯·爱迪生建造了一个电力网络，可以给曼哈顿的数十人提供 110
伏的电力，从原则上示范了可以怎样广泛地配送电力。两年后，
英裔爱尔兰工程师查尔斯·帕森斯制造了第一台蒸汽轮机并将其
和一个发电机连在一起，示范了原则上可以怎样廉价产生大量电
力来供应电网。

电灯是可以在电网上工作的多种设备之一。电灯背后的原理
是所有的物体都在一个频率范围内辐射热和光，这个频率范围可
在可见光谱范围以内以及以外。夜视镜和热成像就是通过采集这
些光来工作的。这个频率范围有一个特定的能量密度分布。温度
越高，发出的辐射在一个特定频率上的能量密度峰值就越高，在
高频处很快下降，在低频处下降得慢一些。一根铁制烧火棍之所
以发红光是因为在那个温度下，它发出的辐射大部分集中在红光

附近。当它的温度上升时，这个峰变得越来越窄，而且移动到更高的频率上，烧火棍发白光而不是红光。每一种材料在同样的温度下辐射同样颜色的光谱。在同样的温度下，圆木、陶瓷片和烧火棍发出同样颜色的光。电灯制造商们力图制造出消耗最少能量而发出最多白光的灯泡。

在 19 世纪 80 年代，很多国家采取措施来稳固和培育其电气工业，组建实验室来建立和监督执行电灯以及其他产品的标准。在德国夏洛滕堡的科学家制造了特别的烤炉来测量黑体辐射，收集高频区有关温度和光辐射的数据。夏洛滕堡的理论家威廉·维恩（1864—1928）给出了一个公式来描写不同温度下的电磁辐射能谱。它表明发光强度随着温度升高而增大，但是这个增大不是均匀地分布在所有的频率上，而是朝短波长方向移动。

普朗克不满足于维恩的定律，不是因为它没用，而是因为它看起来只是一个有灵感的猜测。为什么频率、强度和温度这样联系在一起？为什么一些常数具有它们特定的值？答案应该是绝对的，可以从电磁学以及热力学的基本定律中推导出来。普朗克用传统的办法构造了一个模型来描述材料吸收和发出辐射的方式，他将它们的图像视为一系列"谐振子"：电荷来回振荡，就像和服从胡克定律的、不同弹性的弹簧连在一起似的。它们的振荡速率（频率）依赖于弹簧的刚性。当这些材料吸收能量后，谐振子振动得更加起劲，而当它们释放出能量后，谐振子则振动得没那么起劲。当一种材料吸收和发射不同频率的能量时，它可被视为具有无穷多套这种不同刚性的弹簧。1899 年，普朗克发现他能够用这个模型推导出维恩的定律，他感到非常激动。

他的喜悦之情没有持续多久。1900 年年初，夏洛滕堡的实验学家们建造了更灵敏的烤炉来测量更长的波长（红外）。10 月 7 日，实验学家海因里希·鲁宾斯告诉普朗克，在这个范围里，他们得到的结果和维恩的公式有点不一样，谱函数与温度更成比例，结果与经典公式的匹配比与维恩公式的匹配更一致（后来此经典公式被称为瑞利 – 琼斯公式）。

有些科学家可以忍受这个差异。普朗克已经演示了维恩定律是基本定律，这个差异肯定是实验误差。该误差确实可能会出现，尤其是在新的仪器和精细测量中！但普朗克了解鲁宾斯和其他夏洛滕堡的研究人员，他相信他们的结果，不认为可能是什么未知的因素逃脱了他们的视线。普朗克回头工作，提出了一个新的公式，并在 1900 年 10 月 19 日的柏林物理学会上作了介绍。他告诉他的同行们："就我目前所能看到的，这个公式与已提出的最好的频谱公式一样，能令人满意地和到目前为止发表的观测数据吻合。"他总结说："因此，应该能允许我提醒大家注意这个新的公式，我认为这个式子是最简单的可能。"[19]

在普朗克提出他的公式的那个晚上，鲁宾斯也在柏林物理学会。他激动地回到他的实验室去对比这个式子及他自己的测量，发现它们吻合。第二天上午，鲁宾斯拜访了普朗克，告诉他这个消息。其他两个实验学家曾经报告过看起来与普朗克的公式有偏离的结果，但他们很快发现是自己犯了一个错误，他们的结果和公式也是一致的。

普朗克仍然不满足。在他的眼里，他的公式有一个和维恩公式相同的缺陷。它仍然是一个"经验公式"，是一个没有"真正物理含义"[20]的猜测。他又一次开始了研究。1900 年 11 月，他运用他广博的热力学知识，计算了他的模型里能量在共振子之间的分布，希望能找到一些线索，可让他从基本物理定律推导出他的公式。普朗克后来在他的诺贝尔奖演讲中说："在我人生当中最紧张的几个星期的工作之后，黑幕掀开了，一片未曾预料到的远景开

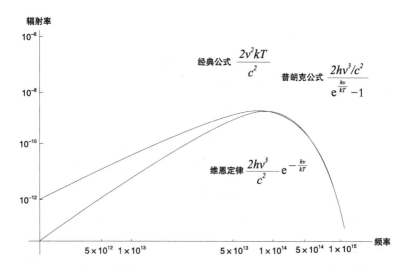

描述黑体的辐射率（或强度）和频率之间关系的 3 个定律。维恩定律（图中下部的虚线）和辐射的实验数据在高频部分吻合，描述了（图中右边）辐射在某个特定频率处有一个峰值，温度越高，此频率越高。经典公式（图中上部的虚线）不能描述这些数据，但能描述左边更低频率处的数据。普朗克公式（连接上述两者的实线）就像金发姑娘般完美，既不太大也不太小。普朗克起初假定它只是一个数学上的"把戏"，需要更多的研究。这个"把戏"指示了一个办法，将低频处的经典定律和高频处的维恩定律连接在一起。

始展现出来。"[21] 为了导出他的方程式，普朗克做出了他后来所称的"绝望的举动"，因为"无论付出什么代价，都必须找到一个理论解释"。[22] 他发现他不得不假设分布在 N 个共振子中的总能量 E 是由一系列"能量元" ε 组成的。ε 的值和一个新的自然界的基本常数联系在一起，他把这个基本常数简单地称为 h。这是临时性的，只是用来解释物质和它辐射的光之间的相互作用机制。

对于足够高的频率，分母中的 1 和那个大的指数项相比可以忽略。去掉 1 这项后，分母中的指数项变成分子上的指数项，但为负的指数，正好得到维恩公式。对于低频，分母中的指数项趋近于 1，只有两项之间的差别才是重要的，而这个差别可以用 hv/kT 来近似。这样在整个表达式中 v 的幂次减少 1，同时一个因子 kT 出现在分子上。这不多不少恰好是经典理论（没有量子效应）意味着的结果，尽管在 1900 年普朗克也许并没有意识到这个。至少在事后看来，普朗克的公式在低频的经典物理学和高频的维恩公式之间做了光滑的内插。历史学家马克斯·伽莫写道："这个内插尽管在数学上只是小事一桩，却是物理学史上曾经做出的最重要和最重大的贡献之一。"[23]

普朗克于 1900 年 12 月 14 日向柏林科学院提交了上述这些结果。在一个重要的段落中，"普朗克常数"在史上第一次出现在印刷品中：

　　然而，我们认为（这是整个计算中最本质的一点），E 由有确定定义的一定数量的等份组成，并且使用了相关的自然常数

$h=6.55 \times 10^{-27}$ 尔格·秒。用这个常数乘以共振子的共同频率 v，可以得到以尔格为单位的能量元 ε。用 E 除以 ε，我们就得到了能量元的数目 P，它们必须分配到 N 个共振子中。[24]

上面最后一句话用语句的形式将现在所谓的普朗克能量公式 $\varepsilon=hv$（或是 nhv，某个整数乘上这个基本数量）说了出来。这是构成这个世界的最基本的方程之一。

不管是在那一段还是在文章的其他地方，普朗克都没有提到量子的概念。他在文章中使用过这个词，指的是"电荷 e 的大小"，也即基本电荷，但没有将这个词用到他的数学技巧上。他还不确定它是不是基本的东西。无论是他还是任何其他人都没有猜到即将开始的物理革命会有多大的规模。这一段话等于是在说（尽管普朗克没有明确地说出来），具有某个频率的共振子不能如经典物理学所说的那样具有任意能量值，而是只允许具有由 hv 的整数倍分隔开的分立值。伽莫写道："在当时，显然普朗克不是很确定他引入的 h 是否只是一个数学上的工具，还是它表达了一个具有深刻物理涵义的基础性革新。"[25]普朗克的确发现了一个根本性的东西，但却不是他所预料的。他以极为保守的方式行事，试图尽可能多地拯救现有的理论，尽可能少地引入新的东西来解释他所相信的实验结果。[6]

5 年后，阿尔伯特·爱因斯坦将数学技巧变成了物理思想。1905 年，他在苏黎世大学完成了哲学博士学位的学习，发表了 4 篇非同一般的科学论文。其中一篇是关于光电效应的，这是光照射在金属上，使得电子从金属表面飞逸出来的一种现象。经典理论预言，电子的能量应该依赖于光的强度。但实际上不是，这个能量依赖于光的频率，如果你用更强的光照射一个金属表面，那么更多的电子就会逃逸出来，但它们具有相同的能量。普朗克曾小心翼翼地说，你必须将这个古怪的 h 项引入黑体辐射公式，因为那些共振子只能吸收和发射具有 $h\nu$ 整数倍能量的光。而爱因斯坦现在说，h 是光本身的一个特性。光是颗粒状的，局域在空间中，具有 $h\nu$ 整数倍的能量，$h\nu$ 是光的"量子"，后来被称为"光子"。爱因斯坦写道："在一束光的传播中，能量不是连续地分布在稳定增大的空间中，而是由有限数量的、局域在空间点上的能量量子组成，量子不能被分割，只可以作为整体被吸收或者产生。"[7] 如果是这样的话，你照射在一块金属表面上的光子的能量必须至少是它导致的逃逸电子的最终能量之和，再加上让电子从金属中逃逸出来所需要的能量（功函数或者 W：$E_{max}=h\nu-W$）。这就像一颗子弹在来复枪的枪口处所具有的能量要比它最初爆发时所具有的能量少，因为它穿越枪筒时会有能量损失。

普朗克努力了好一阵子，以一种（他有一次写道）他的很多同事发现几乎是悲剧的方式，试图将 h 这个想法放入传统物理学的框架中。他白费力气。如果牵涉高温和长周期，那么 h 的存在可以忽略。但是每当碰到高频或者低温情形时，就需要 h 出现在计算中。你必须要由量子来得到黑体辐射高频部分的维恩公式，经典物理学只能给你后来很快被称为瑞利－琼斯公式的结果。这个公式能描述黑体辐射的低频部分，但在高频端导致一个不可能的无穷大辐射的预言，这被称为"紫外灾难"。

在 1911 年布鲁塞尔的索尔维会议上，普朗克揭示了另一个奇特的奥秘。他的常数不是一定数量的能量，而是陈述两个量之间的正比关系。比如，他的方程 $E=nhv$ 将能量和频率联系在一起，如果一个变大，那么另一个就也变大。物理学家们称能量和频率之间的正比例常数为"作用量常数"。在这次会议上，普朗克讨论了 h 背后的一些惊人含义。从相空间的观点来看，h 是作用量的一个单元，或者是一个系统能够具有的所有可能重要取值的抽象表示。例如，一个移动物体的相空间能用一个图来表示，比如一个桌面的大小，一根轴表示位置，另一根轴表示动量。在经典牛顿力学中，桌子上的每一个点（桌上有无穷多个点）是物体的一个可能位置。当物体改变它的位置和动量时，它就像是从一个点移动到另一个点——留下一条线，牛顿定律可以用来预测它的路径。普朗克注意到，在量子王国中，这样一个物体没有无穷多个位置。桌面由一小块一小块组成（今天我们会说像素），每一块的面积是 h，代表这个物体的一个可能状态（位置和动量取值的范围）。它的可能性现在被极大地限制了，物体不能连续地从一个点移动到另一个点，而是被卡在至少一个量子大小的区域里。每一格这样的像素是作用量一个可能的空间，当物体从一格跳到下一格时，它的运动是不连续的。事后看来，很多后来的量子理论的原理（包括不确定性原理）都隐含在这一认识里，即相空间是像素化的或"量子化的"。

量子将反常和妄想注入到个世界越来越多的地方，开启了科学的一个新时代。

第3章　量子跃迁

《量子跃迁》是 20 世纪 90 年代早期美国的一部喜剧、冒险剧和科幻电视连续剧。剧中的主人公是一位时间旅行者，他拥有 6 个博士学位，其"特殊天赋是量子物理"。在每一集里，时间旅行者都在时空中做不同的跳跃。在 20 世纪 80 年代，英国辛克莱计算机公司开始着手制造一台意在改变游戏规则的计算机（他们后来不久放弃了），机器名为辛克莱 QL（QL 为量子跃迁的英文首字母大写）。2000 年，一个名为"量子跃迁农场"的营地在美国佛罗里达州建立，旨在帮助伤残的骑手通过和马建立新的关系来改变他们的生活。2013 年，博世公司推出"阳光灿烂的量子跃进"，这是一种洗碗机用的清洁剂（注册商标 Finish Quantum）。2014 年，皇家加勒比公司启用了一艘大型游轮，其名叫"海洋量子号"。该公司称这艘船在游轮中是一个"量子大跃进"，船有 348 米长，总吨位达 17 万吨。相比之下，"玛丽皇后二号"只有 345 米长，总吨位仅为 15 万吨。

"量子跃迁"是怎样从一个应用于亚原子态跃迁的科学术语变成一个意为"大跳跃"的习语的呢？答案可以在很大程度上帮助我们解释本书后文将讨论的其他词汇和短语。它展示了科学技术语言和意象怎样变成比喻说法，这些比喻说法以新的方式引申发展，然后这些引申说法在艺术和文学论述中作为有意义的一部分而占据一席之地。

尼尔斯·玻尔

"量子跃迁"这个概念在很大程度上是由尼尔斯·玻尔在将量子思想应用于原子理论时引入物理学的。

尼尔斯·玻尔是物理学上的传奇人物，20 世纪最有影响的科学家之一。他有一张长长的、椭圆形的脸，两颊粗大，一头浓密的卷发从前额开始直直地梳向脑后。从体格上来说，玻尔气势逼人，看起来冷漠严厉，但他的同事知道他是一个和蔼和惯于深思的人。玻尔具有一种不懈的甚至大胆的好奇心，就像他的学生、俄罗斯裔美国物理学家乔治·伽莫夫讲述的故事那样。玻尔和他的学生们一样喜欢看好莱坞西部片。玻尔注意到，尽管这些电影中的反面人物总是先拔枪，但好人仍然总是能做到先射击并干掉坏蛋。玻尔很好奇这背后的原因，他提出一个理论说这有心理上的因素：先拔枪的反面人物需要思索，这会让他的行动变慢，而正面人物是在不自觉地、反射式地行动，因此动作更快。伽莫夫和他的同学们半信半疑。第二天，伽莫夫到玩具店买了两支西部风格的玩具手枪和两副枪套，坚持要玻尔用实验来验证他的理论。伽莫夫说："我们和玻尔互相射击，他演英雄，他把所有的学生都'干掉'了。"[1]

科学史书通常援引玻尔对物理学的主要贡献为"玻尔原子"。他在 1912 年到 1914 年间使用当时新近出现的量子思想来解答卢瑟福的发现所提出的问题：一个原子中的正电荷居于一个非常小的、有质量的"核心"中。[1]但是玻尔的传奇地位来自于他和别人一对一交谈时的热烈程度。玻尔习惯通过大声说话来思考。他会吸引一位学生、朋友或者同事一起做漫长的散步，然后不是开始一段对话，而是开始无休止地阐述他的想法，陈述，再次思辨，然后又从头开始陈述。如果同行者反对，他会反复迫使他们重新思考他们的原理。如果玻尔感觉到他们不同意，他的声音会变得越来越大，而且在没有确定他们投降之前一直不会停下来。他曾逼迫埃尔温·薛定谔暂时撤回他的想法，而维尔纳·海森堡有一次在玻尔无休止的发问下被整哭了。对玻尔最有挑战性的、令其沮丧的对话者是阿尔伯特·爱因斯坦。这两个人进行了一场关于量子理论基础的长时间辩论，一直持续到爱因斯坦于 1955 年去世。我们在后面的章节中会提到。

尼尔斯·玻尔（1885—1962）

仅仅在博士论文答辩两年之后，玻尔就提出了他那革命性的原子模型。

他的博士论文于 1911 年在哥本哈根大学完成，主题与电子有关。借助于嘉士伯酿酒公司提供的一项资助（资助丹麦的优秀学生），玻尔来到英国剑桥的卡文迪许实验室。当时实验室的负责人是帮助发现了电子的实验学家约瑟夫·约翰·汤姆逊，但是汤姆逊没觉得玻尔的研究让人感兴趣，他对这个固执的丹麦人兴趣不大。1911 年年底，玻尔在一次访问曼彻斯特时碰到了欧内斯特·卢瑟福。卢瑟福当时是世界上研究放射现象的第一流实验学家，他们俩发现彼此可以更好地合作。几个星期后，玻尔决定离开卡文迪许实验室，加入卢瑟福的实验室。1912 年 3 月，玻尔搬到了曼彻斯特。在这里，玻尔为物理学的一次革命打下了基础，他将量子与原子结构结合到一起。历史学家约翰·海尔布伦写道："玻尔的这次搬迁象征着一个时代的结束和另一个时代的开始。"[2]

在那个时候，物理学家们仍然只能猜测原子是如何构成的。汤姆逊的工作表明原子里有称为电子的、带负电荷的粒子。质子（一种带正电荷的粒子）的存在已经被人提出，但还没有被广泛接受。卢瑟福提出原子里所有的正电荷都处于中心的核里，他认为电子绕着核旋转，有点像行星绕太阳运行的方式。但是这个想法没有引起多少注意，甚至连卢瑟福自己也没有大力推广这个想法。[3]1911 年索尔维会议（卢瑟福参加了这个会议）的论文集里没有提到这个想法，而当时的科学期刊和通讯也只是简单提及。

科学家们有充足的理由对此持怀疑态度。电荷和行星不一样，当电荷在另一个电荷的影响下旋转时，它们会辐射能量。卢瑟福原子模型里的电子将很快降低它们的轨道，然后螺旋似的掉进核中。按照传统的运动定律和相互吸引作用，卢瑟福的想法行不通。

但是玻尔感觉到，量子在使原子稳定下来的过程中扮演了某个奇特的角色。他不是第一个这么想的人。玻尔有一次回忆道[4]："试图将普朗克的想法和这些事情联系起来的尝试正流传开来。"但是玻尔处境独特，从而发现了解决这个问题的正确途径。他非常了解卢瑟福的模型，知道关于量子的最新信息。1912年，在迈出了勇敢的几步后，玻尔找到了答案。

为什么电子不能绕核做任意它们喜欢的轨道运动，就像行星绕太阳运行一样？为什么它们没有辐射能量？玻尔感觉到，答案也许不得不与作用量的量子联系起来，即与相空间是一小块一小块的这个事实联系起来。作用量与能量乘以时间有关。在牛顿学说的世界里，作用量是连续变化的，说它有原子性的暗示是异乎寻常和难以构想的。当时一位著名的科学家写道："设想一个世界中的作用量是有原子性的这种尝试会将心智引入一种无望的混乱状态。"[5]玻尔的直觉正好相反，作用量的量子化也许能解释原子的稳定性。为了证明这一点，他必须找到在原子里旋绕的电子的动能和它的频率之间的联系。玻尔很激动，给卢瑟福发了一个有关这个想法的备忘录，尽管他承认要给这个想法找到一个"机械学的基础"（即一个模型）是"无望"的。玻尔在写给他的兄弟哈拉尔德的信中写道："也许我已经发现了一点有关原子结构的东西，但不要向任何人说起这件事情。"

玻尔被难住了几个月，后来发生了一件和光谱线有关的意外事情。光谱线是原子中的电子在轨道之间来回跃迁时发出的光，在跃迁过程中，电子以具有特定频率的光的形式吸收和发射能量。这些光谱线已经被称为光谱学家的科学家研究了半个世纪。[有一个古老的光谱学家笑话是这样说的："我不是一个很风趣的人，我只知道几条好的光谱线（good lines*）。"] 1885 年，一个名叫约翰·巴尔末的瑞士教师得到了一个惊人的发现，那种在科学中像童话一样的事情。巴尔末的研究背景与数学有关，他用一个公式拟合了氢原子光谱线的频率。这个公式不仅仅符合已有的数据，还预言了其他他所不知道的光谱线。在现代语言中，描述这一系列光谱线的公式是 $1/\lambda = R \ (1/n_1^2 - 1/n_2^2)$。这里 R 是一个常数，称为里德堡常数，n_1 是一个大于零的整数，而 n_2 是一个大于 n_1 的整数。

玻尔后来说："我一看到巴尔末的公式，整个事情在我面前马上就清晰了。"[6] 这个公式表明，一个经典物理学中连续的量（即波长）只取值为一个基本单元的整数倍。玻尔意识到这是量子化的迹象，这个公式给了他一个研究原子结构量子本性的指路牌。当电子从光子吸收能量时，它们以移动到一个更高轨道的方式"储存"能量，并在回到原来轨道时以放出特定频率光子的方式释放能量。简单的数学计算表明，第二条轨道上的束缚能是第一条上的 1/4，第三条轨道的是第一条的 1/9，然后是 1/16，等等。从一条高轨道跃迁到一条低轨道时损失的能量以特定频率的光的形式发射出来，这就是一条光谱线。作用量的量子意味着只存在某些

---

* good lines 同时也有好的开场白或格言的意思。——译注

允许的原子轨道。这就好像在太阳周围只有某些允许的轨道，一颗行星不能平滑地从一条轨道变换到另一条轨道，而是突然出现在被允许的地方。玻尔意识到，巴尔末线系让他可以将作用量的量子和光谱线联系起来。它是原子的量子结构留下的指纹。

玻尔狂热地工作了几个星期。1913 年 3 月，他寄出了一篇分成三部分的文章的第一部分《关于原子和分子的构成》[7]。这部分文章演示了电子为何不具有无数条围绕原子核的可能轨道（与行星围绕太阳运行有无数条可能的轨道不同），而只有少数选择。玻尔遇到了一个巨大的困难，他不能解释为什么电子不会从它们的基态掉回到原子核里。物理历史学家亚伯拉罕·佩斯写道："玻尔做了一个物理学上从没见过的最大胆的假设之一来绕过这个大困难。他宣称基态是稳定的，这因而和所有当时已知的有关辐射的知识相抵触！"[8]

科学家现在重新思考卢瑟福的奇怪的原子图像以及量子。1914 年，英国科学家詹姆士·金斯在伦敦出版了小册子《关于辐射和量子理论的报告》。这是对玻尔工作最早和最有影响的介绍之一。这本书以最近的发现作为开头：牛顿学说的定律"不够精密，不能提供描述小尺度现象的全部真理"。最后这本书以玻尔的工作作为结尾。金斯得出结论："量子理论……代表着与旧的牛顿学说机械体系的完全分离。"[9]

玻尔的解释对氢原子来说非常合适，非常漂亮，而对其他元素来说，这个解释不是很适用。当一个原子不止有一个电子时，电子之间的相互作用会屏蔽原子核的正电荷，从而影响外层电子被原子核束缚的紧密程度，这带来了不容易用玻尔的方法来处理的复杂性。但是没关系，其他物理学家很快就会加入进来帮忙处理。

跃迁、跳跃和颤动

玻尔在他早期的论文中没有使用词语"跃迁"和"跳跃"，他简单地提到了电子轨道和定态。然而，他的模型表明电子只能具有特定的能量值，这意味着轨道和轨道之间的轨迹这样的语言描述不能令人满意。与卫星改变轨道不同，电子不能平滑地从原子里的一个位置变迁到另一个位置，而是以某种方式瞬间完成这个变迁。数年之内，科学教科书和普及读物开始使用更加精确的语言，其中提到了能态之间的"跳跃""跃迁"甚至"颤动"（使用了一段时间）[10]。《纽约时报》的科学记者沃尔德马·肯普弗特评论说："能量因此是不连续的和原子性的。它以颤动的形式出现，就像电影一样，这些颤动一个接一个地出现，非常快，这样我们看到的就是连贯的。"[11] 将之比作放电影时发生的情形是一个非常好的形象化描绘，人们开始将量子跳跃视为我们这个世界的一种固有特征。

"量子"这个词很快变成了不连续的象征。1929 年，美国的《太阳报》指出现代生活已经被发出喀哒声的东西给统治了。它说："钟表显然是的，还有打字机、累加器、收银机、速度计、流速计、股票价格收报机、电话机以及电报装置等，这一大帮以一跳一跳方式运转的仪器已经成为操作者的主人。这是工业领域**量子理论**

的统治范围。"[12] 不连续不一定就是随机的或无原因的，所有这些装置的跳动都是连续作用的牛顿力学的产物。但《太阳报》的暗喻还是捕捉到了现代生活的一个可识别的特征。

另一家美国报纸《观察者》引述了一名驾驶执照颁发委员会官员的评论，评论说没有什么所谓的醉酒程度。这位官员显然认为，醉酒有其特有的状态，一个人要么醉了，要么没有。"关于自然不连续性的新原理也是这样填满人的头脑的，人类扬言要像量子一样表现。"[13] "量子"现在是指那些处于开或者关的状态（是或者不是的状态）的事物，而不是指处在某一程度的事物。

语言有它自己的"矩"（在自然科学中，"矩"是一个技术上的术语，指的是一种扭动事物的趋势），经常以不曾预料的方式改变词语的意思。这个现象也发生在短语"量子跃迁"身上。在20世纪初，当人们的生活变得越来越机械化，遇到越来越大的非连续性变迁（比如人口和军事力量等）时，"量子跃迁"这个短语充满了活力和魅力。它很快被应用到任何大的、发生质的增加的事物上，而不管是工作成就、金钱或军事力量，也不管是否有可能的中间步骤。在《牛津英语词典》中，有关"quantum leap（量子跃迁）"的第一个条目是让读者参考物理定义；第二个条目是针对非科学工作者的，"quantum leap"的定义是"一个突然的、重要的或非常显著的（通常是大的）增加或进展"。

你认为一个量子跃迁是大还是小取决于你的尺度。改述一下首位登月宇航员尼尔·阿姆斯特朗的话，一个量子跃迁对于人来说是能量上的一小步，但对于一个电子来说却是不连续的一大步

（参看本章插节）。然而引人注目的是，"量子跃迁"已经被用于描写人类尺度上的改变，这些改变不仅仅可以是巨大的，而且也不一定必然是非连续的（比如新的洗碗液和游轮）。

来自网络漫画《星期六的谷物早餐》，扎克利·亚历山大·韦纳史密斯作

象征增加

词语是混杂的，它们的意思不是固定不变的。它们的变动性是有限制的，它们可能被利用也可能被滥用，虽然如此，但是它们能产生新的意思。"量子跃迁"意思的改变不是独有的现象。日常语言中的一些词汇（包括矩、力、重力和很多其他的词汇）已

经成为了学术上的科学术语，而一些科学术语（包括互补性、不确定性原理、熵和催化剂）也经常被应用到日常生活中。

词语经常通过隐喻的方式来产生新的意思。隐喻包含两项：主要的和从属的。在"爱是一枝玫瑰"中，爱是主要项，它的含义在被探究，而玫瑰是从属的那一项，被用来阐明主要项的含义。这是一个"过滤性的"隐喻，它要求我们用从属项的一些众所周知的特点来过滤我们对主要项的观念（爱，像玫瑰一样，是美丽的，但又是多刺的）。这两项没有被混淆。玫瑰不是爱，它仍然在花园里，它的身份不受影响。然而，一个新的意思出现了（爱和玫瑰有相似性），它让我们能更好地理解和领会自己的体验。

暗喻的价值特别体现在当我们的经历中有某些部分让人感到困惑时。当所谓"正确的"词汇不足以表达我们的感受时，我们就需要新的词汇，即使从技术上来讲它们不正确。使用隐喻或者比喻的冲动（我们称之为隐喻性冲动）源自不满意：我们感觉到

"我认为是熵的错。"

需要词汇来描写自己的经历，但已有的词汇不合适，因此，我们搜寻其他任何有帮助的词汇。隐喻在很多方面像罗夏测试。隐喻是有意义的，不是因为主要项确实和从属项有联系，而是因为从属项对我们观念的一种转换。隐喻是一个过程，这一过程在某些事物促进了我们的理解时使我们认识到某些新的东西出现了。

比如在约翰·厄普代克写于 1976 年的一则短故事《枫树》中，主人公理查德·梅普反思着他那段正走向死亡的婚姻，他的思绪顷刻之间被偶然读到的一段有关亚原子世界的新发现给打断了（黑体字是厄普代克的原话）：

他……读到，**强相互作用力在夸克之间被拉开时变得更强**这样一个理论是带些推测性的；但是与它互补的另一面，**作用力在夸克之间靠得更近时变得越来越弱**这样一个观点是**已被更好地确立了的**。是的，他想，这个已经发生了。生活中有 4 种力：爱情、习惯、时间和厌倦。爱情和习惯在短距离上非常强大，但是时间，缺少一个负电荷，却能无情地累积，和它的兄弟厌倦一起将所有一切都拉平。

梅普正试图填写他直觉到的感受，但却说不出来。他并不认为他的婚姻是亚原子物理，但在这一段中，他发现在理解他的婚姻的变化时物理术语是有用的。他感到困惑，想要理解，他使用当时他能拥有的最好的工具——一篇他碰巧塞进口袋的文章中的词汇。这篇文章可以是关于几乎任何事情的，如经济、运动、戏剧等,而他则会抓住这些东西而不是物理。隐喻就是指针,重要的是隐喻所指向的事物(这里即梅普的婚姻),而不是那个被用来指向的事物。

但是,当我们忘掉词句原来的本意,不再把它们和其出处联系起来时,这些词句就不是隐喻了。比如,美国人所说的一辆车的引擎盖(hood,本意为"风帽")以及英国人所说的引擎盖(bonnet,本意为"软帽"),它们都不再让这两个国家的人们想起服装。就是说,指针可以变成失去它们本意的名称。语言中有很多这样的现象,语言学家们知道很多有趣的例子。我们喜欢的例子包括"peculiar"(专有财产),它来自于一个古老的希腊词语,指的是牲畜。另一个例子是"bistro"(小酒馆、小餐馆),它来自于俄罗斯语,意为"快速地"。这源自拿破仑被打败后驻扎在巴黎的俄罗斯士兵,他们大声地叫唤法国厨师们快点把食物做好送上来。

这是实验室词汇能被有意义地应用于人类社会的途径之一。仅仅某些词汇完成了这种不连续的跳跃,变成了指针和名称。它倾向于发生在——科学家阿瑟·爱丁顿尖锐地提到——那些"简单到足够被误解"的科学概念上。我们更宽厚地把它改为"简单到足够让人起联想"。有关量子的概念经常满足这个标准。

不过在过滤性隐喻以外,科学词汇还可以用其他的方式来完成这个转变。在创意性隐喻中,前后两项的优先权被交换了。在一种特别的语言反转下,第二项的意思变得更加深入,通过隐喻将它原来的含义以及第一项的含义都包含进来。指针变成了被指向的东西。

比如在物理中，"波"的原意是指发生在媒介中的一种现象。而它通过隐喻扩展到光（光不需要媒介来传播），然后扩展到量子现象（它们牵涉到概率），从而改变了它原来的意思。"波"现在不只是一个隐喻，而是描述光的正确术语，也是描述概率波动等现象的正确术语。这些都是"波"最初所不曾指称的东西。

短语"量子跃迁"和"量子跳跃"代表了最早的、最持久的、最流行的关于量子的调用吗？那些咬文嚼字的人也许会说，这些短语往最好了说也是没有被正确地使用，往最坏了说它们是在被无意义地和人为操纵地使用着。但是这不一定就比当一个人提到一辆车的"hood"或者"bonnet"时更不对。"量子跃迁"和"量子跳跃"从亚原子领域传播到日常用语的方式为本书中所讨论的其他语言和意象所遵循的路径提供了一个典范。这一过程使得科学语言和意象有机会可以有意义地出现在艺术、文学和哲学中。

插节　玻尔用量子跃迁让原子运转起来

也许我已经发现了一点有关原子结构的东西，但不要向任何人说起这件事情。

——尼尔斯·玻尔写给哈拉尔德·玻尔的信，1912 年

当玻尔将量子引入原子结构时，他的想法非常简单。他发表于 1913 年 7 月的第一篇论文将量子应用到最简单的情形：氢原子，它由一个电子环绕一个质子构成。为了简单，玻尔还做了几个其他的假设，比如与原子核比，电子的质量非常微小；电子的运行速度比光速低很多，这样相对论效应不起作用。他假定电子的轨道是圆形的，他还假设电子不像经典麦克斯韦定律要求的那样辐射能量。这样一条轨道的力学描述，用经典的语言来说，就是将电子运行在圆形轨道上所需要的向心力（$L^2 / 2mr^3$）和电子与原子核之间相互吸引的电磁力（e^2 / r^2）设成相等：

$$\frac{L^2}{2mr^3} = \frac{e^2}{r^2}$$

这个式子给出了类似于描述行星运动的开普勒定律的东西。在这样的原子图像下，原子核就像太阳，而电子就像一颗行星。如果这是完全正确的，那么电子可以在无数多可能的轨道上绕原子核运行，但会一直损失能量，直到它跌入原子核。

玻尔然后又做了另一个假设：只有某些轨道是可能的。他想到用量子这个想法来挑出那些可以存在的轨道。他说，允许存在的轨道是那样一些轨道，在这些轨道上，电子的角动量等于一个常数的整数倍。这个常数和普朗克常数有关：$h/2\pi$，叫作"h-bar"，用$\hbar$来表示。或者说，2π乘以角动量等于nh，n是一个整数。然后可以得到允许轨道的半径：

$$r=n^2\hbar^2/e^2$$

当电子从一条这样的轨道跳跃到另一条允许轨道时，它的能量之间的差为：

$$\left(\frac{e^4m}{2\hbar^2}\right)\left(\frac{1}{n_1^2}-\frac{1}{n_2^2}\right)$$

这直接导出下面的波长公式（通过普朗克关系 $E=hv$）：

$$\lambda=\frac{2hc\hbar^2(n_2^2-n_1^2)}{e^4mn_1^2n_2^2}$$

对于 $n_1=2$，这个式子对应于氢原子最初的"巴尔末"线系，它的绝大多数谱线处于可见光谱范围内。

玻尔的原子是一个混血儿。它采用一个经典模型，再加上一个量子的限制。这个模型差不多马上就失效了，因为它不能用到除氢原子以外的任何其他原子身上。这还需要等待玻尔和其他人的进一步研究。但这是非常重要的一步，因为它表明量子是镌刻在组成物质的基本单元里的。物质能稳定存在就是因为 $\hbar$，尽管 $\hbar$ 非常微小。如果它是零的话，原子将在几分之一秒的时间内垮塌。$\hbar$ 强迫电子做的量子跃迁和跳跃使原子能稳定存在，从而微观世界

能稳定存在。为什么所有的氢原子（或其他原子）都一样？量子
化提供了答案，因为它们都有一样的结构！从根本上来说，你只
有一种方式可以将一个电子和一个质子放到一起组成一个稳定的
氢原子。对于其他原子来说也是这样。

　　我们说，对于一个人来讲，一次量子跃迁只是一小步，但对
于一个电子来讲却是一大步。多大呢？我们来看看这里牵涉到的
能量和距离。如果我们能在空中跳起 6 米高，那么这就是一个极
大的距离。不是吗？现在我们来看看将之与一个氢原子中的电子
从第一个态跃迁到第二个态时能量变化对应的距离比一比是什么
样子。如果一个放在地球表面上的电子被同样大的能量"踢"了
一下，它会在地球的引力场中向上射出去多远呢？答案是大约 1.6
亿千米，这意味着可以和从地球到太阳的距离比较了！这个比较
表明，电子做了一个的确巨大的跃迁，而不是一个微小的。

　　相对于任何宏观物体（比如一个跳高运动员）涉及的能量，电
子的跃迁能量都非常小。但是因为电子的质量如此之小，这个能
量对电子的速度会有一个超级大的影响，涉及的加速度非常大，
可以压碎一个人。对电子能量的改变是大还是小的看法依赖于你
把它和什么相比较。

第4章　随机性

《量子云》，安东尼·高姆尼创作于2000年，所用
材料为镀锌钢铁，尺寸为29米×16米×10米，安装
在英国伦敦格林威治半岛泰晤士河河畔

　　这是高出泰晤士河岸边一个平台30米的一座雕塑，它的名字
叫量子云。从远处看，它像一大堆钢质羊毛。在伦敦灰色天空的
映衬下，它看起来确实像一朵云。到伦敦南部的游客在参观千禧
年公园或者坐船游览泰晤士河的时候不可能漏掉它。当靠得更近
的时候，你能辨认出它的中间有一个模糊的人的形态。和这个系
列中的其他雕塑一样，该雕塑由英国艺术家安东尼·高姆尼用铁

棍创作而成。这个系列被称为《量子云和领域》，它探索如何从看似随机的行为中产生出形态。

在《量子绵羊》中，随机性扮演着不同的角色。《量子绵羊》是一位住在英格兰北部的作家瓦莱丽·劳斯的创意。2002年，劳斯将单词喷涂在附近一个农场的绵羊身上。当这群数量大约为12只的绵羊到处走动时，这些单词就重新排列。每当羊群停下来时，一首新"诗"就产生了。北方艺术（为这个项目提供了2000英镑资助的一个机构）的一位发言人称此为"一种令人兴奋的诗歌和量子物理的融合"[1]。下面是一首由此产生的"haik-ewe"*：

云牧天空

之下，羊轻飘

地上柔镜

温暖白雪

劳斯向英国广播公司解释过她为什么觉得这个项目值得去做。她说："随机性和不确定性处于宇宙组成方式的中心，这对于依赖次序的我们人类来说是不容易理解的。因此，我决定通过诗歌和绵羊这个载体来探索一下随机性和量子力学的一些原理。"

她的这些"俳句"中的一些已经被收录在诗歌选集中。还可能有更多，劳斯算了一下，她的这个方法可以产生870亿种组合。

---

* "haik"意为"俳句"，日本的一种传统诗体；"ewe"意为"羊"。
　　——译注

如果以大约 5 秒钟一首的速度连续往下读，则需要差不多 10 万年才能把全部结果读一遍。

量子随机性的不同视角出现在图书《量子混沌：学会和宇宙的混乱一起生活》中。这本书的作者是托尼·祖罗，他是一个儿童图书作者。祖罗的一首诗包含下面两段：

亚原子物质的

舞动可能是

即兴的吗？

现实能

被一条概率曲线

确定吗？

《量子混沌：学会和宇宙的混乱一起生活》的封面，托尼·祖罗的诗作

在经典牛顿力学世界里，这些问题的答案是否定的！物质不会随意舞动，它从头到尾都是受定律支配的，一直到它的最小组成部分。物质的大尺度行为是由它的小尺度行为决定的。一个拉普拉斯型的学者（具有完美的智力并知道所有相关信息，这是拉普拉斯侯爵想象的学者）能知道所有的结构，可以预言每一个事件，这

些东西的总和就组成了现实。

但是，我们人类并非处于这么完美的状况中。我们不知道这个世界的大部分是如何运作的。棋牌游戏、掷硬币、彩票以及掷骰子看起来都是随机的，我们用粗糙的仪器所做的测量具有不确定性。为了应对这些情况，科学家创造了关于概率和测量误差的理论。和牛顿同时代的两位法国数学家布莱士·帕斯卡和皮埃尔·费马为博弈、彩票以及其他涉及无生命事物的情况发展了概率论。19世纪比利时数学家阿道夫·凯特勒将统计学和概率论应用到犯罪率和其他由社会学家研究的问题上。法国数学家和哲学家勒内·笛卡儿与其他一些人研究了测量误差和变分。

一些重要的区别是：**随机**事件缺乏特定的原因、理由或者目的。**统计学**分析已发生事件出现的频率以及这些事件的模式，概率论则使用统计学来预测将来的事件。**不确定度**是指一个结果相对于特定期望值的可能偏离量。所有这些概念在牛顿力学世界里都有，用于描述和处理涉及信息了解不完全的情况。这些工具在这样一些情况下是必需的，即科学史学家大卫·林德利写到的"当你知道事物整体的蓝图，但不知道每一块砖头的形状和颜色的时候"。[2]

现在，随机性、不确定性以及无法预言性通常和量子行为联系在一起，并被认为是我们这个世界的永恒特性。由随机的杆子构成的人物形象、随意走动的绵羊编排成的诗句以及从概率中诞生的现实都是这样一些例子，从随机性中产生的形状被称为"量子"。这是怎么发生的呢？

颠覆性的要素

从经典物理到量子物理的转变是渐变的而不是突然的过程，原因是统计学和概率论越来越多的科学应用使科学家们适应了这样一个由统计支配的世界。这种转变开始于19世纪，当时在牛顿力学世界里出现的几个看起来无害的现象却最终变成了颠覆性的事情。

第一个现象出现在热力学中。"热力学"这个词语产生于19世纪中叶，指的是研究热的科学。热不是指一种单一的物质（像它曾经的那样），而是指一个从无穷多的微粒的运动中产生的现象。和通常从物理学科到另一门学科的方法借用流向相反，物理学必须借用社会科学的工具来解释这些运动。因为凯特勒的工作，统计学已经成为一种发展得非常好的方法，可用来分析出生率、死亡率、疾病、犯罪和其他事物。在这些事物中，追踪每一个个体是不可能的事情。研究热力学和其他涉及许许多多运动的情形的科学家意识到统计学同样可以帮助他们[1]，比如研究气体和研究社会现象类似。而且，这种统计学信息也正是那些研究复杂系统的科学家所想要的。比如，研究社会现象的社会学家和研究气体的科学家都对整体行为感兴趣，而不是对每一个个体的行为感兴趣。让我们举一个科学实例：假如你在研究水是怎么烧开的，你是真的关心一个具有特定大小的气泡在什么时候出现在某个特定位置，还是只想知道气泡是在什么时候形成的？[2]

第二个颠覆性的现象是布朗运动。它指的是这一神秘之事：

在显微镜下，花粉颗粒看起来是在随机地抖动和跳动。在当时，这种无法预测的无生命物体的运动无法得到解释。第三个是放射性现象，即某些种类的原子有时候会变成其他种类的原子，在此过程中辐射出能量。这种现象于 1896 年在铀元素中首次被发现，然后很快在其他元素中也探测到了。辐射看起来是自发的，没有特别的原因。1900 年，在研究钍的氧化物的辐射时，欧内斯特·卢瑟福提出了一个定量的规律。他说，辐射的强度随着时间的衰减（我们现在称之为半衰期）服从一个规律，这个规律和每个原子在单位时间里以一个固定的概率发生转变是相一致的。这种规律被证明也适用于所有其他的放射性元素。至少在当时卢瑟福和其他人认为这个定量的辐射定律只是另一个用概率来抄近路的例子，它应该有一个更深层次的、因果性的解释。卢瑟福的定量规律像一个死亡率表，它是原子的一个死亡率表。卢瑟福和其他人觉得，更多的信息将会帮助科学家们找到一个机制，这个机制可以给出每一个原子死亡的因果论解释。

这些例子的积累让物理学家们感到不安，某个神秘的东西潜伏在小距离尺度上。那个"东西"就将要突然公开显现。

在 19 世纪末，美国哲学家和科学家查尔斯·皮尔斯提出随机性处于自然的核心。他感觉到这将阻碍科学家们想出一套适用于所有尺度和学科的终极定律，并要求他们一直寻找新的定律。不过在 20 世纪初，这仍然只是无根据的形而上学的推测，并且看起来像哲学上的搅和。即使是刚才提到的那些颠覆性的例子也只是迫使科学家们使用概率论和统计学作为能找到的最好工具来理解自然界中那些无法够着的要素。

那个将统计学和概率论从一个方便的、越来越不可缺少的工具转变为自然界的一个构成元素的人是阿尔伯特·爱因斯坦，这个转变是通过他在 1916—1917 年写的 3 篇论文完成的。这些论文将光的波动性、热力学问题以及卢瑟福的定量的辐射定律联系在一起，将概率安置在了原子行为的核心位置。爱因斯坦刚一完成这个联系就后悔了。

普朗克于 1900 年提出的最初的量子概念和概率无关，爱因斯坦在 1905 年解释光电效应的论文也和概率无关[3]。1905 年以后，爱因斯坦密切关注着量子理论的发展，尽管他全神贯注于其他问题，尤其是他的广义相对论。他离开专利局，成为了柏林的一位教授。玻尔写于 1913—1914 年的 3 篇论文给爱因斯坦留下了深刻的印象。这些论文描述了原子将电子从低能态移动到高能态，从而储存通过辐射吸收到的能量，然后又通过将电子从高能态移回低能态而释放出那些辐射能。在此过程中，它们发射出对应于那两个能态的能量差的、具有特定频率的光。这就是产生元素光谱（它的量子结构的"指纹"）的过程。但是，即使是玻尔的工作在讨论电子在能态之间跃迁的时机时也没有使用概率。直到在 1915 年年末，当爱因斯坦完成他的广义相对论后，他才回头再研究光量子以及它们是如何被物质发射和吸收的。

他的努力很快就有了结果。1916 年 8 月，爱因斯坦写信给他的密友米歇尔·贝索："我有一个关于辐射吸收和发射的绝妙想法，你会感兴趣的。一个不可思议的简单推导，我应该说，是普朗克公式的推导。"[3] 几个星期后,他向贝索解释了原因:普朗克只是简单地要求他的那些谐振子按特定的方式行事,并给出那个特定的关系;"普朗克的论文没有提供 h 和 ε 之间的关联"。[4] 爱因斯坦采用了他用于发展狭义和广义相对论的策略,忽略了由哪种材料发射和吸收光的问题,而专注于一个一般的推导,但是为此他需要引入一个概率因子来作为一个基本部分。

爱因斯坦 1916 年和 1917 年的论文只是关于物理的一个小角落——原子跃迁。但是,这些论文是科学发展史上的里程碑,因为它们第一次将概率写进了自然的基础之中,而不是只是将其作为一条近道。这种方式在接下来的 10 年中将被随后的物理学家们极大地扩展。即使到那时候,概率在科学中不断增强的角色仍然只是一个技术上的特征,只被物理学家们知晓。

所有这些在 1925—1927 年的量子力学革命中,有了薛定谔波函数和不确定性原理后发生了改变。1927 年以后,对量子随机性和概率的引用急剧增加。那一年,英国天文学家阿瑟·爱丁顿在《物理世界的本质》一书中,让普通大众注意到了量子理论中随机性的一般作用以及不确定性原理的特别作用。他说,物理学以前走在预定论的一边,现在量子理论把这给去除了。"量子理论是概率的决定论,一个铁定的准则,但是一个有限的决定论是可能的。原子的队列像免除责任的精神病人,每一个都遵循精神病院里确定的一般规则。"由于爱丁顿和他的通俗读本,公众开始熟悉这样一个观念:量子力学意味着决定论作为一种哲学的终结,以及随机性在宇宙中扮演的角色。

在 20 世纪 30 年代前夕，《纽约时报》发表社论："由于我们将不会那么害羞和不自在，30 年代将会比 20 年代更加平静是诸多可能性中的一个。但鉴于 20 年代后期相对论和量子科学已对自然中概率和可能性所做的事情，预言是特别危险的。"[5]

福曼论题

福曼富有影响和争议的研究成果认为，量子时刻完全就不是一个名副其实的时刻，而只是受危机烦扰的、罗曼蒂克的和反理性的思潮的副产品，这些思潮在第一次世界大战后风行于魏玛共和国时期的德国。魏玛共和国以地方命名，在这里的一次会议为这个新近战败的国家写出和采纳了一部新的宪法。福曼的研究工作采取一种特别的方式来回答我们在第 2 章末尾谈到的问题：科学活动和它出现时所处的文化氛围之间的关系是什么？在那一章里，我们只是指出小说家们发现量子语言和意象特别适合于描写当代人的经历和体验。福曼的方式很不一样，他宣称实际上是文化氛围导致当时的科学活动采纳了某些它的最与众不同的特征。

在 20 世纪 60 年代初，福曼是一个学习科学史的研究生，他参加了一个称为"量子物理历史归档"的研究项目。这是一次系统性的尝试，试图通过收集文件、汇编手稿和口头采访来创建一个关于量子理论早期历史的数据库。这个雄心勃勃的项目获得了超过预期的成功，成为了"实际上自那以后，每一位工作在那个领域的历史学家的主要工作基础"。[6] 和 20 世纪 60 年代的其他很多历史学者一样，福曼从当时社会和政治事件的狂热中受到启发，对社会和政治因素在他研究的领域中所起的作用提出了新型问题。他完成于 1967 年的博士论文标题为《魏玛共和国时期德国原子物理学所处的环境和实践：科学史中的一个研究》。这篇论文调查了第一次世界大战后不久影响德国物理学家的经济和政治因素。[7]他的同事约翰·海尔布伦也是一位历史学者，认为福曼的论文是对"真相的揭露"。[4]

两年后，福曼发表了一篇引起争议的文章，这篇文章与 X 射线晶体学的发现有关。在文章中，他批评过多地依赖科学文献和科学家自述其工作经历这样的历史。福曼写作这篇文章受到了保罗·彼得·埃瓦尔德主编的回忆录《X 射线衍射 50 年》(1962)的启发。这本书的出版是为了纪念 X 射线发现 50 周年，埃瓦尔德是和这个发现有关的人。福曼 1969 年关于这个发现的文章发表在一本科学史期刊上，文章认为过多依赖论文和参与者回忆录所编写的历史倾向于强化基于意识形态的神话故事，而忽略发现过程中的混乱状况，并把科学在观念和实施方面描绘得比真实情况更为纯正。[8]埃瓦尔德随后炮轰福曼的文章："（这篇文章）没有价值，除了作为一个例子来说明带有偏见的文献研究会导致什么样的结论以外。"这次交火转而激发期刊的编辑评论说："物理学家和黑暗时期的任何一个僧侣一样顽固和迷信。"这次争吵是一个经典的例子，一方倾向于从参与者的记事录和回忆录中寻找指引，而另一方倾向于把科学史视为职业历史学家用他们自己的一套工具进行研究的范畴。这个冲突围绕着谁（参与者还是受过训练的外部观察者）说的话更具权威这一问题，并不容易解决。

自那之后又过了两年，福曼发表了他最具争议性的论文《魏玛文化、因果性和量子理论（1918—1927）：德国物理学家和数学家对一个敌视知识的环境的适应》[9]。文章认为（现在以福曼论题而被大家所知），非因果性、概率性量子力学的产生和采用在很大程度上不是源于科学的发展，而是来自于魏玛共和国时期德国文化中盛行的"思潮"特征。福曼宣称，这些思潮影响了物理学家对量子理论的评论并被这个理论所吸引，但更重要的是影响了理论本身的内容。

　　福曼开头嘲笑了那些在讨论文化如何影响智力活动时使用"模糊和模棱两可措辞"的历史学家，比如文化为这个或者那个的发展"准备好了智力环境"。福曼写道，历史学家必须坚持一个"具有因果关系的分析，展示科学家们在什么环境下以及通过什么样的相互作用而被知识潮流所裹挟"。应用于量子物理中，这样一个分析显露，德国科学家对一个敌对的魏玛知识环境做出的反应是不仅仅试图去提升他们的形象，而且试图"重新构建其科学的基础"，方式就是"摒弃因果性，摒弃严格的决定论"。

　　福曼的论文分阶段论述。在最开始，他概述了1918年德国令人吃惊和未曾料到的战败怎样戏剧性地改变了主流知识环境。其结果就是"一种新浪漫主义、存在主义者的'生活哲学'，在危机中着迷于狂欢，其特征为总体上敌视分析和理性，特别是敌视精确的科学以及它们的技术应用"。按照福曼的说法，最强调这一思潮的作者是德国历史学家奥斯瓦尔德·斯宾格勒，他在1918年出版了臭名昭著的《西方的没落》。此书主张，文明就像生物体一样，遵循一个成长、成熟和衰亡的发展模式。斯宾格勒论据的一个关键部分是，所有的文化活动（包括科学、数学、艺术、哲学以及宗教）都由其发展所处的文明的特征所塑造，在那个文明之外则没有什么意义。斯宾格勒写道，甚至因果性这个想法也只是一个人为的文化构造，是一个最终无望的试图避开命运无理性力量的努力。在一篇1919年广为传阅的文章中，福曼引用一位著名的文化和教育部长的话说："我们必须再次学会对非理性的敬畏。"

物理学家们在那之前一直享有巨大的文化威望，而此时突然发现他们自己受到了攻击。"或暗示或明确地，科学家成了被持续不断地敦促进行的精神变革的替罪羊，而'因果性'这个概念甚至只是这个词则象征着科学事业中所有让人憎恶的东西。"福曼引用普朗克的话来表达当时科学家们的普遍观点，"魏玛共和国的知识环境是根本性地和明确地敌视科学。"物理学家对这种环境气氛带来的压力的适应是感受到他们理论中因果性的存在不受人欢迎，然后就完全抛弃了它。

福曼接下来描述他所谓的从1919年到1925年物理学家"向非因果性的准宗教皈依"。"就像被一个重大的觉悟扫过，物理学家们一个接一个地大踏步走到一大帮学者听众面前，宣布抛弃邪恶的因果性教条，称颂物理学家们将把世界从因果性的奴役中解脱出来。"福曼写道，"（我们看到的是）德国学术界对那些敌视知识的潮流的投降。"他在论文的第一部分对此作了概述。这种投降带来了"一个想法的兴起，就是在发明出非因果性的量子力学之前，相信在原子层次没有因果性"。福曼强调"物理学家已意识到这样一个事实，他们是在一群敌视因果性（＝机械主义＝理性主义）的听众面前演出，很多物理学家非常渴望在这些听众面前卖力地表演"。

福曼认为这不是巧合，"在它被根本上具有非因果性的量子力学的出现'证明有道理'之前"，许多德国物理学家在1918年就突然开始"摈弃因果性"。一个"无法逃避的"结论就是"原子物理中的大量问题在这个非因果性信仰的产生中只扮演了一个次要的角色，而最重要的因素是作用在作为德国学术界一员的物理学家身上的社会思想压力"。一本有关福曼论题的图书的编辑写道：

作为一个方法论的模型，福曼的研究可以说是科学史研究中发表的最有影响的论文，可能的例外是1931年鲍里斯·黑森同样著名和引起争议的关于经典力学的分析文章《牛顿〈原理〉的社会经济根源》……两者都以各自的方式颠覆了本质上是柏拉图式的科学观：科学是一种纯粹智力活动，是对抽象真理的崇高探索，被认为能掌控它自己内在的科学方法以及真理的评判标准。取而代之的是，两者都视科学为实质上是人类的，因而也是世俗的、社会的和文化的活动，并接受这个假设会导致的必然的知识论的结果。[10]

福曼论题意味着科学与文化之间的影响与我们以前认为的方式相反。我们应该审视一个更深奥的过程：文化活动怎样影响和改变科学，而不是思考科学怎样给文化活动提供新的语言和意象这个过程。

但是福曼的方法有严重的瑕疵。一些学者注意到福曼歪曲了他的几个重要的例子，另一些指出量子理论中引入概率的最早时间（爱因斯坦于1916—1917年）比福曼所说的关键时间1918年要早。还有一些抨击福曼的论据，他们指出福曼对科学家相关资料的引用大部分不是来自论文，而是来自面对一般大众的演说，而且他忽略了物理学家内在的发展以及他们面对专业同行的演讲。

对我们来说更重要的是，在上一章中我们看到，短语"量子跃迁"和"量子跳跃"的隐喻性转换表明，如果像福曼一样，试图把科学与文化之间的联系理解为一种因果相互作用，那么出发点就不对。出发点是我们自己对世界的体验。这不是中立的，它具有某种特质，这种特质会促使我们以某种方式来谈论这个世界，阻止我们用另外的方式来谈论它。我们看到，这个过程驱动着大多数艺术、文学和哲学对科学语言和意象的挪用。这就是那个促使安东尼·高姆尼把他那泰晤士河上的雕塑称为"量子云"以及瓦莱丽·劳斯把她的诗歌产生过程称为"量子绵羊"的东西，它启迪了托尼·祖罗把他的诗集取名为《量子混沌：学会和宇宙的混乱一起生活》。

插节 爱因斯坦演示上帝怎样掷骰子

爱因斯坦对量子物理的每一份贡献都表明他是 20 世纪热力学和统计力学领域的顶尖科学家。这两者都是牛顿学说的研究领域，由概率、随机性和统计理论管辖。这样才恰好由他来把这些东西引入量子理论的核心并把它们写进自然本身的基础中，尽管后来爱因斯坦声明他不认为上帝会"掷骰子"。

在 1916 年至 1917 年的论文中，爱因斯坦把光当作粒子对待（这是 1905 年他在光电效应论文中引人的想法）并进一步提出了这样的问题："在给定温度下，在一个处于热平衡的、由分子和光子（如同我们现在这样称呼它们）组成的系统中，光粒子的分布状况是什么？"那时已经有了广为接受的原理来确定每一个分子受不同能量激发的概率分布。从这个以及其他关于光子行为的一般信息出发，爱因斯坦精确地推导出了光的能量分布，这个分布由普朗克在 1900 年用或许更有问题的方法得出。

爱因斯坦想象有一小片物质（他把它叫作一个"分子"，尽管它也可以是一个谐振子或原子）沐浴在光辐射中。它必须怎样吸收和发出辐射呢？假设它处于平衡状态，意思是它以相同的比率吸收和释放出能量。在有这个辐射池存在的情况下，和没有其他光子存在的情形相比，它的发射率被提高了。爱因斯坦使用热力学平衡的想法推断出在有外场存在的情况下，一个原子发射光子的比率比它处于真空中时要大。这个场的存在就像一群在草坪里玩的孩子跑过来说："来吧！加入我们！"光子就更容易跑出来。爱因斯坦计算出了这是怎样工作的，发射和吸收过程怎样相互关联在一起。这里有一个自发的部分（只和原子以及电子相关），还有另一个和其他光子（那些"孩子"）关联的部分。那么原子什么时候会发射光子，以及这个光子会朝哪边去呢？这两者都是不可预言的。爱因斯坦在他的第一篇论文中研究了这个"什么时候"的随机性。在发表于 1917 年的第二篇和第三篇论文中，他解释了朝向"哪个方向"的随机性 [11]。为了提到轨迹这个想法，他不得不假定有一个概率因子。"这个假定的辐射统计规律不是别的，而正是卢瑟福的放射性衰变规律。"爱因斯坦在他那三篇论文中的一篇里写道。爱因斯坦提出，"概率本身也许需要被当作原子系统根本的、基础性的物理性质"，这样可以"以一种令人惊奇的、简单的、一般的方式"[12] 得到普朗克定律的推导。

但是就在这时，爱因斯坦第一次后悔了。"这是这个理论的缺点，"他在论文中写道，"它把基本过程的时间和方向都留给了偶然性。"没有什么办法能知道光子会在什么时候和朝哪个方向飞出。"但是仍然，"他总结道，"我对采用的这一途径充满信心。"

很难知道他对待这句话有多么严肃，当时爱因斯坦的物理和他的直觉如此直接地产生了冲突。很明显，他希望他的方法能把他带到另一个地方，而不是它正在引向的显然的那个方向。爱因斯坦在给贝索的信中写道："我感觉，谜的永恒创造者（就是说上帝）给我们开的真正玩笑绝对还没有被我们理解。"[13] 从这以后，

这个明显的对因果性的放弃一直折磨着他。他在 1920 年写给马克斯·玻恩的信中说：

> 因果性的事情也让我很痛苦。光的量子性吸收和发射究竟能不能从完全因果性条件的意义上想象出来？抑或会留下一个统计学的残留物？我必须承认，这里我缺少确信的勇气。但是我只是非常不情愿地放弃**完全**因果性。[14]

几年后，爱因斯坦又写信给玻恩，说他不相信上帝会掷骰子。但是在对普朗克的大胆的公式的简单推导中，爱因斯坦是第一个暗指这就是神或者上帝怎么操作的人。[5]

在他生命的后期，1950 年在克里夫兰向一群外科医生讲演时，爱因斯坦略述了量子物理中有关随机性的最简单的例子之一。假设你有一束波打到两种折射介质的边界上，麦克斯韦的理论保证了会出现一束透射波和一束反射波。如果让入射波变得很弱，每一个月只有一个光子到达边界，那么它会透射过去还是反射回来呢？没有办法知道答案！我们可以给出两者的概率，但是不知道两者中的哪一个会发生。这是量子物理中关于随机性的最清楚的例子。在他的报告的结尾，爱因斯坦问它会怎样进一步演化。他神秘但又坦诚地说，也许最好的回答方式是笑一笑。[15]

第5章　全同性的问题：还没有掉的量子鞋

山边的小盒子，

粗制滥造的小盒子，

山边的小盒子，

一模一样的小盒子。

一个绿色，一个品红色，

一个蓝色，一个黄色，

它们都粗制滥造……

男孩们开始工作，

结婚生子，养家糊口。

在粗制滥造的盒子里，

它们看起来都一样。

　　一个绿色，一个品红色，

　　一个蓝色，一个黄色，

　　它们都粗制滥造，

　　它们看起来都一样。

——玛尔维娜·雷诺兹，《小小盒子》

　　半个世纪前，在抗议遵从一致的年代，词曲作家玛尔维娜·雷诺兹在 20 世纪 60 年代一首名为《小小盒子》的歌曲里表达了她对那些说来奇怪的，只是因为颜色不同而不一样，但却"完全相同"的房子的不屑。

　　身份同一是一个引起焦虑的事情，是一根社会避雷针。身份认同政治是专注于推进群体利益的政治活动，性别认同和个体怎样表达他们或她们的男子气概或女性气质相关，社会认同指人的自我人格中从各种社会团体成员身份里衍生出来的部分，自我认同指个体获得一个与众不同的个性的方式，身份盗用是指一个人冒充成另一个人的犯罪行为，诸如此类。

　　身份与个性有重叠，但它与个性不是同一个事情。个性是让我们每一个人与他人不同的东西，而身份指的是我们的持续相同性。同一性和同等也不是同一个东西（除了在数学中），就如同美国《独立宣言》的第一个"不言自明的真理"说"所有人生而平等"时所展示的那样。[1] 那个声明不是说所有人都一样，而是说每一个人都有一种相同的内在价值 [库尔特·冯内古特的反乌托邦短篇小说《哈里森·伯格朗》探讨了将同等和同一性完全等同起来（绝对平等）所带来的结果。故事发生在 2081 年的美国，一个严格执行宪法的"缺陷裁定将军"坚决认为那些超出别人的有天赋的人必须被强加不利条件]。在美国，当然词语人（men）最初至少含蓄地是指"白人"，不过最终被宪法修正案扩充到了包括所有男人（无论人种），后来又包括了女人。在不同的环境下，我们会采纳完全不同的对待身份的态度。有时候，我们坚持自己必须被像对待其他人一样地对待，但在另外的时候，我们坚持自己必须被认为是特别的和独一的，不屑于被当成可替换的。

因此，在本质和所有细节上都一样的实体概念会使人觉得危险和不安。这是微观世界的一个特点，怪异且在我们的直观经验里没有对应的东西。它提出了一个在量子力学里一次又一次出现的问题：微观世界里严格的全同性怎么能让位于甚至产生出我们在人类尺度上看到的不同呢？

在一本精美的小册子《看到两个》里，物理学家和历史学家彼得·佩希奇写道，量子理论的核心在于它对身份同一性和个性问题的"根本革新"。[1] 变革身份同一性和个性这些概念不是一件容易的事情。佩希奇注意到，西方文学和哲学传统很久以来就探索了身份同一性和个性的含义、细微差别和困境（一个独一无二的人、一个身份可被替换的人、一个身份隐藏的人的含义分别是什么），时间早到荷马史诗《伊里亚特与奥德赛》里赫克特和奥德修斯的伪装，方式上体现在神在帮助人的时候有时会隐藏他们的身份，就如雅典娜以化身出现在奥德赛的儿子忒勒玛科斯面前，引导他帮助他的父亲返回故乡。对于这些古老的希腊人，佩希奇

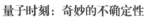

写道：

> 身份不可磨灭地铭刻在人类主导范围之外。神居住在更广袤的疆域里，这里个性是编造的，他们可以透露它的迹象，但它的神秘隐匿在昏暗不清的天命里。这里个性是一个**神圣的东西**：一些可见的、可感觉的东西（一个名字，一张脸）和一些不可见的、神秘的东西的合二为一，比如那些隐藏的、擦不掉的将奥德修斯和所有其他人分开的记号，而无论伪装还是时间和年代的变化。它远远超出可见的、可区别的符号，到达一个如后来的哲学家所称的"原初的现实性"，意为没有独特的品质（这可能会被改变或消失），而是一个总体的不同观念，即**这个人**或者事物不是**那个人**或者事物。这样深刻的个性甚至能挨过冥王哈帝斯的阴暗王国。永恒的东西必须是众神的。

佩希奇接着写道，希腊人意识到身份同一性和个性是如此深奥的概念，它们也许远远超出了人类的理解力：

> 身份同一性的印记具有神圣的无法消除性，只能被见证，而无法被理解。忒勒玛科斯知道，搞不清为什么他必须小心地跟随他的朋友（那个女神的化身）。如果神是仁慈的，忒勒玛科斯将会找到他的父亲，同时还有他自己。个性的神秘性也许是一个追寻心灵交流的神圣誓言。[2]

然而这个希腊人对身份同一性和个性的理解只是西方对这个

复杂和引起争论的话题的思考的开始。佩希奇的例子包括 16 世纪马丹·盖赫的故事（这是一个著名的冒名顶替案例），莎士比亚那数不清的涉及两面派和模仿的喜剧，陀思妥耶夫斯基、康莱德和卡夫卡的小说，还有由莱布尼兹、牛顿、戴维、道尔顿、麦克斯韦以及其他人提出的哲学与科学上的论点。

在量子王国的所有特征里，粒子的全同性（它们能占据的形式）无疑是最奇特的特征之一。只有两个可能性：能混在一起的全同物体（玻色子）和不能待在一起的全同物体（费米子）。玻色子遵循数学上的玻色－爱因斯坦统计规律，而费米子则遵循费米－狄拉克统计规律。这两个可能性分别被独立地发现于 1924—1925 年，萨特延德拉·纳特·玻色和阿尔伯特·爱因斯坦发现了玻色子的性质，而沃尔夫冈·泡利的不相容原理则阐明了费米子的基本行为。如我们已经展示并将继续在本书中展示的那样，大众文化经常利用量子的古怪，发现它的术语和意象充满创造力。如果量子理论像佩希奇说的那样，向我们对同一性和个性的理解中注入了这样根本性的革新，那为什么它没有再次激起我们对这些话题的讨论呢？代表着同一性奇特形式的泡利不相容原理和玻色－爱因斯坦凝聚还完全未出现在大众文化（大众文化对这个话题原本可是非常着迷的）中。我们没有发现它出现在任何 T 恤衫和咖啡杯上，社会名人在他们的回忆录里不写它，没有哪一个我们知道的诗人说它对他们的诗作来说必不可少，它也不以任何电视剧名字的形式出现。我们只发现了一个有关它的漫画，来自不断创新的漫画网站 XKCD。

因此，当所有卧室都被浪漫情侣占据后，其他的室友就只能待在不那么舒适的"客厅沙发"轨道上。

泡利不相容原理

全同性是那只还没有掉下来的量子鞋。为什么奇异世界里这个最奇异的一面没有被大众文化更多地引用呢？大众文化应该喜欢这个奇异的东西并发掘它更多的含义。为了弄明白为什么这个概念还没有被注意到，我们必须更仔细地看看和全同性相关的两个概念。

沃尔夫冈·泡利和不相容原理

沃尔夫冈·泡利是 20 世纪 20 和 30 年代最具影响力的物理学家之一，但他的影响往往更多是批评性的而不是创造性的。"泡利什么都阅读，什么人都认识，他给所有他认识的人写去了上千封词句优美、慷慨激昂和尖酸刻薄的信。他的批评经常是残忍的，就像一阵冷风，偶尔会冰冻好的想法，但更多地是干掉了许多不好的想法。"[3] 他的一个特别著名的（和毁灭性的）侮辱是批评一个人的想法是如此糟糕，以致"连错都算不上"。我们认为泡利（一个充满个人悖论的人）是量子王国本身的一个象征：他同时既是顽童似的又是严肃的，既是古怪的又是老套的。他对科学是一个不可或缺的人，但又具有不可靠的一面（他和卡尔·荣格通信，聊他对通灵学和共时性的兴趣）。

泡利出生于 1900 年，与量子的诞生同年。他生在一个由犹太教徒和天主教徒组成的奥地利人家庭。1918 年，上完高中后的两个月，他提出了他的第一篇专业物理学术论文，内容是关于相对论的一个方面。1921 年，获得博士学位后的两个月，他为一本重要的科学百科全书完成了一篇 237 页的关于相对论的权威性陈述，直到现在来看，仍然是全面和深刻的。

当泡利清楚地阐述不相容原理的时候，他仍然是一个年轻人，只有 25 岁。因为这个原理，他获得了 1945 年的诺贝尔奖。[4] 作为量子物理的一条基本原理，它是确定原子里电子排布的关键。由于这个排布决定着一种元素的化学性质，泡利的原理是化学的根基，在物质结构上扮演着一个重要的角色。这个原理也意味着电子以及其他服从这个原理的原初物质构成单元是完全等同的（意即**不可分辨的**），这是量子世界里最奇异的方面之一。

我俩中的一个（戈德哈伯）还记得见到泡利时的情形。1958 年夏天，我正好 18 岁，刚刚完成大学一年级的学习。我上了一学期的物理课，和我的父母一起去意大利瓦伦纳参加一个物理暑期学习班。泡利是参加者之一，他当时心情低落。他把原因归之于一项和海森堡合作的进展糟糕的研究。泡利确信这个项目已经没有什么意义，他为自己花了这么长时间才意识到这一点而感到痛苦，并且认为这是自己因为年龄增大而事业快要到头的迹象。"我已经 58 岁了，和这个世纪一样老！"他不停地嘟哝。他的坏情绪或许也和他当时还没有发现的胰腺癌有关，几个月后他死于癌症。

物质的基本组成单元是不可分辨的，在经典力学里没有这样的概念，而且也依赖于它的不出现。在经典力学里，你必须能在物体上贴上标签并追踪它们的运动。每一个标记了的物体都**必须**有它自己过去的历史以及未来的运动轨迹，否则拉普拉斯的理想智者将不能完全追踪它。也就是说，牛顿时刻具有一个"可标记性的原则"。是的，同一种类的原子和分子被认为是一样的（为了让物质稳定，这是必要的），但原则上你可以追踪它们中的每一个和全部。有些科学家（如麦克斯韦）不去思索所有给定的同类原子看起来都一样这样一个不可思议的事实，他们没有找到答案。必须有某种工厂生产完全不可分辨的原子复制品，而他能想到的只能是上帝以某种方式在这么做。

有一条线索似乎说明某件事有点不对，它以谜一样的形式出现在 19 世纪晚期，最终被美国科学家约西亚·威拉德·吉布斯所发现。吉布斯想象有两个相邻的盒子，每个都装有相同数量的同样温度的同种气体。吉布斯说，我们来想一想，当两个盒子之间的分隔被去掉之后，会发生什么现象。两个盒子里的分子将很快混到一起。如果你用不同的数字标记每个分子（比如说，第一个盒子里的分子用偶数标记，第二个盒子里的分子用奇数标记），标记为偶数和奇数的分子开始是分开的，但最后均匀地混合在一起。这是一个不可逆的过程，因此你会预期熵将增加，对应于次序的减少。然而并没有出现这样的熵增加的现象，这表明分子相互之间无法区分。它们没有单独的身份！这个惊人的性质使它们区别于我们所知道的任何宏观物体，如一样的棒球、同卵双胞胎等）。但直到量子（以及少数几种"基本粒子"的观念）出现之前，没有人知道怎样去理解这件事情。

　　泡利的不相容原理说，没有两个相同的费米子（具有半整数自旋的粒子，比如电子）能占据相同的量子态。这条原则理所当然地认为费米子具有不可分辨性。[2]"我们不能为这条规则给出一个更精确的解释。"泡利在他最初的论文里写道。但这是一条多么了不起的规则！作为一条基本的构造原理，它支配着物质的所有已知形式，从原子到晶体、金属以及化学相互作用。他把它称为Aufbauprinzip（构造原理或马德隆规则）：决定怎么装配原子的原理。为什么这意味着不可分辨性？假设两个电子是可以分辨的（如它们具有颜色等某个额外的标签），那么它们就没有什么理由不能一起待在一个由同样4个量子数标记的态里了。

　　然而不相容原理远远不只是支配着原子的结构，或为什么电子如它们所做的那样占据原子里的位置。它和夏尔·库仑研究的电磁力，如我们在第1章的插节里所看到的，（以及不让每一单个电子完全局域在一个点上的波动性）支配着物质的形状，解释为什么原子和分子互相之间间隔一定距离，抵抗被碾压到一起。由于有这些力，电子不容易被推挤到很近的距离。

　　我们想象一下，比如试图将两个氦原子压迫到一起。每一个原子的原子核与另一个原子的原子核不可分辨。每个原子有两个电子（自旋相反），占据着以原子核为中心的可能的能量最低态。如果两个原子核相互靠近，4个电子中的一半必须升高能量，因为它们4个不能都占据以那两个重叠的原子核为中心的能量最低态。这个要求和两个带正电荷的原子核相互排斥这样一个事实一起意味着需要巨大的力量才能将原子核推挤到一起，但即使这件事情能做到，电子也仍然必须分散开。因此，不能将两个人挤到同一个地方（除非是将他们挤压得不成人样）的根本原因是他们身体里的原子中的电子只能被十分巨大的、具有内在破坏性的压力推挤到一起。

因此，不相容原理对同一性和个体性的言外之意是非常奇特的。一方面，不相容原理暗示着电子没有各自的身份特性，两个处于不同态的电子是完全可以交换的。另一方面，我们这个世界中事物（我们所知道的任何一块物质）的个体性的建立又得归功于这种身份特性的缺失。微观世界个体性的缺失以某种方式使得宏观世界的个体性成为可能。

玻色、爱因斯坦和玻色 — 爱因斯坦统计

如果不相容原理的奇特性主要是因为与之关联的电子的不可分辨性这个观念的话，玻色发现的一个可能性则给出了一个初看起来完全没有经典类比的情形。这个可能性是任意数目的不可分辨粒子可以处于相同态，唯一影响这个构形的标签是处在那个态里的粒子的数目。现在任意数目（不仅仅是两个）的粒子可以处于同一个"地方"了！例如，两个、50 个甚至 10 亿个光子可以全处于一个波长范围之内。那些还记得 20 世纪 50 年代的人可以回忆起一个当时流行的校园特技：打开一辆大众甲壳虫的车门，一个接一个，从里面走出来数量令人难以置信的学生。观众也许觉得难以想象，这么多人是如何挤进那么小的一个地方的，但他们

仍然能肯定，那些人是靠柔术而不是两个或更多人将身体重叠在一起来待在完全相同的空间里。光子也许看起来违背了这种经典的直觉。可是，当你将 10 亿个或者更多的光子弄到一个波长范围内的时候，有另外一种方式来理解它：经典的电磁波。换句话说，所有这些全同粒子"融合"到了一起，以至于它们的粒子性差不多不见了，取而代之的是它们形成了具有振荡电场的波。这个电场可以通过它作用在带电粒子上的力而被探测到，也就是说这是一个经典的电磁波。

这个想法来自于一个名叫萨特延德拉·纳特·玻色的物理学家。玻色生于 1894 年的元旦，出生地离加尔各答不远。玻色有 6 个姐妹，没有兄弟，他是一个非常特别的人物。如果说泡利受益于当时最前沿的理论物理训练，那么玻色则是从 20 世纪新科学甚至是大学体系的闭塞之地中开辟出他的道路的。让人更加惊讶的是，他只是加尔各答几个特别突出的学生中的一个。这些人后来被称为"1909 班级"，其中包括玻色一生的挚友和同事梅格纳德·萨哈。在几乎每一次考试中，玻色都是第一名，而萨哈则是第二名。1914 年，玻色与一名 11 岁的女孩成婚，他们俩最终一共生了 9 个孩子。

当玻色和萨哈在加尔各答完成他们的本科和硕士学业后，看起来没有地方能学到欧洲出现的新思想了。在那个时候，印度处于反殖民主义运动的早期，而孟加拉地区是这个运动的一个重要中心。反殖民主义运动对玻色和他的同事来说很重要，但他们得小心翼翼地保护自己的职业，特别是他们能教书的地方基本上没

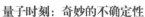

有了。通过某种办法，他们俩都争取到了资助者。这些资助者实际上为他俩设置了新的职位。

萨特延德拉·纳特·玻色（1894-1974）在观看
阿尔伯特·爱因斯坦的照片

同时，他们从能找到的外国书籍和文献期刊里学习东西。在印度，甚至是在像孟加拉这样相对发达的地区也没有合适的物理教师。作为克服这个困难的一个方法，玻色和萨哈研读了一系列关于相对论的论文集，并把它们翻译成英语。玻色还接着翻译和出版了爱因斯坦的一本关于广义相对论的书。他和萨哈学习的方式和学音乐的学生有时候做的一样：抄写艺术大家的作品。

1924 年，玻色在 30 岁的时候做了一个讲座，试图解释给定温度下处于热平衡的电磁辐射的普朗克定律，他假定这个辐射是由粒子（或"量子"，如果使用最初的词汇的话）组成的，正如爱因斯坦 1905 年所提出的那样。在这个过程中，他犯了一个"错误"：他假设许多光子占据同一个态的这样一个构形是唯一的，而不需要将每一个光子都加上某个额外的"标签"。

他得到了普朗克的答案。现在，学物理的学生在开始接触普朗克定律时用的是玻色的推导。如我们已经看到的，这至少是第三种推导，开始是 1900 年普朗克最初的论证，然后是爱因斯坦 1916—1917 年从光与分子相互作用的热力学出发的论证。当玻色意识到他做了什么后，他判定这完全不是一个错误，而是量子世界里的一个正确计数方法。

每个人（甚至包括爱因斯坦）都想当然地认为计数一群处于某个态的粒子时，需要包括一个来自于这些粒子标签的可能的重新排列的额外因子。玻色说没有什么额外的标签，处于那个态的粒子的数目就是我们能有的所有信息。依靠这一点（尽管他没有明说），玻色解决了吉布斯佯谬（就如泡利在他计数电子的态时很快将做的那样，也是悄悄地）。泡利认为电子的不可分辨性是当然的，而玻色在他计数态时则认为光子的不可分辨性是当然的。这样玻色和泡利都假定了他们考虑的粒子的不可分辨性，就如麦克斯韦和吉布斯在 19 世纪对分子所做的那样，他们考虑的情形是能被经典力学很好地描述的气体的可能构形。不可分辨性适用于粒子的量子甚或经典运动，比如小的分子，只要这些粒子的内部结构是由量子力学支配的。

玻色用英语写好了他的论文并投递到英国的一家顶级物理学期刊《哲学杂志》。不清楚这篇论文是被拒绝了还是被遗忘了，他没有收到任何回音。但玻色相当自信和大胆，他给爱因斯坦本人发了一份他的论文。这篇论文给爱因斯坦留下了深刻的印象，他将玻色的论文从英语翻译成了德语并把它投递给德国的顶尖物理学期刊《物理学杂志》，同时还附了一个便笺说这是一个很重要的进展，而且他（爱因斯坦本人）计划提交关于这个领域的进一步研究成果。爱因斯坦当时已经声名鼎盛，是第一个并仍然是最伟大的物理学摇滚巨星。这个期刊很快发表了这篇论文，并且很快又发表了玻色的另一篇论文。这篇论文也是由爱因斯坦翻译和提交的，同样也附了一个评论，进一步说明了玻色的某些论点，但也批评了一些其他的论点。

为什么是一只还没掉下来的鞋

在宏观和微观世界里，全同性是完全不同的。我们来看一看这两个领域跳跃的大小。人类从站立开始平均能跳大约 60 厘米高，跳蚤平均能跳大概 30 厘米高。考虑到涉及自身质量的巨大不同，这两个高度是差不多一样大的。为什么呢？决定跳跃高度的能量是由肌肉收缩产生的。如果肌肉纤维收缩的长度与它们自身的长度成正比，而且肌肉的力量和肌肉纤维的数目及横截面积成正比，那么能量就正比于动物的体积，因此也和动物的质量成正比（所有动物身体的密度基本上一样）。跳跃的高度乘上动物的质量正比于跳跃所需要的能量。这就意味着质量抵消了，因此所有动物能跳起的高度差不多一样。所以，动物之间存在某种共同性，体现在我们都是由同样的东西组成的，但我们每一个身上这些东西的排列不一样。

所有的电子在同样的环境下回应于同样的能量，也"跳跃"同样远，但这是由于一个完全不同的原因。电子没有肌肉，实际上除了自旋以外它没有任何内部结构，它不是由任何东西"做成的"。这就是两个电子能全同的原因，而两只跳蚤身上有很多不同的分子，所以不能一样。这也是为什么一个电子实际上不能真的跳跃的原因，它必须被"踹"一下！

量子世界里的全同没有经典类比。从日常生活来看，费米子和玻色子都是非常奇特的。在宏观层面上，费米子全同性就像一对异卵双生而不是同卵双生的双胞胎能出现在同一空间位置。玻色子全同性就像那种古老的歌舞杂技表演一样，很多人从一个小地方（比如一个公用电话亭或一辆小车里）钻出来，只不过这里是无数多的人能这样做。对费米子和玻色子而言，量子全同性完全就如一句谚语所说的："如果你已经见过一个，你就见过它们所有了。"微观尺度上的粒子，甚至大到原子和中等大小的分子，都完美地符合这个描述。如果你已经见过一个自旋朝上的电子，你就知道其他每一个自旋朝上的电子不只是看起来像，而是完全和第一个一模一样，除了它们俩必须待在不同的地方。这里的"地方"指的是一个具有一套标签的态。

"个体性的彻底丧失揭露了事物后面的新奥妙。"佩希奇在《看到两个》中写道。这很不平常，他强调区别个体性，即那些使单个个体之所以成为一个个体的东西；他强调身份（identity），即某一事物的持续相同性，它与个体性不是同一个东西；他也强调全

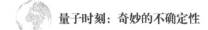
同性（identicality），即某一事物种类的成员，比如电子，"只以那个种类的实例而具有身份，但没有任何特征可以将一个个体与另一个区分开来"。那些具有全同性的东西没有个体性，没有原初现实性，没有什么能让它们说"我就是我"。

如佩希奇所说，这样一个事实也许太怪诞而让人无法忍受。"人类的个体性栖息于千篇一律的量子身上"，尽管这"有一种奇异的美丽"。我们热爱平等，但不喜欢全同。

插节　泡利与不相容原理，玻色与玻色子

　　当泡利在 1946 年年底接受诺贝尔奖的时候，他提到了当他得知玻尔量子理论时的"震惊"。他说有两个方法来应对这个震惊。一个是外部的，从已经有的经典语言出发，把量子世界当成一个人在讲的一门外语，"寻找一条线索来将经典力学和电动力学翻译成量子语言"。这是玻尔的途径。另一个方法是泡利的老师索末菲采用的，是内部的，在数字中寻找某些可以从内部提供线索的提示，就像破译密码。[5]

　　泡利希望找到一条途径，可以让他一举两得。他决定去搜寻的地方是元素周期表。这个表按性质排布化学元素，以 2、8、18、32 个元素为一组，好像电子以神秘的 $2n^2$ 形式按壳层分布。这里的 n 取整数值。为什么是这样的呢？ 1922 年，泡利听了玻尔所做的一个报告，在此过程中他问玻尔为什么所有的电子不都占据被称为 K 壳层的能量最低壳层。2 这个数字有什么特别的地方？还有 8 这个数字。

　　泡利然后思索了德裔美国物理学家阿尔佛雷德・朗德的一个观点。朗德正在寻求解释一个被称为反常塞曼效应的现象，他提出一个法则，对于一个只有一个最外层电子的原子，它的一个被称为 R 的量只能有两个取值。这个法则被物理学家称为朗德定律，尽管它能处理"范围广泛和复杂"的现象，但大家不知道它从哪

里来，觉得它"完全不可思议"。物理学家和历史学家亚伯拉罕·派斯把它称为"科学研究中那些奇妙的时刻之一"，"逻辑教给我们的东西和实验给出的东西相互冲突"。派斯说："朗德公式实际上非常好地展示了在量子理论发展的早期富有才华的物理学家怎样取得重要的进展，即使他们并不是十分清楚自己在做什么。"[6]

1924 年 12 月，泡利写了一篇关于塞曼效应的论文。在论文里，他说这个二元取值不是"核"的性质，而是外层电子自身的性质。泡利写道，塞曼效应来自于"价电子的一个奇特的、无法用经典理论描述的、属于量子理论的二元取值性质"。泡利 1925 年的论文推广了这个思想，将它应用于所有电子身上。其中关键的句子是："在一个原子里绝不会存在两个或更多的等价的电子，在强场中，这些电子所有的量子数都一样……如果在原子里存在一个所有这些量子数（在外场中）都具有确定值的电子，那么这个态就被'占据'了。"[7]

少数几个人认为量子全同性或不可分辨性应该会引起更多人的兴趣，而不仅仅是物理学家。出生于德国的美国物理学家和哲学家亨利·马吉诺是这少数几个人中的一个。1944 年，泡利获得诺贝尔奖的前一年，马吉诺在期刊《科学哲学》上写了一篇文章。文章的开头是："在哲学文献里只有这么少的关于不相容原理的讨论，这一点很奇怪。"[8] 马吉诺认定，这肯定是因为当时新闻太多。相对论被发现时，"没有什么其他的事情也正在发生"，而不相容原理则出现在"一大堆确凿的发现之中"，处于一场最终产生出量子力学的革命的早期。另一个原因是相对论的哲学涵义显而易见，因为它们意味着我们时空概念的深刻变革。如果说相对论粉碎了以前的观念，那么不相容原理的影响则是建设性的。元素周期表是在元素化学性质的基础上整理和组织起来的，不相容原理则从电子的排布结构这个基础上解释了元素周期表的这种组织结构。

沃尔夫冈·泡利（1900—1958）。这张照片由罗伊·格劳伯拍摄，当时他在苏黎世做博士后研究工作，后来成为哈佛大学的教授并于2005年获得诺贝尔物理学奖。这张照片的拍摄场景非常有意思。1950年夏，泡利、格劳伯以及一些老师和学生在苏黎世附近的山上集体远足。格劳伯费劲地带着一个笨重的、使用胶卷的相机，当时里面只剩下一张胶片没照了，他不愿意把它用掉。"泡利整个时间都在取笑我一张照片也没照。"格劳伯回忆道。最终这群人下到了琉森湖岸边一个平坦的地方，开始踢足球玩。因为发福而体态臃肿的泡利设法把球踢进了水里，一个学生不得不脱掉衣服游进水里把球取回来。这让泡利觉得很好笑，招致他一次又一次地把球踢进湖中，而且每一次都尽情大笑。"他的这种哈哈大笑的场面让我觉得这个场景值得我用掉最后的那张胶片。"格劳伯说，"我示意其他人把球再次踢到泡利附近。"格劳伯小心地把相机对准泡利并按下了快门，刚好那么及时，此后的那一瞬间足球就打中了格劳伯的脸。

但非物理学家对不相容原理缺乏注意也有部分原因在于它的复杂性，你需要了解某些新物理知识才能理解它。因此，马吉诺开始着手尝试为他的同事们做这件事情。你们知道物质是由被称

为"基本粒子"的基础单元组成的，是吧？马吉诺提醒他们，这
些基本粒子包括（到那时为止）电子、质子和中子，它们是稳定
的粒子（至少在物质里）。但也包括正电子、缪介子（历史上的称
呼，其实不是一种介子，而是轻子的一种——译者注）和中微子，
这些在我们日常生活里很少见。所有这些粒子（我们熟悉或不熟
悉的）有一套共同的属性，其中之一是它们都遵循不相容原理，
意即没有两个相同的粒子能待在同一个态里。

"那又怎么样呢？"马吉诺猜想他的读者会这样问。它们怎么
可能做到呢？牛顿世界里也没有什么东西能这样：两颗行星在它
们的轨道上不可能占据同样的空间，台球桌上的两个台球也不能
待在同一个地方，很新鲜吗？

好吧，马吉诺承认这是一个"有些混乱的术语"。量子世界里
没有轨道这样的东西，取而代之的是"态"。态是奇怪的东西，对
于一个束缚在原子里的电子而言，这些态由一套数字来确定，这
些数字被称为"量子数"。4个量子数确定一个态，就这样，没有
其他什么了。除了这4个数以外，电子不能还有什么，比如说品
红色、绿色或蓝色。泡利把这个作为一种事实，只有在量子力学
完全建立以后才被理解为一个推论：4个标签给出一个完备的计数。
而且，一个态甚至还不是说它和一个轨道只是远远地有点儿像，
而是说它是"一个在空间各点发现这个粒子的概率分布"。马吉诺
继续写道，当不相容原理说两个电子不能占据同样的态时，它是
说两个电子不能具有完全相同的一套量子数。

态的概念而不是轨道减少了可能性。用某种不同于马吉诺的

方式，可以这么想：在一个轮盘赌的轮盘上，你有一些狭槽，球珠可以掉到轮盘上。假设轮盘是均匀的，可以转动，那么球珠会等概率地掉到任何一个地方。现在想象这些球珠是一样的，这样如果你交换不同狭槽里的两个球珠，则结果不会受到影响。这是"相同"的态。泡利的原理就像是说，只有一个球珠（或两个吧，每个的自旋相反）能待在这样的一个地方。这极大地减少了轮盘上球珠可能的构形的数目。例如，你不可能有 5 个球珠待在一个狭槽里。

马吉诺说容易让人迷惑的是，物理学家仍然在挣扎着抵抗"他们珍爱的经典理论里可形象化这个特性的消失"，他们在一种"感情用事的反抗中"挣扎着沉溺于使用轨道这样的东西带来的"无害快感"中，也许甚至还想象着这样的轨道。这把哲学家们给抛弃了："哲学家怎么知道，当一个物理学家在两个世界的论述里来回摇摆时他在说什么呢？"

但泡利原理的底线是"电子必须要么具有不同的自旋方向，要么占据不同的态"。马吉诺接着说，泡利他自己没有使用**自旋**这个术语，自旋在几年之后才被发现并被放置到一个与泡利使用的概念相关的地方。马吉诺继续给了几个附加说明。首先，泡利的原理只适用于某些类型的粒子，现在被称为费米子。玻色子（包括光子）对于挤在同一个态里并没有问题。

马吉诺想象着他的读者的思维：不过，这又有什么大不了的呢？不相容原理听起来就像一个住宿要求，亚原子世界的一条建造准则，是某种被强加的东西或者大自然的一个无理性特征。可是它的影响是深远的！原子的壳层结构一下子就变得清晰了，它不是来自于研究原子的性质，而是源自于量子力学的第一性原理。玻尔的谱学观察被解释了，固体材料的很多磁学性质也被解释了。

马吉诺在上面的定性解释之后又加上了一段定量的、数学上的解释。在牛顿学说世界里，你可以用 6 个变量给出一个物体的位置和速度。这个状态由 6 个数确定，每个数是一个连续函数，函数的行为可以被微分方程所描述。但在量子世界里，这是不成立的。由于有海森堡不确定性原理，一个粒子只能待在象空间的一"块"里。而不相容原理则说，一组不可分辨的粒子里每次只能有一个待在这样的一"块"里。

为什么？马吉诺最后问。这没有答案。简单地说，这就是一条法则，是一条根深蒂固的法则。"它不只是大自然的另一条法则或量子物理的另一条定理，它是指导所有有关原子实体推理的监管要素。"试图用牛顿学说中的轨道来图像化粒子行为这种根深蒂固的努力使得它看起来缺少了因果性；我们的粒子行为的图像缺少因果性这样一个事实来自于我们有瑕疵的想象，而不是来自于大自然。事情仍然是确定性的，因为态是可以精确预言的；但态不再是可观测的，取而代之的是它确定了可能事件的整体概率分布。"（可观测的结果）不再陷在一张确定性的网中。"马吉诺写道，"就像蘑菇一样，它们可能会从任何地方冒出来。"

玻色的关于光粒子的计数法则导出同样的黑体辐射公式，即普朗克在他的早期推导中找到的那个公式。玻色找到了一个方法，可以使光的粒子描述与光的波动描述和谐一致。爱因斯坦意识到了它的涵义：如果给定频率和波长的光子的数目变得非常大，这样在一个边长为波长的盒子里的光子数目将变得很大，那么就可能将这个系统描述为一个经典的麦克斯韦电磁波。这些光子已经"凝聚"成一种能被很好地描绘成波的东西，而这个波的电场和磁场能从与波相互作用的电子的行为中探测到。

爱因斯坦的额外工作将玻色的计数概念应用到有质量的粒子上，比如原子。爱因斯坦演示了如果我们能忽略原子之间的作用力，那么包含在一个盒子里的庞大数量的原子就将有一个最低能量构形。在这个构形里，所有的原子处于相同的态。一个直接的推论就是在零温下，所有的粒子将处于可能的最低能量态，因而这就是一个由德国化学家和物理学家沃尔特·能斯特给出的未被证明的"定理"的例子：在零温下，熵为零，也就是说，粒子被发现所处的态没有任何不确定性。这个猜想很久以来就吸引着爱因斯坦的注意，但同时也困惑着他。他现在觉得满意了，玻色的量子观念解释了能斯特定理。

爱因斯坦往前再进一步，考虑在有限温度下可能发生的现象。他的结论是，在一个固定的粒子数密度下存在一个临界温度，在此温度下，气体将凝聚成这样一个构形，越来越多的粒子将处于能量最低态。这样一个形态现在被称为爱因斯坦凝聚，或者玻色—爱因斯坦凝聚。人们花了很长时间才意识到有这样一个实例，第一个例子是氦超流体，它在宏观可见的大量氦中展现出了很多奇特的性质。如果这个超流体被倒入一个烧杯中，它会沿着烧杯的壁慢慢往上爬，到了顶部后又沿着壁滑到烧杯的外面。没有任何通常的液体能这样。这个现象（亲眼甚或是在 YouTube 上观看这个现象都会让人印象深刻）被称为量子虹吸效应或者自发虹吸效应。它是这样一个事实的结果：整团氦可由单个量子力学波函数来描述（它是一个"宏观的"波函数）。

超导是另一个例子。这个例子更加复杂，因为在金属里跑动的电子是费米子，遵循的是泡利不相容原理。不过，当电子结成对以后，它们可以产生爱因斯坦所发现的凝聚现象，产生无限持续的"超电流"，即使没有施加电压来驱动时也能存在。这也是源自于大范围爱因斯坦凝聚的宏观效应。

1926 年，英国理论物理学家保罗·狄拉克把泡利的杰出工作、意大利物理学家恩里科·费米对泡利想法的扩展以及玻色与爱因斯坦的结果整合到一起，用新的量子力学的语言表达出来。狄拉克的论文将构成物质的基本粒子分成两类：第一类是受不相容原理支配的粒子，被狄拉克称为费米子；第二类粒子则能以任意数量"堆进"同一个态，叫玻色子。如果你交换两个全同粒子，波函数的相因子（后面马上会更多地谈到）保持不变（它是对称的），这些粒子能占据同样的空间（有凝聚的可能性），它们是玻色子。如果这个因子是负一（反对称的），这些粒子不能占据同样的地方，它们就是费米子。狄拉克写道："大自然里没有发现其他种类的（不可分辨粒子）。"[3] 玻色子充当携带力的粒子，比如光子是对应于电磁力的粒子。至于费米子，泡利不相容原理和不确定性原理控制着原子的能级，而这又决定了元素的化学性质和物质的结构。从我们日常世界的视角来看，比那些遵循不相容原理的粒子更奇怪的东西是那些不遵循此原理的粒子！尽管两种类型的粒子都具有量子世界里原则上不可分辨的性质，都是一些没有经典对应的东西。

爱因斯坦的这些关于有质量粒子（比如氦原子）的凝聚的预言于不到 15 年后在实验室里被证实了，但他不认为这是对他的凝聚理论的证实，原因也许是他当时考虑的是相互之间不受力的粒子。事实上，由于泡利原理，氦原子之间相互排斥，泡利原理不想让多于两个的电子（一个自旋朝上，一个自旋朝下）待在一个地方。尽管如此，凝聚开始的温度和爱因斯坦的计算结果相当地接近。现在这被认为是他所预言的现象。

和光一样，氦的凝聚可以展现出长距离上波的相干性，但有一个差别：波的绝对相位不能被观测，而一束激光光波的电场的方向是可以观测的。换句话说，爱因斯坦凝聚没有完全经典的波的极限。

最后，马吉诺的这一猜测（公众对量子力学中粒子的全同性没有表现出什么兴趣的原因也许是当时"很多其他的进展也正在进行当中"）在我们看来是没有说服力的。60 年后，即使有了像他的以及彼得·佩希奇的这些解释，量子全同性仍然没有在应用量子力学的专业领域以外引起反响。我们怀疑，正确的解释可能是这个概念就是不合大众的口味，人们（至少那些不用量子力学的人）不喜欢这个概念隐含的彻底一致性——同一种类的两个实体之间没有任何区别。

第6章　鲨鱼和老虎：矛盾体

《量子人》是朱利安·沃斯－安德里亚的雕塑作品，安放在华盛顿州的摩西湖市。与第4章中提到的安东尼·高姆利的钢羊毛似的作品《量子云》完全不同，《量子人》由2.5米高的平行钢片做成，当你绕着它走动时，它会改变外形。从某个视角看，它展现出一个人的轮廓，而从另一个视角看，人的轮廓则完全消失。沃斯－安德里亚把他的雕塑称为波粒二象性的一个象征。波粒二象性是指这样一种情况：一个量子现象既可以展现出粒子的行为，也可以展现出波的行为，这取决于我们怎么去观察它。[1]

哈佛大学英文教授丹尼尔·奥尔布赖特的《量子诗学》这本书旨在理解现代派诗人的诗歌艺术，它将诗人对应到波或者粒子的模型上，尽管他们的诗作里并没有提到过物理。**现代派诗人**专指那些在第二次世界大战之前大约半个世纪里写作的诗人，他们努力地想和自己的前辈彻底摆脱关系。艾兹拉·庞德是"诗人里的德谟克利特、卢瑟福和玻尔"，一个诗歌艺术里基本粒子的研究者。而戴维·赫伯特·劳伦斯则是"凭借腹腔神经丛与腰神经节的复杂电磁吸引与排斥而使男人、女人、蛇、奶牛、月亮以及太阳相互联系的情绪波和辐射"的支持者。不过，奥尔布赖特接着说，这两位诗人（以及所有现代派诗人）都认可诗歌的行为并不清晰地分成粒子模型和波动模型。他的结论是现代派诗人力图同时保持这两个矛盾的模型："现代派诗人教会了他们自己怎么**同时**按照波动模型和粒子模型去构思诗歌。"[1]

沃斯－安德里亚的雕塑和奥尔布赖特的现代派诗人是有创意的，因为它们同时是两个事物。这两个人将此种创造性的矛盾体视为量子物理给我们上的生动一课。但有时候人们只是简单地拿量子二象性开玩笑。例如，我们有一次看到过一幅漫画，画的是"宇宙公司研发部门"的办公室，里面一个年轻聪明的工程师穿着洁净的白衬衫，打着领带，手里端着一个咖啡杯。他带着自己最新的创意走近上帝说："……如果您能让它既是一个波也是一个粒子的话，那就太好了！"上帝以他惯有的关切耐心地听着，不过气泡框里显示他心里想的却是："天哪，真是个白痴！"

朱利安·沃斯－安德里亚的雕塑
作品《量子人》

牛顿学说的世界绝对不是左右

矛盾的，它里面所有的事情都只属于两个"箱子"中的一个。一个"箱子"里是粒子／微粒，它们的质量处于一个特定的地方，被力推动或者拉动，总是有确定的动量和位置。在另一个"箱子"里是波，它们由使用连续函数的麦克斯韦理论描述，遵循微分方程，用来描绘在空间和时间上平滑演化的过程。这两种理论都包含可观测和可预言的现象。你输入初始状态的信息，让方程运算起来，然后未来行为的预言就出来了。

量子属于哪个"箱子"呢？

不清楚。从 20 世纪 20 年代的早期到中期，在第一次量子科学革命的后期，物理学家们倾向于要么支持这方，要么支持另一方，他们试图发展粒子的理论或者波的理论，想用其中一个就解释所有的现象。这么说吧，他们想搞清楚量子现象到底是什么东西，他们观察到的这些现象看起来像完全不同的东西，肯定有什么地方出了错。随后，在 1925—1927 年的第二次量子科学革命中，物理学家弄明白了怎么样把波和粒子结合到一起。这个比矛盾更奇怪的结论就是量子现象实际上**是**所有这两种不同的东西，这取决于你的处理方式。

艺术家、作家和各种各样的学者把这个结论视为揭露了事物的真相，事物必然有不相容的不同方面。他们认为这个结论表明对一个问题有互相矛盾的看法是合理的。宗教作者抓住了这个想法，说它是基督教徒思维方式的科学类比。比如，物理学家约翰·波金霍尔写道，当玻尔说任何宣称自己完全理解了量子物理的人其实因此显露了他们还没有开始领会它的时候，玻尔无意识地再现了英格兰国教会威廉·坦普尔主教的一个评论。他说："如果一个人说他理解了耶稣基督神性和人性的关系，那么这只是清楚地说明了他还完全不明白道成肉身的意思。"[2]

彬彬有礼但坚定的狂人

在领会第二次量子革命的壮丽之前，我们必须先体会到第一次量子革命把事情搞得有多么扭曲。

在20世纪20年代早期，相对论和量子力学经常作为科学的两项伟大胜利而被大家同时提到，但是也有很多科学家很难理解这些重大突破。1921年，在一篇文章《噢，量子！》里，美国著名物理学家、克拉克大学的亚瑟·戈登·韦伯斯特（美国职业物理学家组织机构美国物理学会的创建者）写到了前一年普朗克获得诺贝尔奖（普朗克获奖是在1918年，但因为第一次世界大战，颁奖典礼被推迟了）。韦伯斯特把他的职业生涯都奉献给了经典物

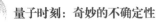

理学，他尽自己所能地总结了量子理论的发展历史，然后说：

"理解量子理论需要具有数学物理学中所有最难部分的知识，我对它一知半解。你呢？不过，和相对论一样，它是一个伟大的思想，值得获诺贝尔奖。"[3]

此后不久，韦伯斯特因为个人问题自杀了，个中缘由包括他的物理系可能会被关闭以及他对自己在物理学中所做的贡献感到绝望。

如果像韦伯斯特这样的主流物理学家理解量子都有困难，那么公众就更困难了。几个非物理学家对量子的意义做了一些好笑的、戏虐性的或无知的推断。一个名叫 G. E. 萨克利夫的印度通灵师和天文学者告诉《印度时报》，相对论和量子力学预示了西方科学的没落和东方教义的优越性。"西方对斯芬克斯之谜的回答摧毁了牛顿定律，而东方的回答则让它们完好无缺。"他神秘兮兮地写道[4]。一年以后，《洛杉矶时报》打趣道，如果量子这个新事物真的是能量的一种强大的新形式，那么它也许最终能提供足够大的力量来把民主党团结在一起。[5]（若是现在，《洛杉矶时报》肯定会说是共和党人。）

其他领域那些确信牛顿学说的类比的学者现在开始重新进行审视了。哲学家和心理学家费迪南德·席勒发现原子的行为像某些心理反应，原子的跃迁必须由最低跃迁能量才能触发，他的意思是"心理学也许甚至能为物理学提供线索"。[6]几年后，哈佛大学历史学家威廉·芒罗告诉他的同事们，沃尔特·白芝浩假定有"一系列终极和不变的同样性"，试图把民主建立在牛顿力学的基础上，这需要修正。但这些都是孤立和随机的推断，是学者们的随意猜想。学者们和其他人的一般反应是，量子力学和相对论一样都是只有少数几个科学家才明白的东西。

1922年，查尔斯·达尔文（著名博物学家达尔文的孙子，一个物理学家）在伊贝尔俱乐部讲演量子理论。该俱乐部是洛杉矶的一个女子团体，主持接待重要的客人，举办的活动对公众开放。来自英格兰剑桥大学的达尔文将在帕萨迪纳的加州理工学院待一年的时间。在他报告的第二天，《洛杉矶时报》的一篇报道以一段无意中听到的对话开头：

"他说的东西我一个字都不明白。"
"不要紧，你在明天的《时报》上可以读到有关它的一切。"

记者玛拉·奈承认她没法帮助她的读者，而且（俱乐部）午餐上的客人谁都没有明白这个理论。"当查尔斯·达尔文（指那个博物学家——译者注）很久以前第一次提出他的进化理论时，他引起的困惑也没有比他孙子昨天引起的大。"但是奈意识到了量子理论确实很奇特。她说，达尔文设想了一个1895年的杰出科学家，他陷入神思恍惚之中，然后现在清醒了，并学习最新的物理学。这个瑞普·凡·温克（美国作家华盛顿·欧文于1819年写的一个故事中的主人公，他在山中一觉睡了20年，醒来后发现一切都面目全非——译者注）会被相对论的怪异搞得有些"郁闷"，奈报道达尔文说："但作为一个理性和有知识的人，他还是会接受它。"然而，如果某个人试图告诉他量子理论，"他就会非常确定地认为那个人在说胡话"。[7]

几年后，《纽约时报》的王牌科学栏目记者沃尔德马·肯普弗特报道了海森堡在英国科学促进协会一次会议上的报告。海森堡当时还不是一位名人，那是他第一次公开作报告介绍他那个很快就要出名且很难解释的原理。肯普弗特写道，海森堡的理论"将使我们有必要修改我们满意地称之为'常识'和'实在'的信念"。但是记者弄不明白海森堡要提供的替代品是什么：

听海森堡博士以及那些讨论他结论的人讲话，没有高等数学知识的门外汉将认定，英国协会的这一特定部分是由安静有礼但坚定的疯子组成的，他们创造了一个属于他们自己的、完全虚幻的数学世界，给人的印象就是他们和他们的同类独自具有关于"实在"的正确观念，而剩下的我们则生活在一个充满着不明确词汇的梦幻世界里。

解释量子理论和海森堡博士以及其他人对它的修改甚至比解释相对论更困难。这和不说法语却要向一个因纽特人解释法语像什么非常相似。换句话说，这个理论不能用图片化的方式来表达，而只用文字又表达不了什么意思。你面对的是一个只能用数学来表达的东西……

整个力学必须被重写。当它被重写时，除了数学家以外没有人能理解它。[8]

　　然而，理解量子理论的困难不只是复杂的数学，还包括困惑科学家他们自己的一些因素。人们最后发现物理学家一开始着手研究的方式有点儿不对。他们从经典的方法出发，比如作用量和相空间，然后试图找到正确的法则去把它们适用于量子领域。在20世纪20年代，量子理论的概念很混乱。伽莫把它称为"一锅让人不爽的假设、原理、定理和计算方案的大杂烩，而不是一个逻辑上前后一致的理论"。[9]很多科学家仍然在希望量子会消失。

　　量子最让人不安的含义是亚原子世界是彻底分裂的。量子像波一样，从它们的源点球状地向外传播，没有特定的位置或方向，在空间和时间上不停地扩展并变得稀薄。但是它们也像粒子（那时候叫微粒）一样，每一个有它自己确定的位置和动量，在时空中总是遵循一条特定的路线。波或者粒子本身并不让人困惑，而在量子世界中事物的行为既像波又像粒子，这件事情让人困惑。牛顿注意到了光的波动性，尽管他说光是由粒子组成的，但他做梦也没想到这两者属于同一个整体。在量子世界里，它们却是这样的。就像普朗克在他1920年的诺贝尔奖获奖演讲里说的，光量子发出来以后发生了什么是一个谜，它是像波一样分散开了还是像一个抛射体一样向前飞行？如果是前者，那它怎么能够做诸如把电子从原子里撞出来这样的事情？如果是后者，那么它的行为怎么能像服从麦克斯韦方程组的电磁波一样？

　　在1921年的一场公开演讲里，物理学家威廉·布拉格爵士用一个非常好的图像道出了这种矛盾和分裂：

我从某个高度，比如 100 英尺的地方把一段原木丢进海里。从它掉落水面的地方往外辐射出水波，这是产生一个波的微粒性的辐射。波往外传播，它的能量分布得越来越广，泛起的涟漪越来越低。在相距不远的地方，也许是几百码处，波的影响看来要消失了。如果这些水完全没有黏度，而且没有任何其他因素损耗波的能量，那么它们将传播比方说 1000 英里。我们很容易想象，到那个时候，涟漪的高度将会非常小。然后在波纹圆周的某一点上，细浪遇到了一艘木船。也许在那之前，它已经遇到过了数千艘船，什么也没发生，但是这一次，意想不到的事情发生了。这艘木船的某根木料突然飞到了空中，不多不少正好 100 英尺高，也就是说，假设这根木料飞离木船时，没有和船上的什么装置或其他什么东西发生碰撞。问题是，将这根木料射到空中的能量是从哪里来的呢？为什么它的速度和 1000 英里外投入水中的那根原木如此精确地联系在一起？[10]

布拉格研究了固态晶体里的 X 射线衍射。某个源（掉下来的"原木"）发射出来的 X 射线投射到晶体上，这些射线将被目标晶体的结构衍射（就像那些波一样），然后当它们在感光乳剂上产生一个黑斑点时就会被探测到（那根"木料"）。

爱因斯坦是粒子理论的支持者。1916 年，他扩展了他那个关于光量子的想法：光是由作为物理实在的量子组成的，每一个都有特定的方向和动量。这个过程遵守能量守恒，因为释放的能量等于吸收的能量。把事情稍微说得夸大一点，他宣称"球面波形式的辐射不存在"。但是爱因斯坦不得不把统计包含到他的理论里，这样才能使这个理论有效，以"概率系数"的形式描述量子的发射和吸收。他发现这让人讨厌，但他希望这很快就会被一个更深入的理解所替代。爱因斯坦的盟友包括亚瑟·霍利·康普顿，他在 1923 年发现了康普顿效应，即当光子从电子上弹射开时，它们来自于并反弹到确定的方向。这绝对是粒子的行为！[2]

达尔文，那个在伊贝尔俱乐部作演说的物理学家，是波动理论的支持者。他不安地发现，要将波动理论更新到能包含量子，他必须付出不小的代价。达尔文写道，疯狂的想法是必需的。他还讽刺般地建议说，物理学家也许不得不"赋予电子以自由意志"。11他最后断定说，最不疯狂的事是放弃单个事件中的能量守恒（而从前一世纪的中期开始，能量守恒就是物理学的基本原则），从而保住波动理论。[3]

许多其他的科学家也都试着去寻找一个令人满意的方式，用通常的语言来表达波动和粒子理论的必要性，以及不可调和性。英国物理学家 C. D. 埃利斯把波和粒子与工程制图中的平面图和立视图作了比较，说这"显示我们是试图在二维空间里描述一个三维的物体"。12 J. J. 戴维森提到兔子和猫之间行为的不同，而约瑟夫·约翰·汤姆逊则说"老虎和鲨鱼之间的"争斗，"它们中的每一个都是自己领域中的最高统治者，但在对方的领域中却无能为力"。13 H. S. 艾伦形容说这是两栋不相连接的建筑物，而物理学家被迫现在既在这栋楼中又立刻在那栋楼里。14 这种情形和隐喻相抵触，因为日常生活的世界里没有东西和它相似。爱因斯坦绝望地

写道："因此，现在有关于光的两种理论，两者都必不可少，但又没有任何逻辑联系（今天我们必须承认这一点，尽管20年来理论物理学家付出了巨大的努力来进行研究）。"[15]

量子正在破坏最好和最出色的工作。詹姆士·金斯在一系列受欢迎的讲座的结尾说道："在整个物理学领域里，我不知道还有哪个现象对帮助我们理解起作用的物理过程起这么少的作用。有这个事实摆在我们面前，不需要怎么沉思，我们就能明白，我们离理解原子怎么运作或原子性与量子的真正含义还很远。"[16]

在1921年的公众演讲中，布拉格直言不讳地说：

没有什么已知的理论能被改变一下去提供哪怕是近似的解释。一定有某些东西我们现在完全不知道，而发现这些东西可能会彻底变革我们对波与以太以及物质之间关系的理解。就目前而言，我们只能在两种理论上都努力推进。周一、周三、周五我们使用波动理论，周二、周四、周六我们又思索鱼贯而行的能量、量子或微粒。这毕竟也是一个非常适当的态度。我们说不清整个事情的真相，因为我们只有不完全的陈述，每一段适用于这个领域的一部分。当我们想在此领域的任何这一部分或那一部分里工作时，我们必须拿出那张正确的地图。某一天我们将能把所有这些地图都拼起来。

海森堡、薛定谔和第二次量子科学革命

从1925年到1927年，在科学史上最非凡和意义深远的进展

之一中，全貌地图（实际上是两张全貌地图）被找到了。这两个制图人（维尔纳·海森堡和埃尔温·薛定谔）没有试图去改写经典的地图，而是从头开始。麻烦的是，这两张地图完全不同，它们绘制的版图（原子性和量子的真正本质）比任何人预期的都要奇特。

如果第一次量子革命涉及的是令人吃惊地发现牛顿学说领域里出现了一个外来生物（而且冒出越来越多的关于这个外来生物的例子），那么1925年到1927年的第二次量子革命则包含一个更加惊人的发现：我们自始至终就生活在这个奇特的版图里！发现这个新世界的第二次量子革命的故事本身就已经变成了一个神奇的、经常被提起的传说。

1925年，海森堡放弃了任何用图像化方式来描述亚原子世界的企图。他决定尝试单纯用量子已被观测到的性质的数学语言来描述它，使用一张被称为矩阵力学的"地图"。这张地图包括一个被观测粒子的位置和动量能被我们所知的一个特定极限（不确定性原理）。随后的一年里，奥地利物理学家埃尔温·薛定谔把量子描述成一种奇特的波，它随着时间按大家熟悉的微分方程连续且可预测地演化。但是最后发现，这个波给你的不是空间坐标，而是关于粒子出现概率的信息。他们的这些研究成果大大改变了量子理论，导致了第二次量子科学革命，被人们称为"量子力学"以和早期的量子论区别开来。

在这场革命之后，量子力学包含两部分。一部分是一种特别的场，它不告诉你一个粒子在下一时刻会在哪里，而只是一些以

"实际上，我是从量子力学启程的，但是在路上的某个地方，我拐错了弯。"

概率的形式出现的信息，关于这个粒子下一时刻**可能**会出现在哪里的信息。这种场告诉你的关于这个世界的信息不是唯一的，而是有不止一种可能，这个理论能给你的所有东西是各种可能性的清单。它不能告诉你"实在"将会是什么样子，而只是告诉你关于"实在"的可能形式的信息。第二个特征，这是任何基于概率的理论都无法避免的，是某个完全区分于那个场的东西介入之后，导致这些可能性中的一个成为现实。

维尔纳·海森堡生于 1901 年，当完成那个带给他名声和诺贝尔奖的工作时，他还是一个年轻人。他的父亲是慕尼黑大学的希腊语教授。"海森堡具有那种经常被人和诗人联系在一起的性格特征：时髦漂亮的外表，体格虚弱，包括严重的过敏体质，有很好的音乐家细胞，以及对周围的世界有敏感的、经常是易动感情的反应"。[17]他满怀雄心壮志，1923年在慕尼黑获得博士学位后，海森堡开始着手探索怎么样让新的量子物理合理化。

海森堡感觉到量子不适合于牛顿学说的假设，即物理事件发生发展在一个四维时空的舞台上。在这样一个舞台上，所有事件在一个特定的时刻总是处于一个特定的位置。当东西运动时，它们被特定大小的力推或者拉动，它们在时空中留下确定的路径。使用哲学的语言来说，这个实体论是可图像化的。试图用这种方式将量子现象图像化难倒了当时最好的物理学家，包括普朗克、玻尔、爱因斯坦、索末菲（海森堡在慕尼黑时的导师，1923年）以及马克斯·玻恩（他在哥廷根时的博士后导师）。海森堡想，可能试图去构造一个可以图像化的解答正是问题的来源。扔掉那些什么位置、路径和轨道！可图像化（Anschaulichkeit是它的德语词汇）必须被抛弃！这样在1925年的前几个月，海森堡停止了试图寻找能将原子事例图像化的理论的努力。他尝试不把频率、振幅、动量（p）和位置（q）描述成具有特定取值的经典属性，而是以作用于函数上的纯数学术语（如"算符"）来描述它们。

1925年5月，海森堡得了一场严重的枯草热，导致他的研究停顿下来。他来到黑尔戈兰岛，这是北海中一个远离过敏原产生体的岩石岛屿。在这个岛屿的庇护下，他的身体慢慢康复，他又开始工作。一天晚上，他感觉到会有所突破。他一直工作到很晚，最终在大约次日凌晨3点的时候把他的想法拼合到了一起：

最开始，我胆战心惊。我有一种感觉，透过原子现象的表面，我正在查看一个异常美丽的内部世界。当想到我现在必须探索大自然慷慨地展现在我面前的这个丰富多彩的数学结构时，我不禁感到有点头晕目眩。我非常激动，无法入睡。我如此兴奋，当新的一天破晓时，我前往岛屿的最南端。在这个地方有我一直渴望攀爬的一块伸向海中的岩石。没费太多的事儿，我就爬上去了，然后等着太阳升起。[18]

6月份回到哥廷根后，海森堡很快写了一篇论文。他说，我们的实验说明我们不能"把一个电子和空间中的一个点联系在一起"，这意味着需要"丢弃所有那些企图观测迄今为止无法观测的量的希望，比如电子的位置和周期"。这不是很正确，但抓住了他想法的精髓。他演示了怎么样去编制表格，表的行和列是与态之间的跃迁相关的振幅与频率。他把它们称为"量子理论量"。他将这些量用一种新的演算联系在一起："量子力学的关系"。用新的算法对这些表格进行处理后，他得到了和经典力学中类似的公式（这是一个奇怪的数学技巧，极大地增强了计算和预言量子行为的能力）。唯一的困难是一个被称为对易的东西。交换率是一条大家熟悉的数学原则，将两个数乘在一起时，次序不影响结果，即$ab=ba$。但在海森堡的古怪算法里，这不成立。当他将一个量子理论表格（我们称其为A）与另一个（B）乘起来时，次序是重要的：AB与BA不一样。海森堡把论文的草稿交给玻恩后，玻恩发现海森堡重新发明了"轮子"，这些奇怪的表格是数学家称为矩阵的东西，而这个奇怪的演算则是数学家们将矩阵相乘的方式。矩阵是不对易的。这是一个了不起的例子：一个纯数学的新发展结果被发现能描述真实世界里的粒子运动。

玻恩意识到，埋藏在海森堡工作里的东西是一个非凡的发现：量子理论量组成的表格之间不对易的那个具体数量。当与动量联系在一起的矩阵 p 和与位置联系在一起的矩阵 q 以两种不同的次序相乘时（物理学家经常用粗体来表示矩阵，以区别于通常的变量），两者之间的差别正比于普朗克常数。更明确地说，玻恩和他的另外一个助手帕斯库尔·约当发现 $pq-qp=Ih/2\pi i$（I 是单位矩阵，一个对角元都是"1"、其他全为零的矩阵。而 i 是虚数单位，一个平方后等于 -1 的数）。玻恩后来写道，"我永远都不会忘记我感受到的激动，我终于成功地将海森堡的关于量子条件的想法凝聚为这个神秘的方程 $pq-qp=Ih/2\pi i$，这是新力学的核心，后来发现它暗示着不确定性关系。"[19]1926 年 2 月，玻恩、海森堡和约当发表了一篇物理学中里程碑式的论文，该论文探讨了这个方程的含义，这是描述量子领域的第一幅完整地图。

不管是海森堡还是他的早期读者都没有意识到正在发生的事情的重要性。"用到的数学让人感到陌生，在物理上晦涩难懂。"历史学家佩斯写道。[20]许多怀疑的人想，等等看吧。当泡利将海森堡的规则应用到氢原子上，导出了巴尔末公式后，犹豫和不情愿都被驱散了，但佩斯仍然称它是一门"高度数学化的技术"。

很快，物理学家们被量子领域的第二幅完整地图震惊了。奥地利物理学家埃尔温·薛定谔制作了一幅可读性强很多的地图，它不是基于复杂的矩阵数学，而是波动力学。波的数学更容易使用，而且波是可以形象化的。它们的性质（频率、振幅和波长）平滑而又连续地变动。这个方法看起来恢复了时空这个舞台和亚原子事物的直观性。薛定谔的波动力学有一个令人困惑的特征，称之为 ψ 函数，它是那个"波动"的东西。玻恩很快把它诠释为与事件发生的概率相关，而和事件本身无关（因为这个诠释，他获得了 1954 年的诺贝尔奖）。令人惊奇的是，这两幅地图结果被发现是等同的。两者以不同的方式使用了经典力学的工具，包括在其他事情以外为分子运动论而引入的一些理念。[21]

海森堡坚持量子领域是不能形象化的。在 1926 年 9 月的一篇论文中，他说在亚原子领域，我们"通常的直觉"行不通。亚原子领域有一种不同的物理实在。"由于电子和原子不具有任何程度的、和我们日常经验里的物体一样的物理实在，探究这种适用于电子和原子的物理实在正是量子力学的范畴"。[22] 显然，量子力学将要颠覆我们关于实在本身的观念。

随之而来，在海森堡和泡利之间发生了一场激烈的讨论，在差不多一个世纪以后仍然能吸引我们来看一看。[23] "但是现在来看一个晦涩难懂的地方，"泡利在 1926 年 10 月说，"这些 p 必须假设为是受到掌控的，而那些 q 则是不受控制的。这意味着一个人总是只能计算在确定的初值下 p 的特定变化的概率，（并且只能是当它们）对所有 q 的可能取值作平均后。"泡利然后用了一页半纸来演示，当你对它们中的一个知道得越多时，那么你对另一个能说的东西就越少。"数学就说这么多吧，"他仍旧困惑地接着写道，"这东西的物理对我来说从头到尾都不清楚。第一个问题是，为什

么只有 p（而不是同时 p 和 q）能被以任意高的精度来描述？"泡利恼怒地做了如下总结："你能用 $p-$ 眼或者 $q-$ 眼来观察这个世界，但同时睁开两只眼，你就会出错。"这能意味着什么呢？

讨论、信件和论文不停地蜂拥而出，从数学到物理学到哲学，然后又回过去。海森堡回信说，也许像空间和时间这样的性质只是统计上的概念，就像气体的温度和压强。"我的观点是，当说起单个粒子的时候，空间和时间的概念是没有意义的。"他接着说，"我们不再知道词语'波'或者'微粒'意味着什么。"

在这个时刻，物理学家们所完成的工作的最根本性质第一次变得清晰起来。突然间，他们意识到这个理论有哲学上的含义，因为很清楚，他们关于实在的假设（物质的基本特征，通常不会有人审查）被质疑了，并且看起来需要批判性地重新审视。[24] 现在，量子看起来不只是对哲学家有话说，而且对感兴趣的社会大众也有话说。普通民众将认识和了解量子、波以及粒子，了解随机性和不确定性，甚至了解像 $E=hv$ 和 $pq-qp=h/2\pi i$ 这样的方程。不管喜欢还是不喜欢，公众会被告知，这些东西是组成现代世界的玩意儿。量子时刻即将出现。

无理量

1935 年的情人节，英国编剧和作家约翰·贝雷斯福德（美国演员詹姆士·纽曼的曾外祖父）在《曼彻斯特卫报》上发表了《无理量》（它的副标题是"$pq-qp=\sqrt{-1}h/2\pi$"）。[25] 这是一个富于幻想的短篇故事（标题里有一个被篡改的方程）。在故事中，贝雷斯福德描写了他的一个梦，关于量子理论古怪之处的梦。他描述自己坐在浴缸里，这时应该从薰衣草浴盐产生的芳香蒸汽里现形的东西却是 –1 的平方根，"一个畸形的、消瘦的小家伙，瞎了一只眼，习惯把一只胳膊弯到脑袋后。他有一个小而细的声音，会突然含混不清地升高或降低声调，能发出金属般的嘶嘶声，让我觉得他用一个音符覆盖了整个音阶。毫无疑问这是一个非常古怪的小家伙。"当贝雷斯福德问这个生物从哪里来时，他的回答是"来自人类的心灵"。这个生物开始哀叹他被指责通过不确定性原理和量子物理的其他方面，将不确定性和无理性引入了科学和现代世界。–1 的平方根说，牛顿和其他人在他们的数学之外保留了神秘主义。现在，"在近代数学里有某一个洞，各种各样稀奇古怪、无理的东西不停地从这个洞里穿过"。–1 的平方根然后突然宣布（降低了他的声音）他正在和"h"谈恋爱。这个低声起到了吸引贝雷斯福德注意力的效果，让他注意到这是不确定性原理中的"h"，而不是（比如说）特洛伊的海伦。"我已经注意到你们总是在一起，从某种意义上说。"贝雷斯福德说。确实是的，这个小生物回答道。他激动地说，毫无疑问，她对他有相互的爱："他们叫她普朗克常数，你是知道的。"

贝雷斯福德的这个由 h 和 –1 的平方根产生的洞并让"稀奇古怪、无理的东西"进入其中的生动图像体现了这样一个认识：量子力学不仅仅是一个复杂的理论，而且意味着这个世界充满了特别的非牛顿学说类的物体。如果我们有某种机制能让 h 变大或者变小，如果我们能让 h 变成零，那么这个洞将会关闭，这个世界

将是经典的，只有服从牛顿学说的物体。但是我们不能把这个洞
关上，这意味着不只是那些奇怪的、无理的东西会待在这，而
且这个世界本身就充满了厄普代克所说的漏洞、矛盾、反常以
及妄想。

"显然的事实，"戴维·福斯特·华莱士写道："在这个世界
看起来是什么样子和科学家告诉我们它是什么样子之间，以前从
来没有出现过这么多巨大的鸿沟。'我们'指的是门外汉。这就像
100万次哥白尼式的革命全在同一时间发生了。"他引用了一些例
子，包括空间的弯曲，以及同时在又不在那里的量子粒子。他说：
"我们'知道'有几乎无穷多的事实，它们与我们对这个世界的直
观常识经验相矛盾。"[26]

当然，华莱士是错的。在它的领域和适用范围里，科学精密
地描述了这个世界上发生的事情（这就是它的工作）。但即使在它
的领域和适用范围之外，通过我们在第3章里讨论过的隐喻性机
制，它也能帮助我们去表达我们作为人类的一种体验。量子语言
和意象特别具有比喻上的吸引力，因为它们反映出了我们在描述
自己的体验时所遇到的困难；量子力学是奇怪的，我们同样也是。

在另一篇文章中，厄普代克说：

不从事科学研究的人对待现代科学基本上是怯懦的：我们依
靠现代科学的发现和技术来治疗我们的疾病，来让我们能更快地
旅行，使我们的生活变得更容易，但同时，我们又躲开它告诉我
们的其他东西：我们处在宇宙中一个危险和无足轻重的地方。不

是说那些针对我们安全和重要性的威胁在科学出现前的世界里不存在，或者在达尔文之前没有反对上帝赋予人类尊贵性的论点。但是我们这个世纪发现了难以置信的巨大和无法想象的微小，发现了当我们还不存在时地质时间宽不可测的延续，发现了超多的星系和不确定的亚原子行为，发现了物质本质中一种有几分疯狂的激烈数学结构。这些发现比我们所察觉的还要更深程度地炙烤着我们。贾科梅蒂那线一样瘦的、受侵蚀的人物形象象征着新的人文主义，贝克特极小的独白者提供它虚弱的、无望的声音。[27]

如果所有人的表达都像贝克特和贾科梅蒂一样清晰就好了！太频繁看到的是，量子语言和概念在大众文化中的使用等同于物理学家约翰·波金霍尔说的"量子宣传"，或者把量子力学当成"充分地授权去懒散地沉溺于摆弄其他学科里的悖论"。[28] 这就是它在诸如电视节目、漫画、T恤衫和咖啡杯等东西上出现的主要方式。然而，厄普代克说，尽管我们不停地询问量子从技术层面上将给我们带来的物质上的东西，它已经在精神上改变了我们。它提供了一系列新奇和有益的概念来理解我们的经历，也因此在和牛顿力学可比的级别上给了我们一个对世界更好的理解。通过提高我们对自己体验中的漏洞、矛盾、反常和妄想的敏感性，量子语言和意象已经让世界本身不一样了。在这个已经改变的世界里创作的文学作品可能会反映出量子语言和意象的影响，即使这个作品没有明确地使用它们。

比如，考虑忒究·科尔的小说《开放都市》。它的主人公朱利叶斯是一个德—尼日尼亚混血儿，住在纽约市的精神病医生。朱利叶斯倾向于在他适应的环境里随机散步，在这当中，他的思想不连续地从一个主题换到另一个：这个城市在一群鹅看起来是什么样子的，纽约市的奴隶贸易史，"9·11"的原因和影响，各种各样的音乐和文学作品。他的声音充满自信，是不露情感和超然的，即使它在某种量子化的精神相空间里四处跳跃，没有任何沉思或默想去把这些跳跃编织成光滑连续的结构，也没有因为缺少这样一种光滑结构而感到不安。"我们把生活体验成连续的，"他想，"只有当它离开后，成为过去以后，我们才看到它的不连续性。过去，如果存在这样一个东西的话，基本上是空虚的空间，是虚无的扩展，在里面飘浮着重要的人物和事件。"[29]

虽然这像科尔的主人公一样接近于使用量子语言和意象，但是它表达了对反常和妄想的感受性。当我们仔细地观察这个世界时，我们会注意到这些反常和妄想。我们的牛顿学说直觉通常促使我们掩饰、填补这些反常和妄想，或假定它们无足轻重。很多学者论证说，片段化、不连续性、漏洞以及矛盾明显是现代生活当代性的一部分。比如，在《图灵的大教堂：数字宇宙的起源》里，乔治·戴森说，数字化反映了连续性的缺失，这是我们在现代世界里的生活方式所特有的。很多现代小说也反映了这一点，尽管是以不同的方式。比如科拉姆·麦卡恩的《让伟大的世界旋转》里面的人物在一个中心焦点周围被折射，这些东西慢慢地、点彩派似的构建起一幅图画。科尔的书（赢得了 2013 年德国国际文学奖、海明威基金会/笔会首本小说奖，并且是全美书评家协会奖的最后入围者）是另外一个类型，我们也许可称其为反常和妄想的文学。在这一类型里，漏洞和矛盾被集成在整个故事里。其他例子包括 W. G. 西博尔德和巴恩斯·朱利安的作品。

我们的感受与体验中的矛盾与漏洞一直就存在。量子意象和术语给了我们一种语言来描写我们一直就知道的东西。这里，我们有了以一种特定方式反映它的时间的艺术形式。不是说量子导致了这种文学，也不是说量子是由产生这种文学的文化力量产生的。不过，它发生在合适的时间，提供了生动的意象来捕捉我们的现代体验。

说科尔或者上面提到的其他作者在写他们的小说时明确地想到了量子理论是不可信的；相反，量子理论的物理概念已经在很大程度上成为了一个理解和描写当代世界的智力工具，使用它的人甚至不一定意识到他们正在这样做。它简单地就是任何一个深思熟虑的作者工具箱里的一部分，帮助他获得对生活体验的更好理解和更加清晰的表达。但是，正如任何一个木匠所知道的，新工具的获得不仅仅给已经存在的工作带来更高的精度，而且会带来制作新东西的能力。

在下一章里，我们将提供使用特定种类的语言和图像的例子。

插节　薛定谔的地图与海森堡的地图

在课堂上，我们会详细对比薛定谔和海森堡采取的不同方式，详尽提供在讨论中反复出现的关键词汇。我们所采取的方式对于非理科专业的学生来说也能理解，如果他们能有点耐心的话。在这一节里，我们把它浓缩到一起。如果你在课堂上喜欢打瞌睡的话，你可以略过本部分。

对于光我们有两个假设。第一个假设是爱因斯坦在他关于光电效应的论文里提出的，一个光量子或者光子的能量被局域在一个小的范围里，就像它是一个粒子一样，而不是像波一样伸展开来，尽管它的能量以某种方式通过普朗克公式和波联系在一起（$E=hv$，这里 E 是能量，h 是普朗克常数，v 是波的频率）。第二个假设是这些光子的**强度**，即单位时间穿过单位面积的光子数目和光的强度有关。单位时间内穿过单位面积的能量称为**能流密度**。麦克斯韦的电磁理论用一个称为"坡印廷矢量"的东西，一个涉及电场和磁场强度的表达式，给出了一个经典电磁波的能流密度。对于一个固定的频率，可用能流密度除以单个光子的能量或 hv，来得到光子的强度。

现在想象一束光波被衍射，非常少的能量到达一个屏幕的某一部分，大部分能量到达其他地方。也就是说，光子到达后者比到达前者要更加频繁。我们也可以写出一个光波瞬时能量密度的表达式，也是依赖于电场和磁场。能量密度就是单位体积里的能量，因此光子的数密度是能量密度除以每个光子的能量 $h\nu$。在这个密度大的地方，我们应该探测到许多光子，而在密度小的地方，光子数就很少。我们甚至可以想象**单个**光子的情形，假定它被限制在一个洞腔里，比如在一个微波炉里。储存在电磁场里的总能量应该正好是 $h\nu$，但是这个光子也被假定为局域在一个地方。那么这样一种有趣的情形是怎么回事呢？

在量子力学里，可以为这个单光子写出一个**波函数**，而不管它是自由的还是被限制在一个腔里。这个光子处于某个位置的**概率密度**正比于这个波函数的模的平方。也就是说，如果我们反复去找这个光子，就会发现它一会儿在腔里的这个地方，一会儿又在另一个地方。概率密度则会告诉我们，它会有多么经常地出现在哪里。

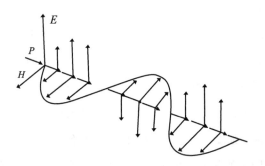

一个经典电磁波的示意图，E 标示电场的方向，H 标示磁场的方向，P（指向波运动的方向）标示能流密度或单位时间内单位面积里波携带的能量。用波的能流密度除以 $h\nu$，可以得出单位时间内单位面积里的光子数。在量子力学的应用中，当一个波长大小的盒子里的光子数目较少的时候，我们可以从波的能量密度推导出在某个位置附近的单位体积内找到一个光子的概率。

以这种方式描述发生的事情称为一个**物理诠释**。这个例子说明了两件事情：首先，电磁场是完全可以被计算的，它随时间的演化是可以精确预言的；但第二件事情是，在一个给定时刻，光子的位置是**不能**预言的，因为我们只知道一个它可能出现的概率分布。我们可以把电磁场称为这个光子的**波函数**，它的平方给出在一个给定位置附近发现这个光子的概率密度。

但是在光子和电子的量子力学描述上有一个重要的差别。经典物理学通过麦克斯韦方程组给出光波的运动定律，它要求光子以光速运动，但是经典物理学没有为电子的波动提供运动定律，它甚至都没有包含电子波这个**概念**。电子这样的粒子不是必须以光速运动的，它可以缓慢地运动甚至静止。正如爱因斯坦发明了光粒子的概念，薛定谔需要去发现描述电子这种粒子的概率密度的波函数。

薛定谔的方法

1925 年至 1926 年的冬天，薛定谔开始寻找像电子这样的粒子的、类似于电磁波函数的对应物（至少为缓慢运动的、非相对论的粒子），类比于光子的经典电磁波函数。薛定谔的波动方程（众所周知，他在几个星期里把它想了出来，当时他和一个情妇躲在阿尔卑斯山区的某个地方）完全是确定性的，就像它的经典电磁对应物。他从几个关键的要素中把它构建了出来：第一个是能量与频率之间的普朗克关系，$E=h\nu$；第二个是爱因斯坦讨论过的动量和波长之间的关系 $p=h/\lambda$，但这个关系在原子物理学里由路易·德布罗意首次用到电子身上；第三个关键要素是微分方程，就像麦克斯韦方程组一样用来联系波函数随时间和位置变化的变化率。因为这些变化率是受频率与波长支配的，这就给出了规律来从能量确定对时间的微商，从动量确定对空间的微商。

波动方程里的"东西"，那个据说会"波动"的东西，被称为希腊字母"psi"（ψ）。对于这个 ψ，薛定谔没有一个物理上的诠释。他也没有办法使用这个波函数来给出确定的、关于粒子观测量的预言，尽管他认为这个办法最后终究会出现。但是他的同行们指出，在一个特定的地方，波的模方给出了在那里找到一个粒子的概率密度。也就是说，当被用来计算可观测量（比如位置 x 或者动量 p）时，薛定谔的波函数给出了概率分布，在一个特定位置找到一个粒子的概率密度正比于在那个点的波函数的模方。

有一个自然的、定性的方法来讨论波函数：一个具有确定波长和方向的纯波按其定义在广度上就是无限的，它以同样的方式振荡，而不管我们往前还是往后看多远。要得到一个局域的波，一个当我们离开它的中心时其振幅大小会迅速减少的波，我们需要把纯波**叠加**起来。也就是说，我们需要把不同波长和方向的波以合适的系数加起来，这样它们在位置空间的中心处对振幅大小的贡献是互相加强的，而在离那个中心更远的地方它们是相互削弱的。这样一个阵列称为一个**波包**。

我们可以选择与不同纯波对应的系数，它们对某个给定的波长和方向有一个最大值，而对其他不同的纯波则减小。这些系数就在"波长空间"中构成了一个波函数。当我们把动量和波长之间的德布

罗意关系 $p=h/\lambda$ 加进来后，它就给出了"动量空间"的波函数。

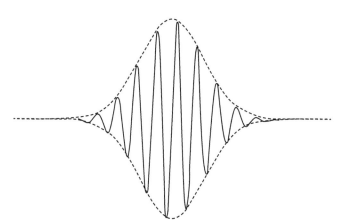

一个高斯波包，或一个具有一系列波长的波。它局域在空间的
某个范围内，而不是在两个方向上延伸到无穷远处，像一个只
有单一波长的波必然的那样。图中的虚线是波的包络线，它非
常平滑地变化，在波包的中心处达到最大值。这个波包可被理
解成平面波的一个叠加，它们在波包大的地方相互加强，但在
离波包远的地方相互抵消。

薛定谔的方法非常令人满意，因为它正确地给出了不同电
子波的能量。这些电子被束缚在一个原子核周围，从而形成一
个原子。同时，它又是令人不安的，因为一开始电子是被接受
为一个粒子的。它们怎么能够也被描述成波呢？而且，尽管薛
定谔自己从来没有完全接受概率诠释，但很多其他人则完全予
以接受，这看起来又一次确认了在这个世界的结构中概率扮演
了根本性的角色：波函数的模方确定了在任意一个点上找到一
个电子的概率密度。

薛定谔使用了大家熟悉的关于波动的数学知识来推导当一个

原子退激发时放出的光子可以具有的频率。很自然地，他的公式化体系被称为"波动力学"。

海森堡的方法

海森堡比薛定谔早几个月开始工作，为达到同样的目的，他使用了一套完全不同的数学方法，这套方法后来以"矩阵力学"被大家所知。他出发时的想法是，我们甚至都不应该试图去描述原子里电子的经典轨道，去为发生的现象给出一个物理诠释。相反，他觉得我们应该专注于可观测量，尤其是电子的位置和动量，寻找那些控制它们怎么随时间演化的规则。海森堡和薛定谔一样使用了微分方程，但不是为了构造波函数，而是为了把观测量 x 和 p 联系起来。而且，那些方程正好就和差不多 3 个世纪以前牛顿发现的方程一样。那么是什么东西发生了变化？是什么让其成为量子的版本呢？答案是现在这些观测量不仅仅是数，遵循算术中交换律的数（$pq-qp=0$），而是**矩阵**或者**算符**，遵循 $pq-qp=h/i$ 这个关系。这里 i 是虚数单位，满足条件 $i^2=-1$。符号 h 的定义为 $h=h/2\pi$。作为这个看起来很小的变化的结果，原子里的电子允许具有的能量不再是连续的，而是一系列分立的"量子"能级。而且，从一个给定时刻知道位置和动量的初值（这是最好的可能了）出发，也不再可能预言将来位置和动量的确切值。

统一

薛定谔和其他人很快证明了这两种公式体系在数学上是等价

的（尽管两者的方法看起来很不一样）。

理解海森堡和薛定谔的方法之间怎么能有一个直接简单的关系的关键是前面提到的**对易关系**：$pq-qp=h/i$。薛定谔为波函数 ψ 找到了一个微分方程，类似于光的麦克斯韦方程组。这样一个方程把函数对时间和位置的**导数**联系了起来。函数在 x 点处对 x 的微商 df/dx，就给出了那个函数对应于 x 的单位变化的变化率。例如，在薛定谔方程里，关于 x 方向对位置的微商的一个自然解释就是把它描述为 x 方向上粒子的动量：$d\psi/dx=ip\psi/\hbar$。然后，关于微商的标准法则就给出了海森堡对易关系。

这些方法（分开看或合在一起看）彻底变革了关于辐射的理论。假定一个原子处于一个特定的态，然后通过放出一个光子跃迁到另一个能量更低的态。根据能量守恒原理，这两个态之间的能量差必然等于那个光子的能量，而光子的能量又通过最初的普朗克关系 $E=hv$ 和光子的频率联系在一起。使用薛定谔或海森堡的自洽规则，我们能系统地计算出氢原子两个态之间的能量差，而无需玻尔和索末菲的许多天才般的猜想。

此外，量子力学现在可被用到更加复杂的系统上了，比如不止一个电子的原子。尽管计算变得更加复杂，结果仍然是唯一和有明确定义的。对于这些系统，老的理论束手无策。因此，海森堡和薛定谔的工作开始了一种关于量子力学适用能力、自洽性和完备性证据的积累，而且这种积累一直延续到现在。

第7章　不确定性

"但是你不能一辈子都把海森堡的不确定性原理应用到每件事情上。"

　　"大约在 1927 年 9 月，"哲学家雷·蒙克写道，"物理学世界变了。"蒙克有意地改写了弗吉尼亚·伍尔夫的一个著名声明，他是完全正确的。[1] 几百年来，自然和研究它的人类之间是清晰可分的，它的每一个部分都有不同的特性和位置，在所有尺度上都遵循同样的规律，其行为是可预测的。在 1925 年之前，量子已经引导一些物理学家不情愿地去质疑这些假设中的某些部分。但是 1927 年不确定性原理的出现（由海森堡于 5 月在德国发表，玻尔于 9 月在意大利科莫的一次会议上提出。在 10 月布鲁塞尔第五次索尔维会议上爱因斯坦和玻尔开始了一场持续其一生的辩论）却是耸人听闻和咄咄逼人的证明：这些假设是错的。在牛顿世界和量子世界之间不能搭起一座联系的桥梁这场"诉讼"中，它是"证据甲"（指重要的证据——译者注）。大自然显然比任何人想到的都要奇怪得多。

物理学家和哲学家仍然在争论怎样给由不确定性原理宣告来临的、关于大自然的新图景画上最后一笔，而大众文化则在1927 年不确定性原理出现后不久就开始去发掘和利用它的含义。在那之前，量子物理在大众文化中还很少被提及。新闻报纸和杂志把它看作为某种有意思的事情，因为它让物理学家们很激动，但认为它太复杂了而无法解释清楚。即使职业上就对那些改变我们世界观的科学进展感兴趣的哲学家也没有看到量子物理会引出特别有意思和重大的哲学问题。[2]1927 年后不久，不确定性原理成了量子力学产生的所有术语中最出名和最被广泛使用的词语。

它甚至引发了一整类的玩笑话，其中一个是这样说的。一位警官因为海森堡超速把他拦了下来，他满腹怀疑地问："你知道你的速度有多快吗？"海森堡肯定地回答："不知道，但是我确切地知道我在什么地方！"在另一个版本里，警官拦住海森堡说："你知道你的速度是 90 英里 / 小时吗？"海森堡说："谢谢。不过现在我迷路了。"还有一个版本这样说，海森堡的情侣抱怨道："你的速度是很快了，但你的位置不对了！"

所有人都读懂了这些笑话，因为每个人都知道海森堡的原理涉及一个关于一个东西在哪里和它怎么运动的信息的折衷：你对其中一个知道得越多，对另一个的了解就越少。这些笑话有一点点马虎，因为它们只说速度，而不说学术上严格正确的术语"动量"。动量是一个包含速度和方向的矢量。

女喜剧演员艾米莉·莱文有一次在一场表演中尝试了一个更准确的改版："为什么这个物理学家不得不坐公交车去上班？因为他知道自己车钥匙的准确动量！"在试演中，她发现除了物理学家外没有人理解这个笑话（如果他知道了钥匙的动量，那他就不知道钥匙在什么地方），因而不得不去掉了这个段子。"动量"这个词让大多数人需要仔细想，然后就不好笑了。

其他和不确定性原理有关的笑话瞄准的是那些了解行业术语的人。

问：为什么海森堡的算符不住在郊区？

答：它们不对易！（commute 除了有对易的意思外还有通勤来往之意。这个回答也可译为：他们不愿意通勤上下班！——译者注）

这个笑话基于这么一个事实：在量子理论里，位置和动量不是严格意义上的变量（代替一个量的特定值），而是算符（作用在态上的函数），而且如上一章所说，这些算符是不对易的。

不确定性原理也出现在连环漫画中。

它甚至跑到了葡萄酒的标签上。

　　不确定性原理也被运用于（严肃地，不是开玩笑或嘲讽地）表演、人类学、新闻业、哲学、政治学、心理学、宗教、社会行为以及其他更多的地方。一些哲学家认为不确定性原理拥抱的是哲学上的唯心主义情形，而一些宗教作家宣称它打开了自由意志科学认识的大门。在《人之上升》里，波兰裔英国科学家布洛诺夫斯基把不确定性原理称为容忍原理，而在《牛顿的橄榄球：美式运动背后的科学》中，艾伦·圣约翰和阿妮萨·G.拉米雷斯用它来解释区域闪电战（美式橄榄球运动中的一种突然而激烈的防御性进攻方法——译者注）。对另外一些人来说，它看起来具有精神上的重要性。下面是一段发表在《美国戏剧》上的对话，发生在戏剧导演安妮·博加特和著名的声乐教练克莉丝汀·林克莱特之间。

> 林克莱特：某位思想家说过，最高的精神层次是无把握。
> 博加特：海森堡从数学上证明了那个。
> 林克莱特：你说得对。

看起来博加特和林克莱特认为不确定性意味着无把握。它是这样吗？海森堡的原理在物理之外有**任何**意义吗？很多人认为没有。加州大学圣地亚哥分校的哲学家克雷格·卡伦德在《纽约时报》上发表了一篇文章《这里没什么好看的：放低不确定性原理》。他说："让我们停止用量子物理来证明一些稀奇古怪和超自然的断言这种不当行为。"[3] 下面的文字是约翰·厄普代克的小说《罗杰的版本》中的一段对话：

> "按照海森堡的不确定性原理，一直到观测之前，它都是一个幽灵。"
> 我怒火中烧……我告诉戴尔："如果在这里有一件事让我从认知上感到激愤的话，它就是那些牛犊眼学生不停地唠叨说量子力学和海森堡原理是那个古老陈旧的哲学巨兽唯心主义的证明。"[4]

可是不确定性原理怎么会以及为什么会变得如此无处不在和形态多样呢？

亚瑟·爱丁顿

为什么不确定性原理在发现后不久就被如此广泛地讨论？这和英国天文学家亚瑟·爱丁顿有关。作为一个杰出和善于表达的天文学家，爱丁顿是两次世界大战之间英国物理学与天文学之间的主要交流者。他具有贵格会（基督教新教的一个派别——译者注）的背景，是一个意见调解人，经常寻求调停交战的派系。例如，在第一次世界大战后，他声援了德国科学家的事业，其中包括爱因斯坦，当时爱因斯坦被英国科学家公开蔑视。1926 年，爱丁顿被邀请去做第二年在爱丁堡举行的吉福德演讲，这是全世界最出名的关于宗教、科学和哲学的系列演讲，他决定演讲的内容是"最近出现的科学思想大变化对哲学的影响。"[5]

亚瑟·爱丁顿（1882—1944）

爱丁顿在 1926 年年中开始写他的演讲材料，这在海森堡发展出矩阵力学一年之后，而此时薛定谔正在发表关于波动力学的论文。爱丁顿于 1927 年 1 月 21 日做了第一次演讲《经典物理学的失效》。他告诉那些挤在爱丁堡大学自然历史教室里的听众，我们关于物理世界的全部概念一直到核心都被量子力学动摇了。在爱丁顿于当年 3 月做完最后一次演讲后不久，海森堡完成了量子革命的压顶石，宣布了不确定性原理。爱丁顿在 1927 年余下的时间里修改他的演讲稿以备公开发表，这其中包括第一个针对外行的关于不确定性原理的清晰解读。这些演讲（受到了公众的热情追捧）于 1928 年发表，题为《物理世界的本质》。

这就是不确定性原理的要点，爱丁顿写道："一个粒子可以有位置或速度，但它不能同时精确地拥有两者。"[6]他详细地描述了测量其中一个性质怎么会意味着另一个变得不精确。这个问题不是偶然的，而是"一个巧妙安排的设计，一个阻止你看见不存在的事物的设计，即原子里面电子的位置……我们永远都不会发现精确的位置和精确的动量联系在一起，**因为在大自然里就没有这样的东西**"。不确定性原理意味着我们需要一个"新的认识论"，"它再一次提醒我们，物理世界是一个被从内部仔细思考的世界，它被属于它的一部分并服从它的定律的器具所测量。我们不会自诩知道，这个世界如果以某种超自然的方式、被它本身不提供的器具探测，它会被视为什么样子"。量子告诉我们，科学一直在瞄准一个"假造的目标，一个关于世界的完整描述"。

爱丁顿说，这有两个非凡的哲学涵义。第一个与自由意志相关。牛顿学说的世界已经解决了这个冲突，至少从科学的视角上解决了，它支持的是决定论：简单来说，人类就是机器，就像小钟表，它的运行完全被力和运动定律所决定，正如宇宙中的其他任何事物一样。但是不确定性原理的发现摧毁了这一切，打开了通往更加传统的宗教观念的大门。爱丁顿说，一个狭隘而又理性的人也许甚至会得出结论："对于一个理性的讲科学的人来说，宗教第一次成为可能大约是在 1927 年。"[7]

第二个涵义是科学世界只是**这个**世界的一部分，"我们认识到一个与物理世界并排的精神世界"。作为一个结果，"和若干年前盛行的方式相比，物理学家现在以一种我只能描述为更神秘的方式注视着自己的外部世界，尽管不是少了精确性和实用性"。[8]爱丁顿说，通过对科学能知道的东西设置界限，量子力学暗示着其他各种知识（包括神秘主义）的有效性。他把量子力学视为诞生了某种文化公社、一个人类彩虹联盟，在这里平常人、宗教信仰者以及量子物理学家可以手挽手站在一起，有一种共同的精神追求。

布里奇曼

有些科学家赞同爱丁顿的想法，另外一些人则不同意。后一类人里的大多数科学家有礼貌地忽略了他，视他为又一次在扮演调解员的角色，利用吉福德演讲这个受尊敬的讲坛提出一个科学与宗教之间实现深度和谐的可能性。

哈佛大学物理学家珀西·布里奇曼无法忽视爱丁顿。几年后，他写道："一想到他的书《物理世界的本质》……我仍然会对它的好些地方瞧不上眼。我认为爱丁顿是一个最好的例子，他对像泥浆一样混浊的想法进行了清楚解说。"爱丁顿的书出版后的几个月里，这位未

珀西·布里奇曼（1882—1961）

来的诺贝尔奖得主猛烈地批评着。然后，就在1928年的感恩节前，布里奇曼做了件鲁莽的事情。他放下他的科研仪器，把科学文献扫到一边，开始写一篇庸俗的杂志文章。他给《哈泼斯》写了一封信，这是一本偶尔会刊登最新科学进展的杂志。

布里奇曼以前从没有写过杂志文章，对这个他没有什么准备。他出生于马萨诸塞州剑桥市，一生的大部分时间都待在哈佛大学，1900年作为一个大学生进入哈佛大学，然后留在那里做研究生、讲师，后来做了教授。他是一个害羞、勤奋和小心谨慎的人，严格地规范着自己的行为和思想。布里奇曼既不抽烟也不喝酒，他定期参加健身课、爬山，看重准确性。他以自己为豪，过着一种平静、有序的生活，每天校正标准和清扫仪器。他不在意权力和财富并蔑视那些追逐它们的人，对他来说，唯一值得追求的事情是增加人类知识这个缓慢而又有条不紊的过程。多年以后，1946年秋天的一天，一个兴奋的学生（杰拉尔德·霍尔顿，现在是哈佛大学的一个知名科学史学家）违背规章，匆匆忙忙闯进布里奇曼的实验室。他带来一个消息说有人在电话里说布里奇曼获得了诺贝尔奖，这时布里奇曼甚至连头都没抬，他目不转睛地盯着自己的仪器，平静地说："告诉他们，当我看见它的时候，我会相信的。"[9]

1927年，布里奇曼出版了《近代物理学逻辑》，这本书对于一个科学家来说有点不寻常。这本书不是要普及科学，也不是要去消除科学的一些奇异特征来安慰读者。相反，布里奇曼坦率地承认了相对论和它关于时空的奇怪含义在他的同事中引起的"不安"。

他和读者一起分享了这种不安，认为只有理解了这种不安，你才能理解科学。他在关于被称为操作主义的哲学立场的首次表述中写道，我们所能做的最好的事就是把某些科学概念当成"只不过是一系列操作"，例如对于长度，规定其操作步骤。

布里奇曼在《近代物理学逻辑》这本书里基本上没有提到量子理论。但是，当他得悉不确定性原理后，他的关注增加了。新的量子力学是高度理性的，但不符合牛顿力学。它粉碎了大多数他成长时大家公认的假定。这些包括开尔文勋爵的言论："如果我能构造一个机械模型，我就能理解它。只要我不能从头到尾构造出一个机械模型，我就不能理解它。"布里奇曼意识到，这曾经是科学内涵的精神。现在那种精神**不复存在**了。现在有什么？爱丁顿的那些过于情感化的、现实无处不在的东西？这件事情把布里奇曼扔进了"一场认知和道德危机"中，他感觉无论是从智力上还是从感情上都没有准备好去应对这场危机。[10] 他觉得公众会有一段更困难的时间。

他给一个朋友写信说，如果海森堡的原理是成立的，那么它将意味着"一场从至少是牛顿时代以来精神观念上的最大变革，譬如比爱因斯坦引起的变革还要大很多"。在越来越小的尺度上，世界的结构瓦解成了没有意义的东西。在大众文化风闻这个之前，他沉思着结果将是灾难性的。那些自由意志者、"纯机会"无神论者以及生物学中生命力论的粉丝们都将宣称他们胜利了。[11]

接着就出现了爱丁顿的书，这本书看起来验证了他最大的梦魇：有人会说量子力学证明了上帝的存在，展示了神秘体验和新实在性的真实性。不，不，不，不，不！这本书的言外之意**不是**让人舒服和令人振奋的，它们深深地让人感到不安，因为它们损坏了我们原来所想的实在性。他强烈地感到社会公众需要理解这一点。

"尊敬的编辑，"他向《哈泼斯》写道，"我附上一份手稿，讨论的是物理学里的最近发现所包含的一些一般含义以及演化出来的含义。"他概述了他的专业知识，然后继续说道："我特别想让《哈泼斯》的大众读者读到这篇文稿，因为我相信这些新发现带来的结果对每个人都如此重要，我们所有人迟早都得做出相当大的重新调整来应对这个情况。"在手稿里，布里奇曼说量子理论很快将施展出文化上的影响，这个影响比进化论以及相对论的影响大，甚至比牛顿以及他的工作的影响还要大。由于有不确定性原理（仅仅几个月前发现的），量子理论似乎对能被我们了解的东西设置了一个界限。布里奇曼预言说，这将"释放出一次名副其实的、有关各种疯狂和堕落思想的智力狂欢"。他继续说：

这个设想的远处（科学家证明他们是无法进入的）将成为每一个神秘主义者和梦想家幻想的游乐场。这样一个领域的存在将被弄成无节制地为各种东西找借口的根据。它将被弄成灵魂的实质，死人的鬼魂将居住于此，上帝将潜伏在它的阴影里，生命力论过程的原理将在这里找到它的位置，它还会成为心灵感应沟通术的媒介。某个团体将从因果关系物理定律的失效中找到长久以来自由意志问题的答案；而另一方面，无神论者将为他的论点——

偶然性统治着整个宇宙——找到辩护的理由。

　　布里奇曼向编辑写道："我希望我不是在无可挽回地毁坏这份杂志。"但他真的管不了那么多，他想把事情纠正过来。那些胡言乱语宣传量子的人不知道他们在说什么。新物理学的含义比他到目前为止听过的任何事情都要奇特和令人不安得多。

　　《哈泼斯》的一位副编辑回了他的信，并接受了布里奇曼的文章。《哈泼斯》于1929年3月刊登了《科学的新视野》。

　　布里奇曼在他的引言中写道："这篇文章的论点是，牛顿的时代现在要结束了，最近的科学发现正准备着一场我们整个世界观中的大革命，它比牛顿发现万有引力带来的革命还要更加重大。"这些量子物理领域中的发现表明，我们错误地以为大自然从根本上是可理解和受定律支配的。布里奇曼说："（不确定性原理）充满着在精神观念上导致重大改变的可能性，这种改变比任何曾经包含在同样多词汇里的东西导致的改变都要大。"他解释说，不可能同时精确测量一个电子的位置和动量意味着电子不**具有**位置和动量。与他的操作主义者哲学相一致，他写道："一个物理概念如果最终不能被某种测量所描述，那么它根本就不能被赋予任何意义。"他更加直截了当地说：

　　把这个悖论往前再推一步，通过选择我是要测量电子的位置还是速度，我从而决定了这个电子是具有位置还是速度。电子的物理性质不是绝对内在于它自己，而是也和观测者的选择有关。

布里奇曼继续往下写："（这个原理）很可能统治着我们这个物理世界不同部分之间的每一种已知的作用类型。"这是"非常令人不安的"，因为它损坏了我们有关因果关系的理念。原子物理学家在原子或电子层次无论观察什么地方，"他都发现事情以一种他无法归属原因的方式发生着，对于这种方式，他一点也给不出原因，而且原因这个概念对它来说也没有意义"。布里奇曼说，原因"不在于将来不能根据现在的一个完整刻画来确定，而是在事物的本质上，现在就不能够被完整地刻画出来"。一些德国物理学家得出结论说这个世界是由偶然性支配的，但那是不正确的；量子力学为亚原子世界给出了确定性和必然性，但不是那种传统意义上的。

"物理学家在这里把他的领域结束了"。迄今为止，物理学家们已经探索了大自然越来越深奥的地方，发现了更加精细的结构。现在他们碰到了一个到目前为止从未设想过的可能性：

物理学家因此发现他自己处在一个完全掉了底的世界里，当他了解得越来越深时，它就以变成没有意义这样一种非常不光明磊落、没有气度的方式避开了他并消失了……于是一个界限被永远地设在了物理学家的好奇心上……这个世界不是一个理性的世界，不能被人类的智力所理解，而是当我们探索得越来越深入时，我们曾经认为可以强迫上帝他自己都得赞同的准则（因果律）变得不再有意义。这个世界不是内在就有理性的或可理解的，当我们从几乎没什么东西的领域攀登到日常事物的领域时，它以日益增长的程度获得前述这些性质。这里为了所有实用的目的，我们也许最终可以希望获得一个足够好的理解，但不能再多了。这就是这个世界的结构，这个命题不是通过坐在扶手椅里沉思得到的，而是对直接的实验的诠释。

有些人肯定会得出轻率的假定，布里奇曼继续说。他不点名地抨击爱丁顿：

这将来自于拒绝接受下面这个陈述（即比电子层次更深入的探索是没有意义的）的真正含义，而且还会得出这样一个命题：真的存在一个更远的领域，具有其当前局限性的人类是不适于进入这个领域的……街上的人因此会将科学家已经到达意义的终点这样一个申明曲解成：科学家手握他所有的工具，已经尽其所能地进行了探索，在科学家的理解能力以外还存在着某些东西。

那么，这就是那个设想的远处，它将成为神秘主义者和梦想家的游乐场，导致"一场无节制地为各种谬误寻找理由的狂欢"，并让无神论者和宗教信仰者都感到很宽慰。但布里奇曼看到了一线希望，他希望最终人类能发展出"新的教育方法"来反复教导大家所需要的"思维习惯"，我们需要这些习惯来重塑我们在"日常生活等有限情形"中使用的想法。最终的结果将是积极的：

因为思想将顺从事实，理解和征服我们周围的世界将以越来越快的速度往前推进。我冒险猜想一下，最终对人类的性格也将会有一个有利的影响；平常人的反应将是悲观的，但是需要一些勇敢的绅士来直面像现在这样的情形。最终，当人类完全享用了知识之树的果实后，在最初的伊甸园与最后的伊甸园之间将会有这样一种区别：人类不会变得像神一样，而是会保持永远的谦卑。

布里奇曼是有先知的。人类仍然还在努力学会谦卑，但关于空想和为谬误找理由，他是对的。

他的传记作者写道，布里奇曼是一个"科学上的纯粹主义者"。他给自己设定了高要求的标准，并一直延伸到他生活的最远角落。真是这样的。作为赞同协助绝症患者自杀的一个坚定信仰者，他认为人类不应该过那种没有能力保持自己尊严的生活。在他得了癌症后，他尽其所能地延长了自己的生命，然后在 1961 年，他试图找到一个医生来帮自己结束生命。在没能找到后，他自己独自行动了。"社会让一个人自己做这样的事情是不体面的，大概现在就是我能自己做这件事情的最后一天。"他写道。几分钟后，他拿起一把手枪对准了自己的脑袋。

爱丁顿和布里奇曼以非常不同的方式看待量子力学的言外之意。爱丁顿是一个调解人，愿意承认每一个事物里的真理，布里奇曼则更仔细一些，不愿意冒险超越他所知的东西。爱丁顿把量子力学视为指向比传统观念更宽广的、有关实在的观念，而布里奇曼则视其为指向一个更狭窄的观念。爱丁顿发现量子力学的言外之意是让人舒适的，而布里奇曼则觉得是让人不安的。他俩中的每一个拥有的都是真理的不同部分。

知识界的其他重要人物，例如哲学家约翰·杜威和伯特兰·罗素，以及科学家亚瑟·康普顿和詹姆士·金斯（《神秘的宇宙》，1930），很快也发表了自己的看法。受到爱丁顿和布里奇曼之间争论的启发，肯普弗特（那个《纽约时报》的记者，他听了海森堡关于不确定性原理的第一次公开演讲）现在看到了其中隐含的意思。[12]在一篇发表于1931年的《纽约时报》整版报道中，他援引了爱丁顿和布里奇曼的话，试图来理解不确定性原理中隐含的意思。在版面的上方有爱因斯坦、爱丁顿、德布罗意、薛定谔以及海森堡的照片，更下方一点有两张来自金斯的《神秘的宇宙》中的两张图片。头条的大字标题和副标题为：

怎么样解释这个宇宙？科学左右为难

一个接着一个，科学家们提出的理论已被推翻了。现在处于不确定中的科学已被迫变得有点唯心论，并抛弃一个机械论宇宙的观念。

肯普弗特写到，我们以为自己知道的关于实在的东西是建立在无知的基础上的，我们的牛顿学说的思维习惯是不好的习惯。"（测量依赖于观测者的选择这样一个事实）远远不只是单纯哲学上的诡辩，"他继续说，"我们试图去解释实在、宇宙以及我们看到和感觉到的事物。我们不可避免地需要用电子来解释它们，电子是组成它们的基本成分。我们发现自己被难住了……因此我们永远不能知道确定的、关于一个原子的任何东西以及因此关于由原子组成的世界的任何东西。纯粹的偶然性占主导。在原子里，原因这个概念没有意义。"但肯普弗特的文章是布里奇曼所害怕的"像泥浆一样浑浊"的东西在新闻业的表达。

多形态隐喻

短语"量子跃迁"在 20 世纪 20 年代早期成为了一个流行的隐喻，原因有以下几个：现有的词汇感觉不足胜任的地方（在涉及不连续性的语境中）需要一个单词，有创意的演讲者希望能更加清晰准确，以及科学术语的文化威望使然。在 20 年代末，不确定性原理跟随了同样的路线，但是它更快并具有更多形态的应用。作为一个专门的物理学原理，它只适用于某些测量情形中，就是那些涉及共轭变量的情形，但仍然只要有一个那样的情形就足够它变成一个隐喻或者拥有超出科学的言外之意。4 个最通常和最重要的这类例子包括无法确定性、观测者效应、艺术和人文学科的解放以及上帝的存在性。

无法确定性

不确定性原理提供了一个意象，这个意象似乎认可我们对这个世界的体验：随机、缺乏控制甚至不合理。1929 年 10 月 29 日股票市场暴跌的几天后，《纽约时报》开玩笑地援引海森堡来部分解释股票价格与利润两者之间通常关联的突然破裂："海森堡已经证明因果定律不再有效。"[13]1936年，《纽约时报》的体育新闻记者约翰·基兰顽皮地使用不确定性原理(如布里奇曼所论述的)来解释为什么表现不稳定、最近处于第五名位置的纽约巨人队仍然还有希望："他(布里奇曼)的关于台球反弹角度的说法以它自己的方式来说是正确的，但是在过去六周里，棒球从巨人队球棒上的反弹是一个更让人信服的、关于海森堡不确定性原理的示例。"[14]

(巨人队打入了那一年的世界大赛，但输给了纽约洋基队。)从那以后，体育新闻记者就开始使用不确定性原理的意象。

其他人认为不确定性原理暗示的无法确定性对报道社会问题具有更深远的重要性，特别是宗教思想家抓住了爱丁顿的阐述。在牛顿学说时代里，几个世纪以来科学家们坚决认为自由意志是一个幻想，把宗教思想家们置于防守的位置。现在有一个杰出的科学家说，别忘了科学允许有自由意志，从而将人类从无神论者决定论的统治下解放了出来。"我们拥有自己的'回合(显身手的机会)'了。"一个宗教评论员写道。他使用棒球的另一幅图像："贝比·鲁斯，以爱丁顿的形式，正拿着球棒要打几个本垒打。"[15]

时间更近点，宗教诗人克里斯蒂安·威曼在他感人的抗癌记述中说，在"意外的大浩劫"中"感受到如同一缕纯正好运一样的持久的爱"使上帝成为"终极的不确定性原理"。[16]

观测者效应

观测会改变人的行为这一事实自古以来就被细心的人类非正式地知悉，现在又被现代的心理学家正式地了解，他们把它叫作"反应性"或"观测者效应"。牛顿学说的世界也了解测量事物会干扰事物，但假定这个干扰原则上可以被弄得无限小，从而测量可以变得越来越精确；这个干扰也是可以预先考虑到的，因而也是可以补偿的。科学家们因此可以从他们的测量中"将自己拿出来"。

在量子的世界里，事情更加复杂。你有多精确地测量一对共轭变量（比如位置和动量）中的一个，影响着你测量另一个时能获得的精度。对它的一个粗略的表述方式是说，一个实验者在观察或测量一个粒子时会"干扰"它。这是错误的，因为这暗示着一个粒子事先就已经具备了位置和动量，它们只是被测量给弄乱了。但是在量子力学里，位置和动量在测量前是未定义的，不管它是什么（把一个没有位置和动量的东西叫作一个"粒子"，这有些奇怪），都是在和实验仪器接触时才获得了它们。尽管如此，那个通俗的、简单的描述使得不确定性原理在人类世界的一系列新比喻中变得是可理解的和可用的。

这个想法已经激发了很多关于相互作用的漫画：我们的经验

是观测或调查会改变你观测的事物。如果你按住一个东西，那么就松开了另一个。如果你知道了 x，你就不能知道 y。幽默可以朝很多方向发展。比如，它看起来就像一个对我们已知的一些事情的科学确认，或一个对我们已知事物的一些荒谬扩展的科学确认。

　　但我们发现，在这些关于不确定性原理对观测的言外之意的戏虐和新奇使用的同时，还有涉及新闻业、文学和戏剧的本质的严肃运用。在《你怎么看这个故事：海森堡的不确定性原理和越南战争文学》中，剧作家和英文教授乔恩·塔特尔注意到不确定性原理已经被剧作家和新闻记者广泛地讨论，其原因是这个原理的"社会推论"："观测一个事件这个行为本身会**改变**那个事件的

本性。"这有两个原因，塔特尔说，首先，"那个事件立刻就变得和观测者相关了"；其次，"观察那些知道自己在被观察的人的行为会改变他们的行为"。别忘了，新闻工作者是职业的推挤手。塔特尔接着说：

> 亚瑟·米勒的《大主教之屋》和汤姆·斯托帕德的《哈普古德》实际上把它（不确定性原理）戏剧化了，它们向剧场观众展示他们自己易受不准确观念的影响，并从而暗示他们无意中成了他们以为自己在看的戏剧的参与者。在一篇社论中，乔治·威尔引用不确定性原理来作为一个反对实况播送陪审团诉讼案的理由，而安娜·昆德伦和其他人已经把它运用到电视"真人秀"上。当然从摄像机一开始转动的瞬间，这些节目就不再是真实的了。

还要更严肃的。知名文学评论家乔治·斯坦纳曾使用不确定性原理来描写文学评论的过程，文学评论转换被诠释的对象并把它有所不同地传递给接下来的那一代。"不确定性和互补性这两个原理，如粒子物理学所说的，"他写道，"在文学和艺术言语中处于所有解释性的和批评性的过程和行为的正中心。"[1]

艺术和人文学科的解放

正如许多宗教思想家所感觉到的，在牛顿学说的世界里他们处于防守的位置，很多艺术和人文学科的从业者也这样觉得。对他们来说，不确定性原理对测量和理解的极限的确立看起来是解放性的。约翰·威廉·纳温·沙利文在评论爱丁顿的著作《科学中的新路径》(《物理世界的本篇》续篇) 时，表达出了一种普遍感触到的轻松心情：

除了少数几个顽固分子，每个人都对科学发展出来的新的谦虚态度感到高兴。神秘主义者和艺术家仅仅为了自卫而忽视科学观点不再是必要的。科学已经意识到它的知识是一种特别受到限制的知识。同时，它对真理没有排他的主张。也许存在一些知识，它们是有效的，尽管它们还没有被、不能够被科学的方法所触及，这一点是被承认的。[17]

不确定性原理传递出的信息看起来是，科学对真理没有格外的、享有特权的洞察力。这扩展了艺术和人文学科的创造力价值。[2]看看奥地利裔墨西哥艺术家沃尔夫冈·帕伦的激动劲儿：

此刻科学正在经历的资本危机也许将证明一个关于新秩序的预言。在这个秩序里，科学将不再自命为比诗歌更绝对的真理，科学将懂得和她自己相互补充的艺术的价值……换句话说，如果在观测的最高可能的精度下，仪器和实验对象之间的完全区别变得不明确了，那么我们就可以得出结论：物理学即将放弃假装能给我们提供一个纯粹定量的但令人满意的理解。难道不是吗？[18]

然而，德国哲学家马丁·海德格尔发现这样的情绪是不合理的甚至是危险的。对于他以及其他人来说，艺术和人文学科不需要特别的辩护。"今天我们十分认真地在原子物理的结果以及观点中辨别展示人类自由以及建立一个新的价值理论的可能性，"他写道，"这样一个事实是一个有害控制的迹象和对自由本质的完全误解"。这个有害的控制是指"技术理念"对人类自我理解的控制。[19]

上帝的存在性

有些人甚至走得更远，宣称不确定性原理对上帝的存在具有言外之意。这些人里面包括科学家。亚瑟·霍利·康普顿（康普顿效应的发现者）说不确定性原理暗示着"精神作用于物质的可能性"，以及宇宙中人类思想的新角色。[20] 不确定性原理是暗示着必然有一个非人类的认知者吗？是的，康普顿回答。量子力学指向"一个至高无上的、引领宇宙万物的上帝的存在，在这个宇宙中，人类很可能代表了最高层次的智力"。他说："我相信，正是这个奇妙的原子世界的存在指向一个目的明确的创世记，指向一个想法，即存在着一个上帝以及每一样事物背后有一个有智慧的目的。"[21]

宗教作家们欣喜若狂。《卫理公会评论》写道："科学，如同被新物理学所转变的那样，如同被诺贝尔奖得主康普顿以及量子理论大师海森堡这样的物理学家所教导的那样，已经把进化论从一个纯偶然的过程转变成了一个看不见的人物的创造性方法，他在这个发展过程中有一个确定的、他正朝其前进的目标。"[22] 在一篇题为《宇宙新理论说自然背后有智慧目的》的头版文章中，《基督科学箴言报》宣称："根据诺贝尔物理学奖获得者亚瑟·霍利·康普顿的意见，宇宙中新的'不确定性原理'的发现已经使人类只不过是机器人这个理论站不住脚了，这个发现提供了强有力的证据证明'一个指令性的智慧'的存在。"[23]

1929 年，《卫理公会评论》刊出了好几篇文章谈论量子物理对宗教信仰的影响。该杂志宣称，爱丁顿"揭示了新科学的到来"。在他的新认识论里，"永远不允许有科学与宗教之间的冲突"。量子的观点"正在使掌握它的人和任何精神上的神秘主义者一样富于想象力"。"现在科学显然确实具有它分离的无懈可击的思想空间，但宗教更必须填满思想、感觉和意志的全部世界。实际上，今天的量子物理正在导致一个对大自然的看法，这个看法是如此不确定，所以它可以名副其实地被称为超自然的事物"。它宣称，海森堡很可能是影响玄学和宗教的最伟大的在世科学家。"我们正在进入这样一个关于物理世界的视野，这个视野把物理世界带入与上帝的王国更紧密的和谐中，这是基督教徒生活的更大的、具有完美自由的王国"。[24]

另外的人震惊于这些他们认为是宗教当权者以及其他社会进步敌对势力对量子力学的滥用。激进的非洲裔美国人工会组织者欧内斯特·赖斯·麦金尼说到爱丁顿："当他利用海森堡的不确定性原理羞辱因果性和决定论，给了这些宗教主义者一个修复自由意志的机会的时候，他给牧师们带来了巨大的安慰。"麦金尼是一个无神论者，他更喜欢金斯的说法。金斯说上帝是一个设计师，但至少也说他是一个数学家。金斯说："我更喜欢一个纯数学家的上帝，而不是一个将军，一个公司总裁，一个大法师，一个工程师或神学家。"[25]

海森堡没有将不确定性引入人类世界，人类也不需要他的原理来领会人类生活中的不确定性，然而这个原理的确揭示了牛顿学说中一些关于实在的假设是不正确的。从某种程度上说，量子对艺术家、作家以及哲学家的影响是它帮助他们从这些牛顿学说激发出的错误观念中解放了出来。比如，在1927年发现不确定性原理的一两年后，作家兼诗人戴维·赫伯特·劳伦斯写下了下面的一段诗：

> 我喜欢相对论和量子理论，
>
> 因为我不理解它们。
>
> 它们让我感觉空间似乎像一只不能停歇的天鹅一样到处漂移，
>
> 不愿意安静地待着被测量；
>
> 似乎原子是个任性的家伙
>
> 总是改变它的想法。[26]

不确定性原理，如我们已经看到的，只是说某些成对的变量不能被同时测量，并且远远不是使原子变得"任性"，它是原子坚固存在的原因。但这段诗仍然给人以启发，它表达了这样一个事实：量子理论比牛顿学说的理论更好地捕捉到了劳伦斯关于世界的直觉。他感觉到更加自在，更加自由，他从被告知一切都已注定中解放了出来，可以做一个不安分的人。对他来说，量子世界看起来不奇怪，因为他的直觉告诉他我们的世界比牛顿所说的要更奇怪。

劳伦斯戏谑性的否定评论也许暗示他被吸引是表面的：他喜欢相对论和量子理论，因为它们更好地与他对世界的体验联系在一起，世界是堂吉诃德式的和无法估量的。量子世界看起来给那些在牛顿世界里被压抑住的感觉留出了一片"空间"。帕伦在1942年表达了一种类似的情感，他激动地写道，量子力学预示着"一个新的秩序，其中科学将不再自命为比诗歌更绝对的真理"，其结果将给予人文学科的价值一个合法地位，而且"科学将懂得和她自己相互补充的艺术的价值"。[27]

1958年，纽约大学哲学家威廉·巴雷特（1913—1992）说："（不确定性原理）表明我们认识和预言事物物理状态的能力存在着基本的界限，并给我们打开了一扇门，让我们瞥见了一个归根结底也许是非理性和混沌的大自然，至少我们关于它的知识是有限的，以至于我们不能认识到它不是非理性和混沌的。这个发现标志着物理学家古老梦想的一个终结，他们受到一个彻底理性偏见的驱动，曾认为实在必定是从头到尾都是可被预言的。"[28] 在援引了近代科学中更多的几个例子后，巴雷特继续说："从这些独立的历史部分中浮现出的是一幅关于人类自身的图像，它展现出一副新的、荒凉的、更近于赤裸的和更有疑问的面貌。"[29] 不只是存在主义者哲学，甚至科学本身都已经在迫使人类去面对他那孤立和无根据的环境。"人类被剥去了衣服，赤身裸体，现在不得不在自己全部视野的正当中去面对他自己"。

这些评论表明，人文主义者拥抱量子力学的原因是他们感受到牛顿学说的世界是一个冰冷的和压迫人的地方，在那里他们觉得自己处于辩护的位置并被边缘化了。因此，有关量子领域奇异之处的消息的出现是一个宽慰。但如果这是人文主义者发现量子世界的进展让人觉得释然的唯一原因的话，那么这无疑是他们自己的事情，因为他们在理解自己的体验时，一开始就过于严重地依赖于科学。巴雷特的话显示不确定性原理甚至具有一种悲剧的气氛。在《俄狄浦斯王》里，寻找命运的主人公因为他对控制的欲望，不可避免地造成了相反的结果；在亚原子世界里，当人类凭借越来越精确的测量来设法了解更多信息时，他们不可避免地引入了不精确。这是一个哲学上令人震惊的事情。

斯洛文尼亚哲学家斯拉沃热·齐泽克在提取不确定性原理的哲学内涵这方面做了很多工作。齐泽克认识到这和观测者或测量仪器内在的局限性无关。相反，它表明一种不确定性"铭刻在事物本身里面"，因此，比如一个电子的存在就是要么以粒子要么以波的形式来展现它自己，但决不会同时。齐泽克把这个叫作"本体论欺骗"（就是不知道可能会遵循什么定律的某个事物）并说它展现了"纯粹潜在性的模糊伪存在"。他接着比较了从量子相互作用中产生出来的具有确定性的经典物理定律与从人类活动中产生出来的象征性的秩序。[30]

但是从科学上来说，不确定性原理就像一个新的黎明。它解释了很多东西，包括第 4 章里讨论过的量子理论中的随机性的根源。在波包的时间演化中完全没有不确定性。它有一个展宽是因为在那个波包里有位置和动量之间的不确定性，所以有一系列动量和一系列速度，从而有一个展宽。但波包本身仍然是完全定义好的，它随时间的传播没有不确定性。随机性的产生不是因为波本身，而是因为它只描述找到一个粒子的概率。如果没有不确定性，就不会有随机性。

虽然不确定性原理这个名字暗示着某种脆弱，但正好反过来才是真的，量子物理中有经典物理学中决不会获得的坚固和确定性。按照经典物理学，一个在氢原子里环绕质子运行的电子将通过辐射不停地损失能量，最终掉进质子中。但是在量子力学里，一个电子必须要有巨大的动能才能掉进这么一个狭窄的空间里，这意味着它不能长时间待在那里。这解释了为什么原子不会坍塌。对于更大的、原子核里有更多电荷、有更多电子绕核运行的原子，不确定性原理的能量受到泡利不相容原理的增强。这样，这些原子也不会坍塌，并反而具有非常明确的能量，且对于一个给定的原子数，这些能量的大小总是一样的。如果我们把很多这样的原子堆在一起，降低温度，外加足够的压力，那么它们将呈现一种非常坚硬的固体形态。因此，一件事情中的不确定性（即位置和动量之间的关系）导致了另一件事情中的确定性（即原子的结构），它对一个给定的原子核和保持电荷中性的相应数量的电子而言总是一样的。这样不确定性原理解释了物质的"硬性"。

1933年颁布了之前两年的诺贝尔物理学奖。1932年的奖项得主是海森堡，他那时还没到32岁。薛定谔和狄拉克分享1933年的奖项。1933年12月，由于海森堡的获奖被推迟了，他们3个人一同站在了瑞典学院的同一领奖台上——缔造新物理世界的三人组。

插节   不确定性原理

不确定性原理本身最初出现在海森堡和泡利之间的书信往来中。1926年秋天,海森堡向泡利强调,他坚持认为经典的概念(比如位置和动量)在量子世界里是不适用的。他们的同事帕斯库尔·约当加入了讨论。约当设计了几个精巧的思想实验(如果你把一个显微镜冷却到绝对零度会怎么样?),看起来似乎可以测量一些海森堡和泡利说不能被测量的性质。约当的质疑难住了海森堡。和玻尔讨论通常能有助于海森堡理清他的思路,于是1927年2月,海森堡访问哥本哈根。但是这一次讨论没有什么结果,他们俩闹翻了。玻尔跑去滑雪了,把海森堡一个人留在哥本哈根冥思苦想。一天晚上,海森堡在玻尔的研究所后面的公园里独自散步时想到了一个答案的梗概。他坐下来给泡利写了一封信:

> 我们总能发现所有的思想实验都有这么一个性质:当一个量 p 被确定到某个由平均误差 p_1 所描述的精度时,那么……q 只能被同时确定到一个由平均误差 $q_1 \approx h/2\pi p_1$ 所描述的精度。[31]

这就是不确定性原理。像许多方程(包括 $E=mc^2$ 和麦克斯韦方程组)一样,它的首次亮相不是以它现在著名的形式出现的。今天我们知道它一般写为 $\Delta p \Delta q \geq h/2$(右边的那个符号 h 由狄拉克在第二年引入，表示 $h/2\pi$，它被发现在许多应用里用起来更简洁）。海森堡被这个领悟弄得很激动，他送出了一篇论文《关于量子理论运动学和力学的可视化内容》，该论文发表于同年5月。这篇论文在如下一些方面是不同寻常的：它基于经典的概念和术语来导出其结论；如果不确定性在物理中不扮演重要的角色，那么这篇论文将是不可思议的；它使用相对论作为一个模型，仔细地对它那违反直觉的结论做出了解释。[32] 玻尔回来后对这篇论文表示了不悦并指出了一些错误，但海森堡继续往前推进并发表了一个仅做了轻微改动的版本。

回顾历史，不确定性原理隐含在那个"神秘的方程"$pq-qp=Ih/2\pi i$ 里，甚至是以某种方式内含在普朗克对相空间的量子化里（普朗克对新物理做出的至少3个主要贡献中的第二个）。但它仍然是概念上的一个突破。直到那一刻之前，玻恩、泡利、海森堡和约当一直还在讨论这样的情形：一个变量被精确地确定，另一个变量不能被精确地确定。现在海森堡指出（部分和他以前强调的经典语言不适用相矛盾）那些是极限情形，在中间还有很多可能性。

另外，不确定性原理并不适用于微观世界的所有性质，比如质量和电荷具有完全可定义的值和精确的值。它只适用于某些成对的变量（称之为共轭变量），并以不确定度为代价换回这些量的直观性（在一定程度上）；它给出一个精确的数学公式控制着这些变量的值的不确定度的大小。不过海森堡知道，不只是原子物理的领域，还有更多的东西都成了问题；不确定性原理甚至对实在本身的性质都产生了"外来的"影响。"你也许会被引到这么一个猜想上：在可理解的统计上的世界之下藏着一个'真实的'世界，这里面因果律是成立的。"海森堡写道，"但是对我们来说，我们明确地强调，这样的推断看起来是无益的和没有意义的。物理学应该只在形式上描述感知之间的关系。"[33]

这个原理中的不确定性，使用哲学家的话来说，不仅仅是认识论的，与关于大自然我们知道什么有关，还是实体论的，与大自然本身有关。如佩斯所说，"不确定性原理"这个术语因此是一个不当的名称。"问题不是什么东西我不知道，而是什么东西我不能知道。"佩斯接着说，"要改变这个名称现在太迟了。"[34]

在送出他的论文后，海森堡给约当写了封信，说他兴奋地感觉到"我脚下不连续的地面"，而泡利则回忆起他说了一些类似"Morganröte einer Neuzeit"的话——一个新时代的黎明。[35]

第8章 实在性破碎了：立体主义和互补性

"水果圈式（fruitloopery）"被《新科学家》杂志用来指对科学词汇的做作和错误使用。这个词有一个奇怪的比喻性起源。"水果圈圈（Fruit Loops）"是一种早餐麦片的名字（水果味的小圆环形麦片，有明亮的颜色），由家乐氏公司在 1966 年推出。"水果圈（fruit loop）"曾一度作为美国的一个俚语，意指男同性恋者或他们经常光顾的一片地区，但它和性相关的内涵后来基本上消失了，这个词开始意指一些不重要的、古怪的和做作的东西。

2005 年，向《新科学家》供稿的自由作家迈克·霍尔德尼斯写到了"职业异议者"，他们由一些新闻记者提供氧气般的公众关注，这些新闻记者"把所有故事都精确地分成两部分，分别占据相同的空间：太多的时候都是基于现实的社会团体对阵水果圈和 / 或特殊利益集团"。语言需要一个那样的字眼，霍尔德尼斯的选择

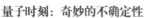

是有启示性的。水果圈式变成了《新科学家》的一个一般性词汇，用来指登广告的人以无法验证的方式或完全脱离上下文的方式使用科学词汇。广告中出现的水果圈式指示物包括词语**量子**、**快子**、**振动能**以及**重组水**，尤其是在混合使用中。在课堂上，我们把水果圈式的意思进一步扩展了，把这个词用到任何有关科学术语的做作和错误使用上，不仅仅是在广告中，也包括在自助文学、业余哲学和伪科学中。

由于它的文化声誉，物理学比其他学科激发出更多的水果圈式。如果你是一个江湖骗子，你把某个想推销的东西和物理联系起来，你暗示这个东西既深奥又安全，那么这对销售很有帮助！这不是什么弄错了，不是一个需要更正的错误。江湖骗子不出差错，只是搞水果圈式。还有，他们挣钱。

在物理学中，量子力学比其他分支产生出更多的水果圈式。但你怎么去区分水果圈式和有意义的使用呢？这比它看起来要难得多。到目前为止，在我们提到过的量子比喻中，有一些（比如厄普代克的）严格说来是无根据的，但显然是有意义的。

对量子概念有意识的幽默使用不是水果圈式：

下面这些笨拙的语言使用可称为被找到的量子幽默。

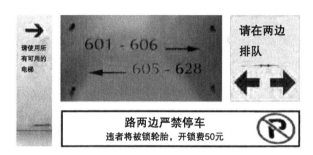

各种建筑物和路边的指示牌，被找到的量子幽默的例子。

谁把麦片端上来的？我们能通过说那话的人的证件来辨别水果圈式吗？不见得。下面是女演员雪莉·麦克雷恩说的一些看起来有点白痴的关于物理学的话：

新物理学正在告诉我们：我们自己无法摆脱地牵涉在其中。我们不仅仅是牵扯在里面，而且那些原子结构之所以能存在也许是因为我们的意识……宇宙……也许只是一个巨大的集体"思维"。[1]

我们可以奚落这些谈论，更确切地说，是在我们把它们和詹姆士·金斯的著作《神秘的宇宙》中的一段话进行比较之前：

知识的河流正在流向一个非机械的实在，宇宙开始看起来更像一个宏大的思维而不是一个巨大的机器。心智不再以一个偶然闯入物质王国的侵入者出现……相反，我们应该称颂它是物质王国的创造者和统治者。[2]

女演员的话和科学家的话是如此类似，有可能是麦克雷恩读过詹姆士·金斯的书，或者她读过某人改述过的金斯的话。

水果圈式不是主观的或随意的，而是与夸大有关系。当相关的语言或者图像被看作具有特别的权力（像魔法）时，这个东西就是水果圈式。水果圈式依赖于借来的权威，一种内在于语言和图像自身里的假定的权威。那些宣称利用量子的功效来起作用的保健品、生活方式改善品或智力提高药物的广告都是水果圈式的实例。在数字占卜术中，将特别的能力归因于数字也是一个例子。占星术是另一个例子，它宣称从星象（散布在相互之间以及和地球之间相隔十分遥远的距离上）的主观分组中，从那个人从其母亲的子宫里出来的时候哪些星象被看到位于地球位置的另一面，你可以知道一个人的性格。

但一点小小的戏法又有什么危险呢？危险很大。设想一下下面的差别：某人（比如一个朋友或精神病学家）给出一份关于你性格的描述并问你这是否有助于你更好地了解你自己，另一个人（比如一个占星家）给出一份**同样的**描述并告诉你说你应该相信它，因为那些星象对你施加了力量并注定这就是你的性格。第一种情形是帮助性的和提供能力的，第二种情形是专制的，而且通过利用你的脆弱性来起作用。

描绘二象性

最难发现的水果圈式情形涉及"互补性"，这是 1927 年尼尔斯·玻尔为亚原子世界的一个现象创造的新词。对于这个现象，他在人类世界里找不到任何好的比喻，然后这个词被比喻性地用到了人类世界。

玻尔的动机如下：在20世纪20年代，如我们在第6章里看到的，科学家们意识到，至少从经典世界的视角来看，量子世界是二象性的。布拉格试图在他的原木、波和船的图像中表达这一点，以及在他的关于他的同事周一、周三、周五使用波动理论而周二、周四、周六使用粒子理论的谈论中表达这一点。而约瑟夫·约翰·汤姆逊则提到了老虎和鲨鱼。1925年至1927年的量子革命略让人感到好像一个答案就在手中了。海森堡的矩阵力学方法说："不用费劲去找一个比喻！寻找比喻恰恰就是那个给你带来麻烦的东西！"薛定谔的波动力学方法说："波终究还是一个相当好的比喻！"[3] 但是当不确定性原理于1927年出现时，显然这两个方法都不是真的让人满意。二象性待在这里了。某个"事物"（在这个字眼的一种泛泛的、很难描述的意义上）可以具有完全不相容的性质。这是牛顿学说观点里一个哲学上的难题。在牛顿学说里，这样说吧，事物把它们的性质背在背上。实在和客观性以后还意指什么呢？

玻尔做物理研究就像他在搜寻什么东西。他的理想是用通常语言和经典概念把量子世界完全表达出来，如迈克尔·弗雷恩让玻尔这个角色在戏剧《哥本哈根》里说的："最终，我们必须能把它的所有东西都解释给玛格丽特听。"玛格丽特是玻尔的妻子，她是一位抄写员，在舞台上充当平常人（即传统思维的人）的代表。你怎么样把波和粒子解释给你的配偶和你自己听呢？

物理学家和历史学家亚瑟·米勒说，当玻尔仔细思考这个问题的时候，他从被称为立体派的画作中找到了灵感。立体派首先由巴勃罗·毕加索和乔治·布拉克在大约 1907 年开始倡导并在 1909 年得到迅速发展。[4]立体派艺术家希望逃避透视法画作的写实主义，透视法画作如"摄影"般地复制观察者看到的景象。立体派艺术家试图在一块画布上画下从不同角度看到的多重景象，并将它们以一种拼贴的形式相互堆积在一起。从某种意义上来说，这使得"立体派艺术家的视觉"比通常的视觉更加全面。每一幅画中同时展现出许多不相容的景象，就像不从任何角度看，又像从所有角度看。这些画也同时展现了所有这些不相容的景象作为同一个东西的不同看法是怎么组合在一起的，观察者的每一个位置和一个特定的视角联系在一起。玻尔自己在家中保留了一幅由吉恩·梅辛格创作的立体派画作，并喜欢用它来作为互补性的一个说明。

因此，玻尔真的看到了一个他正在思考的问题的形象化类比：某些量子现象怎么能同时以不同的方式（既是波又是粒子）展现它自己，尽管从任何一个给定的"角度"（实验），我们主要看到的是它的一方面或另一方面。米勒写道：

立体主义直接帮助了尼尔斯·玻尔发现量子理论中的互补性原理。该原理说某些东西可以同时既是粒子也是波，但它被测量时却总是要么是前者要么是后者。在解析的立体主义中，艺术家试图在一块画布上从所有可能的视角表现出一幅场景，每个观看者挑选出一个特定的视角。你怎么看这幅画，这就是它表现的方式。玻尔读了吉恩·梅辛格和阿尔伯特·格莱兹写的关于立体主义理论的著作《立体主义》。它启发玻尔去假设电子作为一个整体既是一个粒子也是波，但是当你观测它时，你挑出了一个特定的视角。[5]

1927 年 5 月，在得悉不确定性原理后的几个星期，玻尔开始写一篇论文《量子理论的哲学基础》。[6]他努力把论文整理成可发表的形式，但是另一件事情临近了，在 9 月的一个会议上，他要做一个报告。这个会议是为了纪念意大利物理学家亚历山德罗·伏

《马背上的女人》，吉恩·梅辛格作，
1911—1912，
丹麦国家美术馆，哥本哈根

打去世 100 周年，将在伏打的故乡科莫举行。玻尔的哲学论文稿件改了几遍，从来没有发表，但是他把他的思想包含进了在科莫的演讲中。1927 年 9 月 16 日，玻尔做了他的演讲《量子假设与原子理论的最新进展》。这个演讲将把一个新的量子比喻——互补性引入平常的语言。

玻尔的开头慢条斯理，他从听众以前已经听过的东西开始讲。我们的科学仪器（物理学家在实验室里摆弄的东西）属于经典世界，我们没有选择，只能用经典物理来理解它。通常，我们研究的东西"可以被我们观测而不受到明显的扰动"，但是量子力学使我们感到意外。玻尔说："任何有关原子现象的观测都将涉及与观测手段的一个相互作用。"而海森堡刚给我们演示了这个相互作用不能被消除，不可忽略，具有某个可量化的大小。

然后，玻尔给了一句现在很著名的评论："于是一个独立的、通常物理意义上的实在既不能被归之于那个现象，也不能被归之于那个观测手段。"这个评论仅仅展示了一个逻辑结果。

因为普朗克常数很小，通常的实验不受这些问题的影响，就如同通常的实验不受相对论的影响一样，因为相对论效应要能被注意到需要很高的速度。但玻尔仍旧指出，对知识的本质而言，"这种情况具有意义深远的影响"。在经典力学里，一个系统的状态的定义要求"消除所有外部的干扰"。它要求我们待在鱼缸外往里看而不扰动任何东西。但是在量子力学里，"每一次观测都引入一个新的不可控的因素"，意味着"系统状态的一个明确定义自然就变得不再可能，并且就没有了通常意义上的因果性"。我们只能在不观测系统的时候定义它的状态，因而我们就不是真的知道其状态（如果我们观测它，我们就破坏了定义的可能性）。因此，量子理论的本质迫使我们把一个粒子在时空中的位置以及它受因果律的支配（因果律是经典力学的一个特征）"视为这个描述的互补的但是独有的特征，分别象征理想的观测和定义"。量子力学"向我们提出了一个任务去发展出一个关于知识的'互补性'理论"。

互补性因此是玻尔对这个实体论困扰的命名，对量子现象改变它们自己是某种"事物"的方式的命名。这些现象依赖于我们怎样观察它们。经典客体只是在我们以不同的方式去观察它时看起来不一样，而量子客体则是实际上**变成**不一样了。这就像那个著名的盲人摸象寓言所说的，盲人们摸到大象的不同部位，互相比较他们的记录，结果意见完全不一致，根本就没有大象。"量子大象"实际上**变成**了一条绳子、一根柱子、一把扇子、一堵墙壁以及其他东西，这依赖于它是怎么被摸到的。

但是在结尾，玻尔说到了更深刻的一点："我希望互补性这个理念适合于描述当前这个状况，它承担着一个深奥的、与人类观念形成中的一般性困难的类比，内在于主观和客观的区别之中。"

1927年9月玻尔在科莫的演讲于第二年4月发表在《自然》杂志上。[7] 编辑们警觉到玻尔和他的伙伴们视量子现象为抽象的东西，只有在被测量时才变得具体、明确和可被观测。他们采取了非常不同寻常的一步措施，写了一个序言。他们说："（这篇文章中的内容）远远不能满足门外汉的要求，门外汉寻求将他的观念用比喻性的语言表达出来。"他们还说："我们热切地希望这不是他们（指量子物理学家）关于这个学科的最后话语，他们最后将成功地用生动的形式来表达量子的基本原理。"[8]

泡利读到这个时笑了，他嘲讽地将编辑们令人不自在的语调改述成下面的话："如果在将来，接下来的这篇文章中所提倡的观点被发现最终是不对的，我们英国的物理学家将会感到非常高兴。但是，因为玻尔先生是一个好人，这样的高兴是不够友善的。而且，因为他是一位著名的物理学家，并且常常是正确的而不是错误的，我们的希望能被实现的机会只有一丁点儿大。"[9]

接受度

玻尔的许多同事对他这个想法的反应也不好。对他们来说，这看起来像是哲学（物理学家之间一个带羞辱的字眼），往好了说是不必要，往坏了说是引起混乱和阻碍发展。伽莫把科莫会议的听众对玻尔演讲的一般反应总结为："（它）不会导致我们中的任何一个人改变他对量子力学的观点。"[10] 薛定谔认为玻尔是试图把困难的哲学问题扫进地毯下藏起来，他说"玻尔想'互补走'所有的困难"。[11] 哲学家卡尔·波普尔写道："我不怀疑在玻尔的互补性原理后有一个有趣的、凭直觉感知到的想法。但是不管是他还是这次会议的其他任何人都没能把它解释出来。"[12] 只有少数几个其他的科学家极感兴趣。罗伯特·奥本海默评论说，互补性是原子物理教给我们的东西之一，它"给我们提供了有效的、相关的以及非常需要的与科学当前领域之外的人类问题的类比。"[13] 另一方面，奥本海默又说，在人类世界中，与量子力学相比，我们有更好的以及更传统的洞察力来源来帮助我们理解无定论的东西，"哈姆雷特曾说过它比普朗克常数更好一些"。[14]

这些据称是相关的和需要的类比是什么？玻尔是第一个也是最勤奋的一个试图找出它们的人。他对哲学和心理学有很深的理解力，但沮丧于这些领域的专业人士不能领会新物理发现中他认为具有严肃重要性的东西。他计划写一本书，他的一些同事称之为"那本书"。这本书本来将是一个关于在人类生活的所有方面"互补性和它的含义的全面表述"。[15]历史学家们曾努力弄清楚那本书的内容可能是关于什么的。佩斯在他关于玻尔的传记中被难倒在他试图描写出互补性的重要性上。他通过一问一答的方式往下写，记录当他试图把互补性教给物理学家的时候通常会发生的事情。它包括下面的问答：

问：所有这些有关互补性的东西都非常有意思，但它对我有什么用呢？

答：它既不会帮助你做量子力学的计算，也不会帮你准备好实验。但是，为了做物理，你不应该仅仅是消化理解和发现事实。在两者之间，你应该思考你在做的事情的意义。在那一方面，玻尔的考虑是非常重要的。你不同意这应该对你来说很重要吗？比如，当一个现代的科学家谈论"一个现象"时，他的意思是或者应该是什么？而且注意，像这样的一些认识也许可以向感兴趣的外行作解释并提醒科学家你的职业是怎么回事。[16]

在他发表在《自然》杂志上的论文的最后一行，玻尔说互补性在设法了解并处理人类理念中的一个"一般性困难"，暗示它在其他领域有更宽广的运用。在这些领域里，人类既是演员又是观众。注意到这种既演出又观看的双重角色也是人类学、生物学和心理学的一个特点，玻尔试图依据互补性去理解它们的问题。在生物学里，互补性也许能描述机械论（认为生命是机器般的因果关系的产物）支持者和活力论（认为生命是一种特别的、具有个性的活力的产物）支持者之间的分歧。在心理学中，玻尔认为它可能被运用到第一视角和第三视角之间的冲突中。他也探索了它向其他领域的扩展，包括政府、公平正义和爱情。如果玻尔成功了的话，那它将会是一个激动人心的例子，亚原子物理学中发展出来的概念被真正地（不是比喻性地）应用到了人类范围里。但他的努力没有得到很好的承认。[17]

很多物理学家对玻尔试图将互补性扩展到物理以外的领域感到尴尬。1998年，纽约大学的物理学家艾伦·索卡嘲弄了一些人文学科的学者，他们用物理学里的一些东西来支持他们的观点。这种方式往好了说是无知，往坏了说是荒唐。索卡捏造了一篇论文，内容主要由一些人文学科里的学者做出的有关物理学的糊涂和无意义的评论（很多和互补性有关）组成。索卡成功地把论文发表在《社会文本》上，这是人文学科里的一份顶级刊物。这件事情现在被称为索卡恶作剧。作为回应，科学史学者玛拉·贝勒在《今日物理》杂志上发表了一篇文章，题为《索卡恶作剧：我们在嘲笑谁？》。她引用了玻尔，但也包括玻恩、海森堡、约当以及泡利的言论来显示，在这一方面，物理学家有时会和人文学者一样糊涂。一个例子是：

论点"光由粒子组成"和它的对立面"光由波组成"相互争吵，直到它们在量子力学的综合推理中被统一起来……可为什么不把它应用到论点自由主义及其对立面上，并预期一个综合结果，而不是对立面的一个完全和永久的胜利呢？看起来好像有一些不一致的地方，但互补性的想法可以更加深入。事实上，这个论点和它的对立面代表了两种心理动机和经济力量，两者本身都是有道理的，但在它们的极端情形下是相互排斥的……在自由的范围 df 与管控的范围 dr 之间必定存在一个关系，它具有类型 $dfdr=p$……可这个"政治常数" p 是什么呢？我必须把这留给人类事务将来的一个量子理论。[18]

贝勒然后透露，这看似荒谬的一段话不是别人，正是马克斯·玻恩写下来的。玻恩是量子力学的创立者之一和 1954 年的诺贝尔奖得主，获奖理由是他对量子力学的统计诠释。贝勒的文章是冷静的，它展示了要区分玻尔的尝试与那些不那么严密的人的尝试有多么困难，要描述量子语言及意象在人类文化中的相关性有多么困难。

而当这个术语变得人尽皆知的时候，要找出区别就变得更加困难。1933 年，玻尔访问美国，因为他要第二次在美国科学促进会于那年 6 月在芝加哥举行的会议上发表演讲。他做了一个公开演讲，概述了他关于互补性的想法。这次演讲传达出来的信息让科学家感到失望，但迷住了其他人。[19] 记者们找出他们自己的生动比喻来表达玻尔的话。《纽约时报》刊发了《杰奇－海德心理被归因于人》。[20] 这篇文章解释说玻尔把不确定性原理的应用扩展到原子物理学以外的领域，"去囊括人类与他周围世界的全部关系，人类与获知及思维的所有过程的全部关系"。玻尔已经发现"事物本质中一个内在的、基本的二象性，事物和人获知它们的能力联系在一起。这个二象性佯谬就在于这样一个事实：所有事物的杰奇－海德本质从根本上来说是相互矛盾的，事物的两个方面在不同的时刻都是真实的，但在任意一个给定的时刻只有一个方面是真实的"。在1886年罗伯特·路易斯·史蒂文森的小说里，从杰奇博士到海德先生的变换大部分是受杰奇自己控制的（他喝下一剂药变形成没有道德原则的海德），而玻尔的想法是，一个不相容的原子态和另一个态之间的变换依赖于观测者。文章接着说：

换句话说，正是去获知自然本质的一个方面的这个过程使得我们不能获知它的另一方面。在任意一个时刻，我们只能知道其本质的一个方面。在所有与存在以及理解相关的事物中有一个明确的不连续性，这样当一件事情是真实的时候，正是这个真实必然会使得另一件事情不存在，只要是涉及了任何我们获知的可能性。这个矛盾的二象性是无法避免的，因为它存在于事物的本质中。按照这个理论，说要么是自由意志要么是宿命论，要么是因果关系要么是偶然这样的话是错误的。两者都是一个且同一个实在的必要部分，是同一个球形的凸面和凹面……当你在球形的里面时，球面是凹的，而且你永远不可能去体验它凸的那一方面。

文章然后说，玻尔和其他量子物理学家已经尝试过去消灭这个"'不确定性'怪物"，但他们总能找到它，"像恶魔似的以另一种形式出现，嘲笑着他们"。互补性的概念是对这种无法削减的现实情况的一个让步。

《纽约时报》喜欢这个意象，第二天就开始了比喻性的即兴反复。一篇题为《对立面的婚礼》的社论揶揄地评论到，玻尔关于学识的新理论看起来是"特意为适应和明确政治家的行事方式和工作而设计的"，这里"调解对立的两方看起来好像就是每天的日程"。《纽约时报》写道："以现代原子物理学为依据，互补性理论是我们看到过的、离正在国内外政治领域发生的运动的科学陈述最近的东西……互补性很大程度上在我们的市政政治中占据着支配地位。没有什么东西是它看起来的样子。所有的东西都处在观察者眼皮下的每日流量中。"提到坦慕尼协会的一次政治活动："如果那次操控成功了的话，如果海兰先生突然变成了共和党人和反坦慕尼的话，海森堡他自己将承认他的科学上的不确定性已被现实中的政治远远地超越了。"[21]

我们在第3章中说过，"量子跃迁"从亚原子领域传播到日常用语的方式是这本书里其他语句和图像追随的典型途径。由于几个因素组合在一起，它们被"召集"来作比喻性使用：现有的词汇不太适用的地方需要一个词语，希望能使表述更加精准，树立科学术语的文化威信。因为需要描写一个越来越机械化的时代里的不连续间隔，短语"量子跃迁"被召来用在一些比喻性的应用中。"互补性"被应用在从艺术到宗教里处理同一主题的不相容方法中。[22]

可是我们不是已经有这些东西了吗？自古以来，东西方文明就都已经熟悉了这样的符号，比如太极符号，它们刻画了人类生活和／或大自然中对立面的并存。这些对立面可能是好／坏、天／地、生／死、精神／物质等，而那个整体则包含这两个部分。玻尔现在创造了一个新词来描述当他试图解释量子物理里发生的事情时相互矛盾的观念并存的现象，它被新闻工作者、作者以及许多不同领域的学者欣然接受。当玻尔选择一个太极符号来作为他的家族徽章时，他是在支持这种与古代图像的联系。由于几个因素，这个词语特别有吸引力。首先，它有科学术语的威信。其次，它说产生对立面的这个过程不是与人无关的或客观的，而是由人的介入引起的。人类看起来对宇宙而言又很重要了。伦纳德·斯兰恩是一个外科医生和作者，他著写充满热情的、有关艺术和科学意义的书。他宣称"玻尔的互补性理论……看起来似乎和神灵接界"。[23]其他人把互补性应用到政治以及其他领域，宣称它以多种不同的形式出现，比如"水平的"或者"垂直的"。[24]有时候，一些作者写一个事物不同方面的互补性，而在其他时候，他们则声称完全不同的领域（科学与宗教，物理和艺术）是互补的。[25]

还有些时候，互补性比喻只是半开玩笑性的。以量子啤酒理论网站（可惜现在早就不存在了）为例，该网站由凯尔·沃尔穆

192

特创办。沃尔穆特是一个住在荷兰的翻译员和专注的啤酒迷，他最后一次学习物理是在高中的时候。沃尔穆特向我们解释说，在他的理论下有这样一个事实："啤酒味道的基本体验"是以一种互补的方式"产生于冲突中"。他宣称，在每一种啤酒中，味道的两个因素（啤酒花和麦芽）相互竞争优势地位。"这两个因素进行一场战争来控制你的味觉，"他说，"当这两个方面变得势均力敌，都处于牢固的防御位置，把战争拖入宏大的均衡状态时，最好的啤酒就出现了。"他使用了**量子**这个词来强调他感觉应该被关联到啤酒分析中去的"严肃水准"。另外一个原因是，尽管他做了最好的努力，他还是发现要让家酿的啤酒在味道和质量上保持一致几乎是不可能的。这迫使他得出一个结论：在啤酒的生产制作中某些神秘的、未知的因素一定是在量子的尺度上起作用。

其他的使用则更加难懂。想想心理治疗师劳伦斯·洛杉在他的书《通灵师、神秘主义者和物理学家》中对神秘主义的辩护。洛杉写道，神秘主义者寻求去领悟关于实在的一种不同的看法。他说："这里我使用'领悟'这个词来表明对这种看法的一种充满感情的和智力上的理解并参与到这种看法中去……在物理学中，这被称为互补性原理。它说要最完全地理解一些现象，我们必须从两个不同的视角去探讨它们。每一个视角本身只告诉我们真相的一半。"[26]

哲学家齐泽克再一次在提取互补性这个想法的哲学价值方面做了最多的工作。他将其与德国哲学家黑格尔的论证特征线作比较："它们都拒绝下面这个立场，就是先假定在获取知识的主体与被了解的客体之间有一个间隙，然后再处理这个（自己造出来的）怎样在间隙上架起一座桥梁的问题。"解决的办法（按齐泽克所说，对黑格尔以及量子物理这两者都是）最后是把人这个主体的位置和角色吸收进那个它正在寻求去了解的关系中。[27]

但是最终，最终，记住，我们必须能把它的一切解释给玛格丽特听！

——迈克尔·弗雷恩所著《哥本哈根》中玻尔的角色

玛格丽特·玻尔（1890—1984）出生于哥本哈根南部的一个小镇。当 1910 年遇到尼尔斯·玻尔时，她正打算做一名法语教师。两年后她嫁给了玻尔。她不仅仅是玻尔的常年伴侣，也同时是他智力上的合作者，一个帮助他修改信件和文章的宣传者，向他自己解释他的想法。玻尔完全用经典的语言向玛格丽特（因而他自己）解释量子世界里发生的事情是不可能的。我们不确定他是否试着这么做过，但我们仍然能够想象这样一种解释看起来将会是什么样的。向她解释这个需要很有策略和创造力，以及认识到玛格丽特很聪明。

玻尔将不得不开头说，由于很多历史的原因，今天的人继承了一个关于世界的图像，即牛顿学说的框架，它假定事物要么是波要么是粒子。然后，玻尔将不得不指出实验结果已经迫使我们改变这个图像，以及这么做的原因。他将解释量子力学揭示了另外一种现象的存在，这种现象可以或者是波或者是粒子，这依赖于我们设置用来研究它的实验，而且所有想把量子现象约简到两者中的一个的努力都失败了。基于这些新的和未曾料到的信息，正如我们有时候不得不改变我们对自认为非常了解的至交密友的看法一样（尽管因为相识了很长时间，我们感到自己不情愿这么做），我们现在不得不对大自然做同样的事情。玻尔可以详细地阐述，说这有点儿像在通常的观念里某个事物显现的方式什么时候改变依赖于我们怎么观测它（区别是我们观测一个量子现象的方式实际上确实改变了物体是哪种东西，而不仅仅是它的性质）。他可以总结说这也有点像对人类发生的事情，当他们做出的某些决定（他们和谁结婚，他们从事什么职业）以不可逆转的方式改变他们的时候。互补性不是世界的一个性质，而是我们以非数学术语来描述这个世界的方式的性质。

假定玻尔的想象力足够丰富（这一点我们不怀疑），我们猜想最后玛格丽特会点头同意。

插节 互补性、客观性以及双缝实验

玻尔在他向同事们提出互补性这个概念的文章中写道："通常物理意义上的独立实在既不能被归之于现象也不能被归之于观测作用。"这个评论使得他的很多同事大为恼火（今天它还是被广泛地误解）。我们能从其中理解到什么呢？[28] 玻尔既不是一个神秘主义者也不是一个唯心论者。他不是在说实在不存在，也不是说意识产生实在。他只是简单地在说量子现象不能被从物理学家研究它的方式中分离开来。他一直是一个头脑清晰的、以实验为依据的科学家。

让我们来把它和通常的关于仪器设备如何工作的假设做个比较。一个牛顿学说中的天文学家充满自信地使用望远镜，假定它能提高我们观察行星和恒星的能力，但不会从根本上改变我们的视觉。除了操作技能和周围环境导致的误差，一个天文学家从某个望远镜里看到的东西与另一个天文学家从另一个望远镜里看到的东西是一样的。仪器只是简单地扩展了我们的感觉官能。望远镜可以被从我们关于天体的图像中"拿出去"。望远镜展示给我们看的东西只影响天体的认识论——关于它们我们知道什么。

现代天文学家使用不同种类的望远镜去覆盖电磁频谱的不同频带和不同的天区面积。没有哪一单个仪器能满足所有的目的，给予我们*此*天体。一个天文学家收集的数据依赖于使用的望远镜，数据是仪器及其与目标物体相互作用的一个函数。哲学家知道这是知觉过程中的一个基本点：一个客观物体，比如一个杯子，怎样显示它自己依赖于我们站在哪里以及我们怎么接近它：不存在单个的位置或"超越特定地点的视角"，从那里我们能感知到整个杯子的所有方面。我们只能通过持续变化但系统地关联在一起的各个方面来感知它。哲学家和科学家一样倾向于用专业术语来描述那些用日常用语只能粗略刻画的东西。在哲学术语中，这个基本的知觉事实被称为能思－所思相应，即一个物体将它自己展现给我们的东西（所思）依赖于它是怎么样正在被观察的（能思）。当其中一个改变时，另一个也改变。然而对大多数意图而言，我们的立场可以被拿出去，我们可以说这个杯子是一个独立的实在，我们的不同立场只影响认识论。

玻尔指出，至少在量子现象这种情形中，量子破坏了这个图像。他在发表于《自然》杂志上的论文中写道，量子将"一个本质的非连续性"、一个内在的不确定引入了与原子相关的过程，"对经典理论而言完全是外来的"。我们怎样观察与原子相关的现象会从根本上改变它们怎样展现给我们看。我们是先观测位置还是先观测动量，这是有关系的。这就好像与原子相关的现象是抽象的，如果我们设置自己的仪器去观测类粒子的行为，我们就会发现类粒子的行为；而如果我们设置它们去观测类波动的行为，我们就发现类波动的行为。因此，我们仪器的设置（玻尔称之为"观测作用"）不仅仅影响认识论，而且影响实体论。它就像是天文学家可以通过一个行星望远镜去观察一个天体，然后他看到一个行星，但通过一个彗星望远镜去观察，他就看到了彗星。那么，你就不能把望远镜从观测中拿"出去"，或从你正在用这些仪器收集的"证据"中拿出去。仪器不仅仅只是扩展你的感觉官能。为了以一种能和其他人交流的方式理解这些数据并将它们与其他有关这个天体的数据综合到一起，你将不得不描述这个由望远镜和天体组成的全体系统，而不是分别说。

正如玻尔 10 年后总结他的科莫推论时所认为的，原子物理学告诉我们，"目标物体和测量仪器之间无法避免的相互作用对讨论原子物体独立于观测手段的行为的可能性设置了一个绝对的界限"。不存在什么"躲在"仪器"后面"去观察那里"真的"有什么的方法。这产生了"一个在自然哲学里非常新的认识论的问题"，到目前为止，自然哲学一直假设"在目标物体的行为与观测手段之间可以有一个清晰的区分"。这个假设根植于语言中，被通常的经验所证实，并"构成经典物理的整个基石"。就是说，它的基础包括这样一个假设，你可以站在"超越特定地点"的地方说话，并观察大自然，就好像它是在一个鱼缸里，而你则在鱼缸外面。一个具有纯粹旁观行为的位置看起来正是客观性的定义。玻尔的直觉是，量子力学表明这是不对的。在量子世界里，"没有什么实验的结果……能被理解为是在给出关于目标物体的独立性质"，任何结果"都固有地和一个明确的环境联系在一起，在对此环境的描述中，测量仪器和目标物体的相互作用也必须出现"。[29] 甚至科学家也必须站在实验者的立场来说话，站在某个使用设备和对其他人讲话的人的立场。因此，客观性意味着每一个**实验者**从原则

第8章　实在性破碎了：立体主义和互补性

上来说能看到的东西。

在我们的讨论中以及戈德哈伯关于量子力学基础的课程中，我们找到了一个新的关于玻尔的互补性观念的表述方式。这个问题是在经典物理学中，粒子和波动现象两者都能提供完整的、精确的描述，我们可以做无限精度的观测，并使用这些观测去预言后来的观测，后来的观测原则上也能具有无限精度。在一次考虑一个粒子的量子力学中，我们能以无限精度预言一个波的演化，但是那个波是无法观测的。那个波是一个复数，复数按照定义就不是实的，因此是无法观测的。（如果我们不能观测它，我们怎么知道波在那里呢？我们从对许多粒子的探测留下的图案中推断它的存在，这些粒子是那些告诉我们有森林的"树"。）另一方面，粒子**是**可观测的（例如，一个光子打在感光片的一个给定点上），但它们的运动是不能直接预言的。反倒是波函数的平方给出在任意给定的空间小区域里找到这个粒子的概率。因此，粒子和波这两方面的互补性就被简单地表述为量子力学确实是结合这两种描述，但只包括波的可预言性和粒子的可观测性。

关于这一点，最著名和给人以最强烈感受的示范是双缝实验。在克里斯于2002年在《物理世界》上组织的一次调查中，这个实验被评选为"科学中最漂亮的实验"。在这个实验里，电子被一个一个地发送到一个有着两条细缝的屏上，然后在另一边被探测到。尽管它们是单个地穿过这个屏，它们在另一边被探测到时产生的图案却显示它们穿过细缝时是以波的形式，相互干涉，只有在到达探测器时才变成粒子。理查德·费曼宣称，这个实验展示了量子力学的"唯一神秘之处"。一个回应克里斯的调查的人写道：

> 我在爱丁堡大学的一次光学课里看到这个实验。上课的教授没有告诉我们将会发生什么现象，结果给我们带来的冲击非常大。我已经记不起这个实验的细节了，只记得我突然看到点的分布正好排列成了一个干涉图案。它绝对引人注目，其吸引人的方式和一个杰出的艺术作品或雕塑吸引人的方式是一样的。观看一次双缝实验就像是第一次观看日全食：一种原始的战栗感穿过你的身体，手臂上的汗毛竖了起来。你心里想，**天哪，这个波粒二象性的事情确实是真的**，然后你的知识基础开始移动和摇摆。[30]

我们也许可以用一句话来表达上述所有东西：约翰·惠勒总结爱因斯坦的广义相对论（关于引力和粒子运动的理论）时说，"物质告诉空间怎么样弯曲，而空间告诉物质怎么样运动"。在这里我们也许可以说："粒子（亦即粒子的观测）告诉波什么时候从什么地方开始（或结束），而波告诉粒子出现在什么地方。"

第9章　不行

不，不，不，不，不！！！！！！！！！！！这不可能！！！！！！！！！！

这就是一些知名科学家对量子理论一个接一个显现的特性所做出的反应。这些特性包括：不连续性、跃迁、随机性、全同性、波粒二象性、不确定性、概率波以及互补性。这些科学家觉得，那些想法不是真的正确，正在发生的一切不过是我们对亚原子世界了解得还不够多。一旦我们知道得更多，这些古怪的东西就会消失，而牛顿学说的世界将会回归。爱因斯坦是持反对立场的人中最重要的一个，他在量子物理的概念发展中扮演了一个重要的角色。

我们必须停下来聊聊这种坚定的反对，有两个原因。第一，这个反对运动在一些尚未聊到的量子概念的发展中扮演了一个角色，这些概念包括薛定谔猫和平行世界。第二是因为这个运动也

产生了文化上的影响。但是注意了！讨论爱因斯坦的那些绝妙的反对需要深入探究一些技术细节。

不可能

很多物理原理具有这样一种形式："如果你做**这个**，将会发生的事情是**那个**。"例如，牛顿第二运动定律说，具有某个质量的东西，它的加速度将正比于施加在它身上的力。这样的原理也暗示着实际上的不可能性。你不能做这，**除非你有那**。

少数原理属于另一种类型。在效力上，它们说，"**那个**不能发生。"这样的原理意味着物理上的不可能性。你**完全**就不能做那个。

这种原理的著名例子包括热力学三定律。第一定律说能量不能凭空产生也不能被凭空消灭（有效使用能源，"你不可能赢，最多也只能保本"）。第二定律能以几种方式来表述，比如热量不能自发地从一个温度低的物体传递到一个温度高的物体，或者孤立系统的熵总是增加的（"你不能保本，除非是在绝对零度"）。第三定律把它完全给终结了（"你不能达到绝对零度"）。其他例子包括与不可能识别出绝对速度有关的相对性原理、不能以超光速运动以及海森堡的不确定性原理。

这样的原理不总是代表着"新物理"，而可能只是其他原理的推论。海森堡的不确定性原理是一个例子，因为它隐含在"神秘方程"$pq-qp=lh/2\pi i$中。这个原理不同的地方在于它的形式，它的形式有刺激性。说某个东西在物理上是不可能的往往会让物理学家想反抗，刺激他们去寻找漏洞。

50年前，数学家和科学史学家埃德蒙·惠特克谈到"关于不能的公设"，它们断言"不可能实现某个事情，尽管可能会有无数多的方法试图去实现它"。惠特克写道："一个关于不能的公设不是一个实验的直接结果，或者任何有限多个实验的结果；它不提及任何测量结果，或任何数值关系，或解析的方程；它是对一个信念的明确声明，不管怎么努力，所有想做某件事情的尝试都注定要失败。"[1]

关于不能的公设既不像实验事实，也不像数学命题那样按照定义就是真的。但是它们对科学而言是非常根本的。惠特克说，热力学可以被认为是从它的关于不能的公设出发的一系列推理：能量守恒和熵守恒。他认为，在遥远的将来，科学的每一个分支都将仿照欧几里得《几何原本》的风格，以基于其合适的不能公设的形式来呈现。

关于不可能性的物理有好几个名字。"算了吧"物理是一个，"不可能"物理是另一个。"不可能"物理很重要，因为它吸引持反对立场的人。我们不是在讨论那些骗子和傻孩子们无休止的努力，他们想绕过热力学定律制造永动机。相反，我们意指那些严肃的物理学家，他们把"不可能"物理当作对想出漏洞的一个挑战。在寻找这些漏洞的过程中，他们最终弄清楚这个领域的基础。

持相反立场者的物理的一个著名例子是詹姆士·克拉克·麦克斯韦的思想实验。在一个密封的盒子里，一个微小的生物操纵着一块隔板上的一个小门。通过打开和关上这扇门，"麦克斯韦妖"（如它后来被称为的）让所有运动较快的分子进入隔板的一边，使热量传到那一边，从而违反热力学第二定律。对这个思想实验的讨论帮助人们澄清了当时还难以理解的热力学概念。

持相反立场的物理学家在不确定性原理的发现和诠释中也扮演了一个角色。1926 年，维尔纳·海森堡正在提倡他的新矩阵力学（原子物理学的一个纯粹形式上的方法），他宣称物理学家只能放弃所有观测经典性质（如空间和时间）的希望。德国物理学家帕斯库尔·约当是持相反立场的人，他设计了一个思想实验来绕开那样的断言。约当说，假设某人可以将一个显微镜冷却到绝对零度，那么他就可以测量（比如说）一个电子的准确位置或者一次量子跃迁的时间。这启发海森堡去思考观测仪器与被观测状态的相互作用，使他走上了通向不确定性原理的道路。持相反立场的约当迫使海森堡进行操作上的思考，而不是哲学上的思考，并去阐明目前状况下的物理是什么。

量子力学刚一出现时，怎么样把它和展现出牛顿学说行为的熟悉世界联系起来就是 20 世纪早期的巨大智力挑战之一。由玻尔、海森堡、玻恩以及其他人建立的一般策略（后来经常被称为哥本哈根诠释），将世界分成两个截然不同的领域，其中一个是量子的，另一个是经典的。量子的领域受一个被薛定谔方程描述的场或波（其本身是不可触及或观测的）来支配，这个场或波告诉我们某个真实状态具体实现的概率。当这个量子波碰到经典领域的某个东西时，如通过一次测量或其他相互作用，这种相遇会蒸发或"塌缩"波函数，消除所有其他状态，只剩下一个真实态。按照哥本哈根诠释，在观测或测量之前，关于这个世界我们最终所能知道的全部东西就是一系列概率。

这个诠释本身就足够奇怪了，所以，它从一开始就招来了很多反对者。第一个也是最出名的和智力上最强的挑战者是阿尔伯特·爱因斯坦。爱因斯坦的反对经常被错误地塑造为"一个顽固老头子对经典决定论的怀旧依恋"，但是他的反对远比这个具有更深厚的意义。爱因斯坦代表了对于实在论的整个哲学态度和一个这样的立场，就是在世界上存在着不由我们自己创造的、独立于人类知觉和思想的东西，而科学理论如果能以某种方式如实地和这些东西对应起来，那么这些理论就是真实和正确的。[2] 爱因斯坦为这个实在论感到不安，因而扮演了持反对立场的角色（玻尔是他的主要对手），并构思了聪明的办法来试图同时确定一个粒子的位置和动量，假定这些性质是独立于我们怎么样去测量它们而存在的。尽管他所有的努力都失败了，但这些努力引发的讨论在很大程度上帮助了物理学家去理解量子力学的本质和含义。

持反对立场的爱因斯坦

爱因斯坦很早并经常表达过他的怀疑。在 1916 年的量子论文中，他写到他的理论的一个弱点是"将基本过程发生的时间和方向留给了偶然性"。不过，在他的论证中，他表达了"完全的信心"。这个信心最多也只是半认真的。8 年后，在回应不成功的玻尔－克拉默斯－斯莱特（BKS）尝试（通过放弃能量守恒来保留波动说）时，爱因斯坦向玻恩写道："在没有比我到目前为止已经做过的更强烈地为它辩护之前，我不想被迫放弃严格的因果性。我发现下面这个想法相当地难以忍受，就是一个暴露在辐射中的电子能够选择它自己的自由意愿，不只是它跃迁的时刻，还包括它的方向。如果是那样的话，我宁愿做一个修鞋匠，甚至是赌场里的一个雇员，也不做一个物理学家。"[3] 两年后，在海森堡和薛定谔提出他们关于量子领域的两幅蓝图后，爱因斯坦写信给玻恩说，这给他留下了深刻印象，但又说"内心的一个声音告诉我，它还不是真正的东西"，而且这个新理论没有把我们带到"离老理论的秘密"更接近的地方。爱因斯坦然后做了一个现在很著名的并经常被复述的评论："我无论如何都确信，上帝不会掷骰子。"这句话经常会被和附加的短语"对天地万物"（这个爱因斯坦并没有说）一起引用。两年后，他写信给索末菲说，海森堡－狄拉克理论"没有真实性的味道"。[4]

第二年，即 1927 年，既是牛顿去世 200 周年，也是不确定性原理出现的那一年。这使得大家无法否认量子力学引起了一场认识论上的危机，并带来了对新次序的哲学内涵的第一次严肃探讨。然而，爱因斯坦还在希望能恢复旧次序。在一篇 3 月份发表在《自然》杂志上的文章中，他写道：

只是在量子理论里牛顿的微分方法才变得不能适用，严格的因果性确实也让我们失望了。但是最后的话还没有说，牛顿方法的精神会给我们力量去恢复物理实在与牛顿学说中意义最深远的特征——严格因果性之间的和谐。[5]

在接下来的几年里，爱因斯坦将运用他所有的力量来试图恢复那个和谐。

回到实在

爱因斯坦的努力分几个阶段展开。在整个过程中，他都是一个"诚实的"量子力学反对者，他看重量子力学的结构并尊重它所基于的实验事实。他不是一个"否认者"，没有对科学证据视而不见。他意识到，要想获胜，他必须找到一个更加完整的、完全具有因果关系的方法来审视事物，并相应地阐述他的论证。在每一个阶段，他的思考都明确到一个思想实验中。尽管爱因斯坦不是发明思想实验的人（比如伽利略也是一个富有想象力的思想实验家），但他是个第一流的使用它们的人。他在青少年时就提出了那个最早的也是最著名的思想实验：他想象自己是一个"光波冲浪者"，乘在一个光波的波峰上。那将意味着他看到光波是静止的，但是麦克斯韦方程组保证了真空中的光总是以光速 c 运动，而不管它是怎么样被观测的。爱因斯坦塑造了他的狭义相对论来解决这个矛盾。他用于抨击量子力学的思想实验也一样富有想象力。

系综诠释

第一个阶段开始于 1927 年，在海森堡阐明不确定性原理后。那年的 5 月，爱因斯坦向普鲁士科学院提交了一篇题为《薛定谔的波动力学是完全抑或只是在统计的意义上确定了一个系统的运动？》的论文。在保留下来的手稿里，他坚持认为，就如同在经典力学里一样，"赋予薛定谔微分方程的解以完全确定的运动"的确是可能的。[6]爱因斯坦似乎曾打算在即将于 1927 年 10 月在布鲁塞尔召开的第五届索尔维会议上介绍一些类似于这个想法的东西，但是他撤回了这篇论文（可能是因为海森堡的批评）并宣布他在布鲁塞尔不会报告任何东西。

爱因斯坦没有参加那年 9 月的科莫会议，在这次会议上玻尔概述了自己关于互补性的观点。但爱因斯坦确实参加了一个月后的第五届索尔维会议（1927 年）。这次会议被称为"也许是量子理论历史上最重要的一次会议"。在这次会议上，"一系列尖锐冲突的观点被报告和广泛讨论，包括德布罗意的导航波理论、玻恩和海森堡的量子力学以及薛定谔的波动力学"。[7]路易·德布罗意赞同爱因斯坦，他的正式报告提出了一个另外的关于量子力学的诠释。这个诠释可以恢复决定论，它假设薛定谔方程意味着一个给粒子引路的或"导航的波"，粒子的确切轨迹根据更进一步的信息是可以被确定的。[8]爱因斯坦没有做正式的报告，但是在全体讨论中他表达了对量子力学的反对意见。"尽管我知道自己没有足够深入到量子力学的本质和精华中去，"他谦虚地开了个头，"但我仍然想在这里提出一些一般性的评论。"[9]他画了一个图，一块屏的中间被穿了一个小洞，在屏的后面有一个半球形的摄影胶片。电子打到屏上，其中一些穿过小洞并被衍射，均匀分散到所有方向上，它的波函数是 ψ。

爱因斯坦接着说，我们可以两种方式来考虑正在发生的事情。在量子力学里，如玻尔、海森堡以及其他大多数人所设想的，ψ 是

关于个体过程的一个完整描述，比如正在对一个电子发生的事情。表达式 $|\psi|^2$ 代表在一个给定时刻在屏上的一个给定位置发现这个电子的概率。爱因斯坦说，我们有可能在屏上的好几个地方发现这个电子，但如果它出现在一个地方，那么这就会阻止这个电子出现在另一个地方。这个过程"假定了一个非常奇特的、超距离的作用机制"，因为它"阻止连续分布在空间上的波在屏上的**两个**地方产生作用"。[10] 出现在**这里**的一个作用使得一个作用出现在**那里**成为不可能。

但我们可以去掉这种令人不快的机制，爱因斯坦接着说。假定 ψ 不是代表正在对单个粒子发生的事情，而是代表正在对一个**系综**、一团系统或粒子发生的事情，那么这个理论就是不完备的，类似于热力学是不完备的。因为它处理的是很多个过程的平均行为，而不是单个过程。一个更详细的理论也许能描述粒子的特定轨迹，而不只是总体行为。

玻尔，也许是想宽厚点，表达了对爱因斯坦评论的困惑："我不明白，精确地说，爱因斯坦想要指出的重点是什么。"[11] 他的困惑也许是可理解的，因为爱因斯坦不是提出一个类似于导航波理论的观点，而是在做一件不同的事情：指出玻尔所持立场（说量子力学是完备的）的代价是承认超距作用，或后来被称为"不可分离性"或"纠缠"的东西（就是说，**这里**的一个作用可以瞬时地影响**那里**的一个作用）。换一种方式来说就是，这个作用不是局域的，而是可以同时出现在甚至相隔很遥远的地方。

玻尔很快就将详尽地知道爱因斯坦的立场。1927 年索尔维会议上的这次交锋开启了爱因斯坦与玻尔之间的一场漫长的、现在已经很著名的辩论。一开始是通过私人通信的方式，然后很快变得更加公开，这两个人在他们此后的人生当中一直保持着这场争论。

玻尔仔细思考着这个可以被称为爱因斯坦系综诠释的东西。它经常被称为一个统计诠释，但令人混淆的是这也是玻恩关于量子力学的、完全不同的诠释的名字，因此我们将把它叫作系综诠释。爱因斯坦的重点也不真的是如玻尔说的有关统计，而是有关不可分离性。在玻尔的理论里，两个空间上分隔开的物体或物体的性质可以被认为是联系在一起的。爱因斯坦确信这是这个理论一个不受欢迎的特征，一旦这个理论完备了，它将被消除掉。在接下来的几年里，玻尔提供了几个针对爱因斯坦的观念的回答。

光子盒实验

爱因斯坦努力的第二个阶段出现在 1930 年的第六届索尔维会议上。这次会议名义上是关于磁学的，但这并没有阻止与会者讨论他们想讨论的东西。吃早餐时，爱因斯坦会提出某个针对量子力学的反对意见，玻尔则思考，然后吃晚餐时给出一个回答。

爱因斯坦提出一个思想实验，看起来似乎能哄骗一个光子既显示出它确切的能量又显示出这个能量被测量的时刻。按照不确定性原理，这是不可能的。不确定性原理也能应用到能量和这个能量被测量的时刻之间的关系上。这个实验牵涉到制作一个能被精确称重的盒子，并能让一个光子经一个快门（非常短暂地开一下）逃离盒子。光子逃离的确切时间可以被一个控制快门的时钟确定下来，而光子的确切能量则可以通过前后测量盒子的重量而被精确地确定。爱因斯坦想，这个装置将可以让实验者既测量到光子的能量，也测量到它逃离的时间，从而与能量－时间不确定关系矛盾。[12] 一位在场的物理学家后来记述：

这对玻尔是一个很大的震惊……他没能马上找到答案。整个晚上，他都非常不高兴，从一个人身边走到另一个人身边，试图劝说他们这不可能正确，如果爱因斯坦是对的，那么这将是物理学的终结；但是他找不出任何反驳的理由。我永远都不会忘记这两个对手离开俱乐部时的场景：爱因斯坦一副庄重的样子，安静地走着，脸上带着少许讽刺的微笑，而玻尔则在他附近小步快走，非常激动……第二天早晨玻尔的胜利到来了。[13]

玻尔把爱因斯坦的思想实验解释为试图打败不确定性原理，并哄骗大自然同时泄露光子的能量和这个能量被测量的时间。他的反驳则指出给盒子称重需要使用一个弹簧来平衡引力，并精确地确定这个盒子在竖直位置上的改变，这意味着盒子竖直方向上动量的一个相应的不确定性。那又相应地导致钟表在时钟速率上的一个变化（依据是爱因斯坦著名的"引力红移"，这是他的广义相对论的一个基本特征）。当所有这些效应都总到一起时，我们就得到所需要的关于光子能量和光子发射时间的不确定性乘积。

EPR 论文

爱因斯坦仍然没有放弃。1931 年 2 月，他向《物理评论》的编辑提交了一篇短文章，题目是《量子力学中对过去和未来的了解》，合作者为理查德·托尔曼和鲍里斯·波多尔斯基。它是对不确定性原理的另外一击，使用的是另外一个思想实验。它指出，保留不确定性原理需要丢弃局域性和可分离性可能的基本品质。"众所周知，量子力学的原理限制了对一个粒子的未来路径做精确预言的可能性。尽管如此，大家有时候认为，量子力学可以允许对一个粒子的过去路径做精确描述。"作者们继续说，但是"一个简单的思想实验"将展示"描述一个粒子过去路径的可能性将导致我们能预言第二个同类粒子未来的行为，而这在量子力学里是不允许的"。这篇文章没有说量子力学是错的，只是说保留不确定性原理会带来一个作者们感觉到是不可接受的包袱（它意味着你对过去也不能有准确性）。[14]

在提交了这篇文章之后，爱因斯坦在公众面前更加直言不讳。"我知道，我要说的东西将被解读为'衰老的一个迹象'，"他告诉《纽约时报》的一个记者，"但是因果性将会归来，有一天科学家们将再一次承认它是'事物本质中不可避免的一部分'。"爱因斯坦说："目前数学方程的仅仅'可能的'正确性只是标示了这样一个事实：这些新的概念还没有被找到。"他接着说，他感觉量子力学"本质上的统计学特征最终将消失，因为它导致不自然的描述，它不描述大自然，而只是描述来自大自然的预期。而科学的目的是描述事物的本身，不仅仅是它们发生的概率”。[15]

啊，事物本身！爱因斯坦和玻尔在对“事物”的本质做哲学上的辩论。事物在空间和时间上总是局域的吗？或者存在不能被局部化的“事物”吗？假如有的话，那么它会是一个什么样的东西？

第二天，《纽约时报》就爱因斯坦的“保守主义”发表编者意见。编辑写道，他对量子理论的反对意见纯粹是基于“一种自然的反感”。科学家们通常不会把反感作为动机，爱因斯坦害怕被贴上衰老的标签是可以理解的。但他对量子力学的反应是“正常的”，《纽约时报》承认，“某个事情显然不对”。[16]

1932 年，在一本叫作《量子力学的数学基础》的书中，数学家约翰·冯·诺伊曼提供了一个定理的证明，看起来排除了任何基于隐变量的量子力学理论的可能性。“隐变量”这里指的是一些我们还不知道的量，它们的发现可能会允许我们对量子力学在其中起中心作用的实验结果能有精确的预言，而不只是关于概率的推演。看起来量子力学不是一个还在等待更多工作的暂时的理论，而是已经说明了所有我们能知道的东西。

爱因斯坦和其他几个持相反态度的人视这个证明为一个挑战。1933 年，在纳粹分子掌握他的祖国的政权后，爱因斯坦离开德国来到美国。他在普林斯顿高等研究院安顿下来，以新的热情重新开始去论证量子力学是不完备的。他和另外两个普林斯顿的物理学家（波多尔斯基和纳森·罗森）一起工作，他们俩已经成为爱因斯坦的助手。记者们周期性地采访爱因斯坦关于他对量子力学的看法，他们知道可以依赖这个来得到对他们报道的不错的引用。比如在1934年，爱因斯坦告诉一群集会的记者说，在他看来，把不确定性原理拓展到大范围的人类生活中去是"个人品位问题"。《纽约时报》一篇关于这次集会的报道接着说："就他来说，他更愿意相信自然界以及生活中的每件事情都是由原因和结果来支配的。"并进一步说他希望未来的科学将证实他的说法。[17]

爱因斯坦很快开始了一篇论文的写作工作，他希望这篇文章将开始让事情重回正轨。1935年5月4日，《纽约时报》刊发了一篇文章，标题是《爱因斯坦抨击量子理论：科学家和两个同事发现它不是"完备的"，尽管它是"对的"》。像爱因斯坦以前的努力一样，这篇文章出于这样一个观点：一个系统存在真实的状态，它独立于它是否被测量或被观测而存在。因为量子力学不能描述这样一个真实的态，所以它必定是不完备的。

爱因斯坦在暗示量子力学有点儿像一张地图。一张地图同样是正确但不完备的。它不会给你风景看，而是某个地区的一张抽象图画，省略了很多关于潜在特征的信息，比如海拔高度或土壤的质地。如果你能看到这些潜在的特征，你就能获得一幅关于这个地区的更好的图画而不会和地图矛盾。正是如此，爱因斯坦似乎认为，如果你能看到亚原子世界表面下的特征，你将会得到一幅和牛顿学说的直觉更加一致的图像，同时和量子力学也不矛盾。

这些思考的结果是《物理实在的量子力学描述能被认为是完备的吗？》。这篇论文由爱因斯坦和波多尔斯基以及罗森一起执笔。大家一般把它称为EPR论文，它于1935年5月发表。[18]它已经成为有史以来最著名的科学论文之一。在论文的第一句话里，它就援引实在性：

任何有关一个物理理论的严肃思考都必须考虑客观实在（它独立于任何理论）和物理概念（理论依靠它们来运作）之间的区别。这些概念是用来对应于客观实在的，依靠这些概念，我们向自己描绘这个实在。

理论描绘实在，一个完全分离于这个描绘而存在的实在。作者们接着说，一个令人满意的理论回答两个问题：（1）"这个理论对吗？"以及（2）"这个理论给出的描述完备吗？"作者们不费心问题（1）；他们，以及其他每个人，都知道量子力学的每一个预言都已被实验所证实，这一方面多半不会有什么变化。关于问题（2），他们以如下方式定义他们所称的"完备性条件"："物理实在的每一个元素必须在物理理论里有一个对应物。"比如，在一座房子的完整描述里，这个描述的每一个组分都必须是房子本身里面的某个东西。作者们提供了如下一个充分但不必要的关于实在的定义：

如果我们不以任何方式干扰一个系统，并能确定地预言（也就是说，概率等于1）一个物理量的值，那么就存在对应于这个物理量的物理实在的一个元素。

如果我们能从一座房子的完备描述中辨认出（比如）对应于这个描述某一组分的、房子的某个特定部分在哪里，那么它就是这个房子的一个"真实"部分。这是合乎情理的。现在，在量子力学里，波函数 ψ 完全刻画了一个粒子的态，它是用来描述这个粒子的变量的一个函数。这篇论文然后接着指出，当一个粒子的动量是已知的时候，它的位置没有物理实在性。这个就是简单地重述海森堡的不确定性原理。

　　但是，他们继续说，他们能设置一些实验情形，在这些情形下他们能比上述情况获知更多的东西。假定我们产生两个电子，它们的动量和位置联系在一起，我们可以通过退激发某个静止的原子来实现这一点。我们能测量第一个电子的动量，从而知道第二个电子的动量，但我们也能测量第二个电子的位置，从而知道第一个电子的位置。这样每个粒子的这两个被认为是不相容的量可以都被知道，尽管按照不确定性原理，这两者就 EPR 论文所定义的意义而言不可能同时是"真实的"。通过创造这个论据，他们力图恢复常识性的观点，就是两个粒子从它们被产生的那一刻开始就相互独立地具有位置和动量。爱因斯坦和他的合著者们赞同，事实上我们关于实在的定义就**依赖**于在这样分离的系统里存在一些元素，它们的存在不依赖于观测和测量。这与玻尔、海森堡以及他们的同伴们说的相反！因此，对标题中反问句的回答是"不"。

　　作者们写道："我们因此被迫得出结论，由波函数给出的关于物理实在的量子力学描述是不完备的。"位置和动量不可能依赖于测量。波函数因此"没有提供一个关于物理实在的完备描述"。有一个确实能提供的其他理论吗？他们认为是的，爱因斯坦和他的伙伴们说。

当刊有 EPR 论文的这期《物理评论》到达哥本哈根时，玻尔的反应很不快，觉得它是一个令人讨厌的晴天霹雳。玻尔认为它对量子力学的基础是一个威胁，他马上放下他的其他研究，紧张地工作了 6 个星期来给出一个回答。这激发爱因斯坦接着去思考这样一个想法，量子力学的波函数只是描述一个系综，而并没有描述亚原子世界的基础特征。爱因斯坦直到他去世都一直在发展这个观点，他支持因果关系，反对非定域性。在 1948 年，他把非定域性称为"幽灵般的超距作用"（德语原文是 *spukhafte Fernwirkung*——拗口的词）。1949 年爱因斯坦写道："事实上我完全确信，当代量子理论本质上的统计特征完全可被归因于这样一个事实：这个理论是对物理系统的一个不完备描述。"[19] 玻尔的回答延续之前 20 年来他所持的思路："在量子力学里，我们不是在随意地放弃一个对原子现象的更详细的分析，而是认识到这样的一个分析**从原则上来讲**就被排除了可能性。"爱因斯坦继续主张我们关于实在的观念必然会导出量子力学是不完备的，而玻尔则继续说爱因斯坦关于实在的观念是错误的。

静夜思

有关因抵制改变和坚持传统而被毁了的人物的故事和戏剧古已有之，现在也到处都是，比如尼日利亚小说家奇努阿·阿切贝的书《瓦解》以及百老汇音乐剧《屋顶上的小提琴手》。我们已经提到过几个科学家（包括密立根），他们坚持了一段时间的牛顿力学，然后转而反对自己更好的判断，相信量子理论。我们甚至已经看到一个物理学家、克拉克大学的亚瑟·戈登·韦伯斯特的自杀也许部分是因为他对物理学中由量子造成的知识以及学术机构的变化感到绝望。

至少有一篇小说的中心话题说的正是这个问题，那就是物理史学者拉塞尔·麦科马克写的《一个经典物理学家的静夜思》。小说的主人公维克托·雅各布是德国一个小型大学里一个小型研究所中的经典物理学家。雅各布出生于 19 世纪中叶，他在年轻的时候受到"经典物理学的训练，受到古老语言与文献的仔细思辨的训练"。他被物理学吸引是因为它通过少数几个精确的、基本的概念和定律就把物理事实联系在一起的这种方式。现在，每样事物都破碎了。物理学家们关于光的图像，以及从它开始，就像共振了一样，其他每样事物都破碎了。雅各布想到了一个主意，他称之为"世界的以太"。他希望这将能恢复物理学的可理解性。他访问普朗克以继续研究这个想法；这位大师对他表示了"审慎的同情"，但是最后设法浇灭了他的希望。雅各布觉得他个人生活的破碎与德国学术生活的破碎绑定在一起，甚至以某种方式和量子的出现绑定在一起。在故事的末尾，在德国第一次世界大战战败的前夕，雅各布显然是自杀了。[20]

牺牲

海森堡曾经写道："科学中几乎每一个进步都是牺牲换来的，

对几乎每一样新的知识和智力成就，先前的立场和概念都不得不被放弃。因此，在某种程度上，知识和洞察力的增加一再地削弱了科学家们关于'理解'大自然的宣言。"海森堡说得有些夸张。科学的进步确实涉及发展出更微妙和更复杂的概念，它们会包含那些已经存在的、更为简单的概念，但是这些更微妙和复杂的概念经常是由这么一些人提出的，他们对不得不要做海森堡提到的那种牺牲的前景感到不满。

实际上，不满是科学中的一个强大推动力，它能以很多种方式出现。有时候，它源自一个科学家的觉察，一大堆令人困惑的实验数据可以被更好地组织起来。也有时候，它来自一种感觉，一个理论太复杂了，可以被简化，或者它的各个部分没有适当地组合在一起。还有一些不满是来自于理论预言与实验结果不一致。"不可能"物理产生一种特别的不满，涉及科学与我们的希望以及梦想之间的冲突。我们希望有无限的能源、超光速的旅行，以及在特定的时间把事物固定在特定的地方。人类看起来天生就固有这些希望，天生就回避那些浇灭他们希望的科学。不足为奇，"不可能"物理让他们感到不满，但是最终科学会赢。

插节　约翰·贝尔和他的定理

当爱因斯坦于 1955 年去世时，他和玻尔之间的辩论仍然还没有解决。但是这两个强有力的、富有想象力和洞察力的人之间的争斗非常有助于澄清量子力学的真正含义。这种辩论很快就被新一代物理学家接了过来，它的一个主要参与者是约翰·贝尔。他一开始是量子的不同意见者，但很快就改变了主意，并且让他困惑和不安的是，他最后成为了某种非物理学家小集团里的一个量子权威。

我们中的一个（克里斯）在贝尔于 1990 年去世前不久和他谈论过他那不寻常的职业生涯。在交谈之前，贝尔告诫说自己是一个"不耐烦的、易怒的人"，不能忍受废话。当面交谈证明他是一个耐心的和说话温和的人，不时会表达出强烈的激情。

约翰·贝尔

1960 年的一天，在欧洲核子研究中心，一场开幕庆典后，贝尔意外地发现自己和尼尔斯·玻尔正搭乘同一架电梯。欧洲核子研究中心当时还是一个新的国际科学实验室，位于日内瓦郊外。这个年轻的爱尔兰人刚刚 30 多岁，准备鼓起勇气告诉这个杰出的、75 岁年纪的量子力学创立者："我认为你的哥本哈根诠释是蹩脚的！"在这个短暂的时间里，他们俩单独待在一起。但贝尔失去了勇气，这是他一生里出现的少数几次这种情况中的一次。贝尔回忆道："如果电梯卡在楼层间了，那它将会是我的一天！"[21]

贝尔说他 1928 年出生于北爱尔兰的贝尔法斯特，父母是两个比较贫穷的新教徒。他于 1944 年高中毕业，此时正值第二次世界大战期间，但他没有被征兵入伍。在北爱尔兰大约 60% 的人口是新教徒，40% 的人口是天主教徒。贝尔解释说，征兵没法实行，因为"他们不能说，'我们只征新教徒入伍'"。1945 年，他进入贝尔法斯特女王大学学习。在这里有一段时间，哲学转移了他对科学的兴趣。但是他后来泄气了，因为"每一代哲学家看起来都是简单地推翻他们的上一代"。他认为，物理与哲学离得不远，至少它的知识是累积的。贝尔回归到学习物理，但仍然喜欢批评哲学家。

当贝尔在女王大学刚学到量子力学和不确定性原理时，它们就让他感到费解。他对在教科书里找到的混乱解释感到愤怒，对他的教授们不能清楚地解释一些事情感到愤怒。当贝尔问他的老师们："波函数是实在的吗？还是只是一种簿记体系？"他们不能回答到令他满意的程度，他触怒了他们，导致了一些不愉快的交谈。当他指责一个老师不诚实时，这个老师（和他一样激动）愤怒地回击说贝尔"太过分了"。

贝尔说他学习量子力学的方式不是

约翰·贝尔（1928—1990）

你学会下棋的方式（通过学习规则），而是你学着骑自行车的方式，
"不知道你正在做什么"。忽略掉他正在做的事情的意义让他感到
不安，但他很聪明，还是了解到如果他想从事物理学研究这个职
业，他必须让自己表现得像一个传统的物理学家，并解决传统的
物理学问题。贝尔勉强接受了将他对量子力学意义的思考当成"一
个兴趣爱好"。

但贝尔严肃认真地对待他的爱好，即使在他 1949 年从女王大
学获得博士学位以后。他仔细地阅读了 EPR 论文，但对玻尔的回
复感到非常不满意，他称它"气喘吁吁，不是一个答复"。他同样
仔细地阅读了冯·诺伊曼关于"不存在隐变量"的证明，但感到
很生气。贝尔说："文献中充满了对这个证明的恭敬引用，对这个
'冯·诺伊曼的才华横溢的证明'的引用。但我不相信它在那个时
候能已经被超过两或三个人读懂。"

为什么不？

"物理学家们不想被这个想法烦扰：也许量子理论只是临时的。
一大堆物理现象涌现在他们面前，每一个物理学家都能找到一些
事情来应用量子力学。他们高兴地想，这个伟大的数学家已经证
明了量子力学是这样的。可是如果你真的去理解冯·诺伊曼的证
明，它在你手里就崩溃了！"

贝尔明显地开始恼怒了。

"这个证明里**啥都没有**。它不只是有缺陷，它就是**糊涂**的。如
果你看看它做的假设，它一刻也不能成立。它是一个数学家的工
作，他做的假设具有一个数学上的对称性。当你把这些假设翻译

成物理学上的措辞时，它们都是胡说。你可以引述我的话：冯·诺伊曼的证明不只是错的，而是**愚蠢的**！"（所以就这样引述了。）

贝尔被指责夸大了冯·诺伊曼关于"不存在隐变量"的证明里的缺陷，这个证明最终发现只是排除了某些类型的隐变量理论。[22] 然而重要的是，冯·诺伊曼的证明唤起了贝尔作为反对者的天分并使其集中到一起。当 1952 年贝尔读到《物理评论》上的一篇论文《一个依据'隐变量'的量子理论诠释的提议》时，这些天分被进一步激发了。在这篇文章中，作者戴维·玻姆扩展了德布罗意在 1927 年索尔维会议上的某些提议。[23] 贝尔说："它对我来说是件大事情。这篇论文告诉我，冯·诺伊曼是错的，因为玻姆已经做了冯·诺伊曼说是不可能的事情。"但是玻姆为引入隐变量付出了一个代价，他不得不将非定域性引入理论中。"这意味着你在这里做的事情，"贝尔指着他面前的桌子，"会马上在遥远的地方产生结果。"贝尔又指向窗外的勃朗峰说道："这个**非常非常**古怪。"这是爱因斯坦所说的"幽灵般的超距作用"。贝尔开始去思索我们是否能构造一个隐变量理论但又不需要鬼魅似的超距作用。

1960 年，贝尔加入欧洲核子研究中心，他的工作是从事在这里进行的物理实验的理论方面的研究。1963 年年初，他听了一个访问欧洲核子研究中心的物理学家做的报告，该报告称改进了冯·诺伊曼的证明。这个健谈的物理学家又被激怒了。贝尔说："我非常愤愤不平。"那年的晚些时候，他被邀请访问斯坦福直线加速器中心（SLAC），这是一个靠近旧金山的实验室。他到达的时间是肯尼迪总统被刺杀后的那一天。"我发现每个人都被击垮了，这是一段非常怪异的经历。"贝尔说。在斯坦福直线加速器中心，贝尔只有一点点额外的时间。他决定把时间花在他的兴趣爱好上，写了两篇非常有影响的论文。他说这两篇论文让他变得"臭名昭著"。

第一篇论文《关于量子力学里的隐变量问题》列出了冯·诺伊曼的证明中的瑕疵。[24] 他写道，这是值得做的事情，因为即使是 30 年后，我们也找不到"文献中有任何关于什么地方出了差错的恰当分析"。但是在陈述理由时，贝尔发现很难避免一个结论，就是隐变量理论不得不是非定域的。他在论文的末尾给出了这个提议。

贝尔在他的第二篇论文《关于爱因斯坦－波多尔斯基－罗森佯谬》里开始去往好的方面解决这个问题。[25] 他说："我试图去设想会有什么样的隐变量能避免玻姆的非定域性……我发现我找不出来。"然后一件非凡的事情发生了。不是去反驳保持定域性的隐变量理论不可能存在，他开始去寻找它的反面。"我的心里产生了一个相变。我开始去搜寻不可能性的证明，而我找到了它。"

当他回忆起这段经历时，贝尔轻声地笑了："我想要的是一个清楚的论据，而不是去辩护这个世界里任何特定的概念。我想理清楚这些问题的逻辑……我经常更关注辩论的实施和逻辑，而不是实际的真相。"

这是贝尔最有影响的论文。它演示了在任何量子力学理论里，"设置一个测量装置会影响另一个仪器的读数，不管有多远"——并且是瞬时完成的，也就是说，快过光速。几年之内，这个原理被其他人发展和扩充了，他们指出了一些贝尔定理能被实验验证的方式。[26]

大体上（有很多好的和相当容易理解的解释，但需要的篇幅比我们这里的大[1]）贝尔定理从爱因斯坦－波多尔斯基－罗森思想实验开始，涉及两个粒子，比如朝相反方向发射的电子。但不是考虑位置和动量，它考虑这些粒子的另外一个性质，叫自旋。不是考虑精确的关联，它考虑的是中间的设置。当两个粒子中的一个的性质被测量实现后，另一个粒子的性质在测量时将被发现是关联的（有联系的），而不管这两个粒子已经离开有多远。这个关联是一个不等式的形式，对经典物理学是一个形式，对量子物理是另一个形式。对于量子的情形，看起来这两个粒子进行了瞬时通信——要么是那样，要么它们已经形成了一个大的、扩展的物体，这样当你拧其一端时，另一端会"感觉到"它。

贝尔说："这个定理无疑暗示爱因斯坦的、被光速简洁地分成不同区域的时空概念不是无懈可击的。"几年之内，贝尔发现他自己成为了一个奇怪小圈子里的名人。他从未想到过他会和这些人联系到一起，他们认为物理学和东方神秘主义教给我们的是同样的东西。贝尔轻声地笑了，回应说：

我本质上是一个宗教和心灵问题的不可知论者。当人们给出这些问题的回答时，我认为它是单凭主观愿望的想法。我没感到这些人有敌意，但是我就是没有他们那样的热情去寻找在我看来没法回答的问题的答案。我承认这些是科学不能回答的问题，甚至科学都不能问这些问题。但我自己没有这些问题的答案。当我

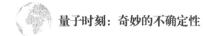

听到有人说我们终于回答了这些问题，而答案就是佛教、道教或别的什么东西时，我只好说当我看着这些东西时我没有发现答案。即使这样，如果其他人在那里找到了答案，我也不会去和他们论战。那是他们自己的事情，他们并没有做什么大坏事。有一些意识形态比佛教要有毛病得多。

对那个没有什么好暴躁的。

第10章　薛定谔猫

　　"你能向我解释一下薛定谔猫吗？"

　　"来吧。"她一边说，一边伸出手抓住了我的外套并把我拉下人行道。我走在她旁边，啥也没说。她嘟嘟囔囔着："天哪天哪天哪天哪天哪天哪天哪……"我说："发生什么事了？"她说："你，你，格雷森。你就是那个事。"我说："啥？"她说："你知道的。"我说："不，我不知道。"她仍然在走，没有看我，说："很可能有一些女孩子不希望小伙子带着一些有关埃尔温·薛定谔的问题在周二的晚上随意到她们的家里来。我确信存在这样的女孩子。但她们不住我家。"

——《两个威尔》

　　威尔和简是《两个威尔》中的两个书呆子青少年，我们在第1章里碰到过。他们轻松地谈论着薛定谔猫。为了跟上他们，我们需要一个简要的回顾和一些技术细节，并探究薛定谔引入这个想法的最初那篇论文。

量子力学，如我们已经看到的，用两个要素来描述这个世界。第一个是一个信息函数，是由薛定谔方程描述的函数 ψ。它是一个经典的波，向外扩展并重叠，或说"叠加"很多可能性。第二个要素是某个降临到这个函数上的东西，导致这个函数消失，而它的可能性之一则显现出来。

这个奇怪的图像怎么和我们熟悉的日常世界连接起来呢？回答这个问题（"诠释"量子力学）是人类最大的智力挑战之一。量子力学的先驱者们被它所困惑，当用非技术性的方式来表达自己时，他们都感到无助，并通常求助于比喻或就那么说一说。爱丁顿说，电子"从薛定谔的薄雾中具体成形，就像一个精灵从他的瓶子中出现一样"。布里奇曼写道，物理学家居住在"一个完全掉了底的世界里"。而布拉格则制作了一幅波的图像，这个波散开到数千千米之外，但当它击中一艘船的时候，它能够神秘地召唤它现在已分散在一大块面积里的所有能量来将一根木头从船体中轰出来。难以理解！

更准确地说，那个时候的物理学家有很多不同的方式来诠释正在发生的事情。[1]最广为人知的诠释（爱因斯坦、薛定谔和其他怀疑者称它是"教条量子力学"，后来称为"哥本哈根诠释"）主要是由玻尔以及海森堡在 20 世纪 20 年代末至 30 年代初精心打造的。它认为世界被分成两个分离的领域：量子的和经典的。量子的领域受一个由薛定谔方程描述的、不可观测和无法触及的 ψ 场来支配，这个场告诉我们某些真实状态具体实现的概率。当这个量子波碰到经典领域的某个东西，如通过测量或其他相互作用时，这种相遇会使波函数蒸发或"塌缩"，一个到目前为止还只是可能的态现在变成"真实的"了，而所有其他可能性则都被消除了。按照这个诠释，在观测或测量之前，关于这个世界我们最终所能知道的全部东西就是一系列态可能会被实现的概率。

这个想法我们在前一章里见到过，它足够奇怪了，从一开始就引起了反对。爱因斯坦是一个主要的参战者，他最大的火力齐射是在那篇 EPR 论文里，即发表于 1935 年 5 月的《物理实在的量子力学描述能被认为是完备的吗？》。

1935 年，薛定谔是一个在英格兰的流亡者。他出生在奥地利，1927 年成为柏林的一位教授，在腓特烈威廉大学（现称为柏林洪堡大学——译者注）继任马克斯·普朗克的职位。然而在 1933 年，他被新的纳粹政府采取的一系列措施激怒了，然后又被吓坏了。这些措施包括种族立法和焚烧书籍。薛定谔离开了德国，最终在牛津停留下来。当刊登 EPR 论文的那期《物理评论》到达牛津时，他极为兴奋。1935 年 6 月 7 日，他给爱因斯坦写信表达了自己的欣喜："你显然已经抓住了教条量子力学的衣服后摆。"他使用了他们的贬义词来称呼玻尔 – 海森堡观点。玻尔 – 海森堡观点否认某些性质的实在性，比如脱离测量环境的位置和动量。[2] 现在我们正在通往薛定谔猫这个想法的途中。爱因斯坦热情地回复了薛定谔，并详尽说明了他的想法：物理描述实在，但不是所有的描述都是完备的。设想两个有盖子的盒子，你可以打开盖子看里面有什么。在其中一个盒子里有一个球。在你通过看里面来"做一个观测"之前，我怎样描述这个状态呢？我们说，这个球在第一个盒子里的概率是 1/2 或 50%，这是正确的。它是一个完备的描述吗？当然不是，爱因斯坦说。它只是刻画了我们对这个状态的了解，而不是实在本身。真实情况是，这个球要么在第一个盒子里，要么不在。但是按照教条量子力学，说球在那个盒子里的概率是 50% 从原则上来说就可以是一个完备的描述。教条量子力学看起来是在说，这个球不在第一个盒子里，也不在另一个盒子里，而是只有当你朝里面看时，它才首次存在于一个盒子里。这是荒谬的，爱因斯坦接着说。这违反了"分离"原理，按照这个原理，第二个盒子里有什么东西不会依赖于第一个盒子里有什么东西。这个观念对我们把什么接受为是实在这样一个概念而言是必不可少的。它是如此必要，爱因斯坦把它称为"定域实在"。他怀疑地写道，在玻尔－海森堡的教条量子力学解释里，"在盒子被打开之前，态完全被一个数 1/2 所描写"。[3]

两个月后，爱因斯坦寄给薛定谔另一个类比。他思忖，假设一堆火药有一个在一年里发生爆炸的概率。这样它的函数 ψ 就是爆炸了的和没爆炸的火药的一个叠加？胡说八道！爱因斯坦宣称，量子力学和它的函数 ψ 是不完备和不充分的。他说："没有一个诠释能说这样的一个函数能被看作是关于实在的一个充分描述。"[4]

同时，这篇 EPR 论文也到了苏黎世的泡利那里。泡利满腔愤慨地和薛定谔之间发生了一些激烈的书信往来。泡利说，爱因斯坦以及他的同伴们是在倒退，处于把函数 ψ 想象为某个像统计性的气体理论的东西的危险中。统计性的气体理论是概率性的，是的，但这是因为它处理的是数量庞大的组分。泡利坚持说，量子力学决定性地排除了EPR论文背后隐藏的决定论和实在论。

EPR论文以及之后和他的智力同盟者爱因斯坦、反对者泡利之间的通信，激发薛定谔写下了他自己观点的一个非正式记述。他把它称为"一般性的自白"，并于1935年10月发表，题为《量子力学的当前状态》。[5] 这篇论文现在以薛定谔猫的首次出现而出名。薛定谔猫在今天经常出现在关于量子力学奇怪实在性的通俗讨论中。

"薛定谔是在做一个思想实验。好吧，这样这篇论文的出现是要说明，如果（比如）一个电子可能会处于4个不同地方中的任何一个，那么它就可以说是同时处于所有这4个地方，直到某人确定它待在这4个位置中的哪一个的那个时刻为止。这能理解吗？"

"不，"我说。她穿着一双小小的白袜子，当她抬高她的腿来保持秋千摆动时，我能看到她的脚踝。

"是的，这完全讲不通。它怪异得不可思议。所以，薛定谔想指出这一点。他说，将一只猫放到一个密封的盒子里，里面有一点放射性物质，它可能会也可能不会（依赖于它的亚原子粒子的位置）触发一个辐射探测器绊倒一个锤子来释放毒药到这个盒子里，从而杀死那只猫。跟上了吗？"

"我想是的。"我说。

"那么，按照那个理论，电子处于所有可能的位置上，直到它们被测量时为止。这只猫既是活的也是死的，直到我们打开盒子来查看它是活的还是死的为止。他不是在支持杀猫或者任何什么事情。他只是在说这看起来不大可能，一只猫可以同时既是活的也是死的。"

——《两个威尔》

简在给出一个解释，对于一个同类型的伙伴来说这不难理解。对一个有决心的读者来说，要理解薛定谔最初的论文也不会比这难很多。薛定谔在论文开头说，经典世界给了我们一个观念，就是大自然能被精确地描述。确实，实验数据也许不会允许这个描述在实际操作中能被完全详细地执行，但这些数据的确能让我们用模型来描述现象，然后我们可以把它们和实际情况进行比较。如果有必要的话，再做一些改进，这样我们的模型能更好地符合现象。一些模型是静态的，而另一些是动态的，描述随时间从一个**态**转变为另一个态的现象。通过改善我们的模型，思想适应于经验。

这些态由一些被薛定谔称为**决定性部分**或变量的东西来明确。比如，一个（静态的）三角形的决定性部分包括它的角和边：一个三角形的所有性质可以被一个角和两条边完全确定，或是两条边和一个角，或三条边。这些决定性部分中的一个小集合唯一地确定了一个态中的所有其他部分，但不同的集合可以被用来决定所有其他的部分。

然而在量子力学里这是不可能的。不是所有的决定性部分或变量都能被共同确定。障碍不在于任何实际的限制，而在于海森堡的不确定性原理，或这样一个事实：当你测量某些量时，另外一些量变得无法测量。关于态的经典观念现在变得没有意义了。薛定谔现在问，其他那些变量怎么样了？"那么它们没有真实性了吗？或者（请恕我这样说）有一个模糊的真实性，或它们统统一直是真实的，只是……不可能同时知道它们？"

在哲学的语言里，薛定谔是在问概率是否影响这些变量的实体论（即它们指的这些量是**存在**还是不存在）或只是影响它们的认识论。换句话说，就是我们知道这些变量是什么的能力。读了我们前一章的细心读者已经知道量子力学的回答：前者。

薛定谔继续说，在热力学里概率只影响认识论。科学家们建立包含数以亿计分子的系统的模型，方便但难以置信地把这些分子处理成像是它们是从包含许多可能态的系综里任意选取的一些单一态。在热力学里，你不关心一个系统的精确行为是怎样的（确实，你对每一个原子的精确描述甚至都没有兴趣），只关心系统对大部分而言其行为是什么样的。但在量子领域"这行不通"，因为有些变量在其他变量被精确地知道后必然是不明确的或模糊的。薛定谔说，也许如果我们能对深层的情况知道得更多的话，我们会发现它比我们设想的要更复杂，而因果性也许会重新出现。但是，只要函数 ψ 仍然被限制在亚原子领域里，这个不明确就是无害的。"在原子核里，模糊性不会让我们不安。"薛定谔继续说，"（但是）如果我们注意到不确定性影响宏观可感觉和可见的东西，对它们而言，'模糊'这个字眼看起来就是错的，那么严重的担忧就产生了。"然后薛定谔变戏法似的提出了他那著名的图像，他聪明地将微观领域的不确定扩展到了宏观领域，比爱因斯坦的例子更加直截了当：

我们甚至可以设置出非常荒唐可笑的情形。一只猫被关在一个钢制腔室里，同时还有一个盖革计数器。计数器必须被保护好，不会受到猫的直接干扰。这个盖革计数器里有一点点放射性物质，非常少，少到也许在一个小时里，其中的一个原子会衰变，但以相同的概率，也许没有原子会衰变。如果一个原子确实发生衰变，计数器的盖革管放电并（通过一个继电器）释放一个锤子砸破一个装有氢氰酸的小烧瓶。但如果一个小时后还是没有原子衰变，则这只猫就还是活着的。整个系统的函数 ψ 表示这个情形时是通过包含活着的猫和死了的猫（请恕我这样说）的一个混合或相等的两部分的一个模糊化。

这里的关键问题牵涉到玻尔观点的含义：你必须考虑到整个实验环境（仪器和量子事物之间的相互作用）。当测量一个量子物体时，你不能以一种就像研究一个天体时可以把望远镜拿出去一样的方式，将仪器"拿出去"。这个量子物体可以"处在"很多种状态中，在你的实验室里它"处于"何种状态依赖于你怎样设置你的仪器。在论文那一节的结尾，薛定谔评论说，关于被弄模糊的真实性没有什么不清楚和矛盾，注意"在一张抖动或没准确

234

对焦的照片与一张云和大雾的照片之间是有区别的"。量子力学给了我们一个与后者的类比。微观世界里的模糊性只有在被观测时才会被消除（也就是说，被弄成宏观的了）。在论文的后面部分，薛定谔阐述了那些让爱因斯坦感到担忧的话中的含义：即使在相互作用以后，先前相互作用的量子态之间的不可分离性，或对被EPR论文作者们称为"定域实在性"原理的违背。

薛定谔现在为对这个原理的量子违背发明了一个新词语：纠缠。[6] 他指出，在经典世界里，当两个物体相互作用并分离后，我们关于这两个物体的知识分裂成两部分，我们关于这两者的知识是我们关于它们中每一个的知识的总和，这样就恢复了爱因斯坦称之为局域实在性的东西。然而在量子世界里，当两个物体相互作用时，它们形成一个由函数 ψ 支配的系统，它们不会分离，直到一个测量发生为止。薛定谔说，在测量之前，我们关于它们的知识的"纠缠"会持续存在。

但是对我来说，它看起来并不是那么不大可能。对我而言，看起来好像我们放在密封盒子里的所有东西都既是活着的也是死了的，直到我们打开盒子为止。没被观测的东西既在那儿也不在那儿。也许那就是为什么我禁不住想起弗恩齐眼中另一个威尔·格雷森的大眼睛的原因：他刚刚已经让那只既死了又活着的猫死去了。我意识到那就是为什么我从来都不让自己处于一种真的**需要**泰尼的处境中的原因，以及为什么我遵守了规则而不是在有机会时吻她的原因——我选择了那个密封着的盒子。"好吧。"我说。

我不看她。"我想我明白了。"

——《两个威尔》

薛定谔是想用他的猫来说俏皮话，它继承了他和爱因斯坦一直在发挥的一个玩笑话。他实际上是在说："设想某个像猫一样的东西的存在性可能是不定的，它的实在性依赖于我们是否观测它！这很愚蠢。"

科学史学者史蒂芬·布拉什曾经评论说猫的这个例子"比那篇已发表的 EPR 论文更好地抓住了爱因斯坦本人所做的批评的精髓"。[7] 然而当薛定谔的论文出来后，这只猫并没有激起多少讨论。为什么它应该？这是一个冒傻气的图像，针对一个大家都认为没有问题的东西。对玻尔、海森堡以及他们的伙伴而言，猫太复杂了，不会有函数 ψ。猫居住在经典的领域里，实在性没有被弄模糊。猫要么是死的，要么是活的。薛定谔的图像在经典—量子分界线的一边非法地假定了一个物体，其行为却遵循统治分界线另一边的定律。这个例子，使用《两个威尔》中青少年的俚语来说，是一个失败。

另一方面，对爱因斯坦和薛定谔而言，这个图像只是表明，正如我们在宏观世界里不会满足于接受一个"模糊的模型"来代表实在，在微观世界里我们也不应该。教条量子力学是一个失败。在分界线的另一边，事物是不同的，但也不是**那么地**不同。在界线的两边，这只猫都象征着荒谬。

由于这个原因，在接下来的小几十年里，没有出现多少对这只猫的引用。一段时间里，这只猫只出现在薛定谔和爱因斯坦之间的书信往来中，作为对量子力学的玻尔—海森堡诠释里他们认为是错误的东西的一个方便的象征。[8] 例如，在 1950 年，爱因斯坦给薛定谔写了一封信，再次说在关于这只猫的完备描述里，这个生物是"真实的"（意即要么是死的要么是活的）。爱因斯坦的立场还是哲学家们称为常识实在论的东西；这只猫具有生或死的属性，不依赖于我们是否查看它。玻尔和他的哥本哈根支持者主张，这样的实在论在微观世界里是不可能保持的，而那只猫不能跨越分界线进入微观领域。在这件事情的两边，这只猫都象征着一个问题，这个问题是一个只有在你犯误解经典 - 量子分界线的错误时才会有的问题。如同笑话说的，"薛定谔的猫是一条红色的鲱鱼"。

然而，分界线的争论并没有消失，它变得更厉害了。让爱因斯坦和薛定谔感到惊愕的是，没有什么方法能被找到用于重新阐述量子领域的规则，从而所有的"决定性部分"都能同时共存。他们本来希望，在波函数的下面能发现额外的自由度，对于它们的理解有可能恢复几分因果性，但波函数的极端决定论没有给它留下什么回旋的余地。纠缠没有消失，它依然是一个实体论，而不仅仅是认识论的困扰。

而让玻尔和海森堡感到惊愕的是，也没有什么方法能被找到用于确定经典—量子的分界线。只是说一旦确定了这条经典—量子的分界线，问题就会迎刃而解是容易的。但没有出现任何一个理论来说分界线是位于这里而不是那里，而且也没有实验成功地观测到了这样一条分界线。使得这个观测困难的东西是：你观察的现象越复杂，越随机的效应就会出现来抹掉你正在寻找的量子效应。关于这条边界线的争论一直存在，使得这只猫越来越成为一个活跃问题的象征。[9] 今天，大家已知这条分界线的过渡有时是不连贯的，有时是渐进的，牵涉到很多不同事物的发生和扩散。它们导致叠加的量子系统丧失相干性并转变为一个不可能回到它先前状态的经典物体。这样的一个渐变过程被称为退相干。量子计算机的主要挑战之一就是尽可能长时间地保持量子系统并阻止退相干。

到 20 世纪 70 年代科普读物开始盛行的时候，薛定谔的猫不再是一个玩笑话。它已经变成一个生动和易于接近的图像，用来捕捉纠缠、叠加、测量问题和函数 ψ 等的怪异之处（实际上，成为了量子力学向传统实在论提出的挑战的**那个**象征）。它还有一个额外的吸引力，就是使用一个温暖的、毛茸茸的和大家熟悉的东西来指出一个相当困难的认识论要点。受人欢迎的作家欢欣鼓舞地抓住了这个图像，宣称它代表了**所有**实在的量子力学图像，而不仅仅是说明了某一些变量的性质。在《跳舞的物理大师》（1979）这本荣登畅销书榜首、有关声称量子力学与东方神秘主义之间联系的书中，盖瑞·祖卡夫写道："按照经典物理学，我们通过观测一个事物来认识它。按照量子力学，这个事物直到我们确实观测它时它才在那！因此，这只猫的命运在我们打开盒子查看之前是不确定的。"[10] 祖卡夫继续说，量子力学说明这个世界"不是通常意义上真实的"，并说"量子物理比科幻小说更奇怪。"祖卡夫在书的结尾说："很长时间以来，量子力学迷幻性的一面就已经被展现给学习物理的学生了。"祖卡夫的书广受欢迎并赢得了一个美国国家图书奖。它的大获成功帮助传播了这只猫的图像，让大家在20世纪80年代达到顶峰的科普物理写作的爆发中熟悉了这只猫。这只猫不仅仅在科幻小说中更多地出现，它也在边缘和神秘小说、业余哲学以及自助文学中更多地出现。[1]

为什么？首先，这个图像可用来代表我们也许能称为实体论不确定性的日常实际情况的某种特征（当你可能有几个选项时，一旦你选了其中一个，其他的就没有了）。当你选择了一个配偶结婚后，你就失去了和另外的人一起过日子的可能性。当你选择从事一门职业后，其他职业就成为了不可能，至少在没有相当多的再就业培训时是不太可能了。其次，这个图像和一只猫有关。薛定谔的猫不仅仅是一个便利的、具有科学特征的比喻，它还可以用图片以一种诱人的、可爱的方式来展示。再次，它涉及一种有乐趣的荒谬行为，就像禅宗公案里的只手之声。我们喜欢悖论。它们本应该使我们思考，但实际上它们告诉我们不需要操心。

物理学家们看起来对薛定谔猫不再那么关心，除了用作一个标签："猫态"有时候被用来指大的相干量子系统，尽管没有什么东西能接近于像猫一样复杂。然而，世界上的其他人看起来很关心。一些科学家试图制作关于这只猫的精心的通俗解释，这包括海兹·帕各斯在《宇宙密码》中的解释、马丁·加德纳在一篇题为《量子怪异》的文章中的解释以及约翰·格里宾在《寻找薛定谔的猫》中的解释。说实话，这些严肃的解释只比那些更使人喘不过气来的解释不那么古怪一丁点儿。而且，如我们已经看到的，普通大众的讨论不一定尊重学术上的解释，并且经常为了自己的目的而采用和改变科学术语。"量子跃迁"被用于描述各种不连续的变迁，甚至并尤其是用于大的变迁上。以和这差不多同样的方式，"薛定谔猫"以及和它相关的方程被用于象征任何一个涉及不确定性的过程，这个不确定性是通过观测或与这个世界相互作用而被消除、澄清或改变的。它也已经成了一个比喻，用于描述一个实在与另一个实在之间的实体论距离。

3/4 个世纪以后，薛定谔猫已经差不多和苏斯博士的《戴帽子的猫》一样成为了一个流行偶像。我们的学生总是能找到新的和独出心裁的引用。有一些是荒唐好笑和粗糙的，处于一知半解的状态，涉及虐待动物或者这只猫设想的报仇幻想。另一些是诙谐的漫画，出乎读者的意料。

　　猫佯谬背后的物理已经产生了它自己风格的玩笑话。让我们笑得最大声的一个笑话从在一个烟雾弥漫的酒吧里调情的两个人（让我们称他们为爱丽丝和鲍勃）开始。他们变得越来越亲热，最后（因为我们这本书是面向广大读者的，你得自己补充明确的内容）他们看起来似乎同时在进行两种矛盾的性行为。这让酒吧招待员很困惑，他在烟雾中弄不清楚他们俩到底在做什么。"怎么回事？"他问屋子里这两个醉醺醺的人。"我看不太清楚，这看起来很妙，但它不合理啊！""是的，"醉汉沮丧地叹了口气，"这是一个超级方位［super position 和量子力学里的 superposition（叠加）很相近——译者注］。"[2]

　　回到那只猫，下面这个幽默以一种很难解释的方式让人觉得滑稽：

　　其他有关这只猫的提及是严肃的，暗指与现实有关的比较阴郁的问题。在莉莉·塔克的小说《为了幸福，我嫁给了你》中，丈夫菲利普是一个数学家，妻子尼娜是一个画家。薛定谔方程以及他的猫以隐喻的形式反复出现，象征这对配偶之间的差别：抽象和具体，理智和易动感情，逻辑思维和富于想象，精确和艺术，善于思维和注重实际，永恒和短暂。菲利普了解一个理想的世界，尼娜希望她能分享那个世界，她对那个世界依稀有点儿羡慕。她发现她的丈夫平静且超然，尽管她认为自己和现实世界的联系更多，但她发现自己的生活是不系统和不连续的，她的思想和记忆经常跳来跳去，被琐碎的事情分心。薛定谔的波函数以及它的塌缩、那只幽灵似的而又实在的猫经常被用来反映这两个人之间的距离，非常近但又无可救药地离得很远：

我们的大脑（菲利普已经试图解释这个多少次了？）不能在量子不确定性的世界里工作。量子力学是一个数学构造，包含两个不相容的备选物，并给每一个都分配了一个概率。

他继续说，只有当我们接受量子力学的一个诠释……但她已经没有在听了，而是在想别的事情：怎么样混合她的颜料去得到合适的胭脂红？把**红酒焖牛肉**在烤箱里放多久？[11]

这只猫的图像在通俗文化里出现得如此频繁，以至于会不可避免地出现反作用。下面是一个例子：

薛定谔的猫：icanbarelydraw CC BY-NC-ND 3.0

在 YouTube 上一段题为《薛定谔猫——世界上最烂的比喻》的视频里，叮以找到另一个抗议者。这段视频是由一个取名为 Sillysparrowness（似乎意指没头脑的小个子——译者注）的德国教师发布的。[12] 虽然 Sillysparrowness 宣称她是一个"人文主义者"和"文人学者"，但她信奉严格拘泥于字义的含义诠释。薛定谔猫这个图像是一个"**错误的例子，垃圾**比喻"，因为"你就是不能在一个宏观的尺度上去解释一个原子尺度的事情——这**完全行不通**"。这不是一个你想和她一起研读法国象征主义诗歌的人。

这只猫的图像继续令人着迷，因为我们发现这个世界充满了多元的、混杂的和不完整的特性（抽象和具体，东方和西方，基督教徒和非基督教徒，男人和女人，等等）。如果把它们和这个世界分离，它们就会以一种迷乱的方式持续存在，但在特定的情况下，它们会演变为明确和具体的形式。我们知道把自己和世界隔离开会是什么样子，当我们和世界进行接触后，则会有不可取消的变化发生。我们知道同时兼顾多个身份是什么样子，然后又被迫要做出选择。这些体验很难描述，大多数通常的表达形式感觉不合适。

青少年们了解这个。这就是为什么《两个威尔》里的主人公（有两个取同样名字但不同的人）不认为薛定谔猫是一个玩笑的原因，他们急切地讨论它。他们体验到复杂矛盾的身份认同，然后又每时每刻地突然定型成其中一个。比如，一个威尔发现他的生活被一个在成人音像店里碰到的成年人弗恩齐改变了，而另一个威尔意识到他对他的两个朋友都在采取观望的态度。环绕在猫周围的"纠缠"问题是一个很好的比喻，用于表达他们的现实情况：复杂矛盾的感觉、冲突的身份认同以及没有表达出来的激情。

　　这本小说不只是向我们展示了青少年在理解他们的生活体验。我们看到了更重要的东西——他们**怎样**去理解自己的体验。为什么这些青少年（不是理科学生）谈论猫这个图像？因为他们不能理解他们的生活，他们向一些理念寻求帮助，传统的没找到，他们感到不知所措，而猫的这个图像看起来有所帮助。这只猫给了他们一个例子，关于他们感觉正发生在自己身上的那些事情的例子。他们使用这个图像去理解相互之间的关系，尽管他们知道自己不是亚原子粒子。他们的兴趣不是量子物理和亚原子领域，而是他们自己和他们自己的世界。他们是迷茫的青少年，生活在一个具有二元性、充满混合与未经表达的想法的世界里：聪明的和不聪明的，迷人的和不迷人的，渴望和畏惧。这只猫的图像（以及它的科学和理性特征）让他们可以安全地认为，以某种方式来深思问题是很酷的一件事，这种方式也能让他们去理解发生在自己身上的事情，理解他们自己的感觉。《两个威尔》里的主人公以一种老练的方式使用这个图像，将他们和自己保持距离，抽象地看待他们自己，但是以一种可以让他们更好地掌握自己的方式。那只猫的图像是一个让人舒适的替代品，通过它可以谈论他们自己，一旦安全的时候他们又可以放弃那个图像。

　　再一次（如同我们在这本书里讨论的所有量子图像），这是一个老问题的新图像。替代言语不只是青少年的。文学作品中另一个著名的例子是在托尔斯泰的《安娜·卡列尼娜》里，列文凝视着吉蒂这个他热爱但曾拒绝过他的女人的"友善而又害怕的眼眸"，和她一起玩了一个用粉笔画字母的填字游戏。这让他俩都能安全地谈论一个变化不定的话题，即先前的那次拒绝。他们解决了这件事情并达成了一个圆满的结局。

《两个威尔》中猫的图像是一个工具，很像那个填字游戏。它让参加者消除敌意，但是每一种情况有不同的原因：因为对青少年来说，它显得酷和有科学性，而对于俄罗斯贵族来说，它活泼有趣。我们看得到，像薛定谔猫这样的构思不是呆板和严格的，而是能在其他情况下当工具使用，处理我们体验中难以理解的部分。

"好吧，实际上那不是全部。结果是它有点儿比这更复杂。"

"我认为我没有聪明到能处理更复杂事物的程度。"我说。

"不要低估你自己。"她说。

在我努力仔细思考所有事情时，门廊的秋千发出吱吱嘎嘎的响声。我看过去，望着她。

"最终，他们弄明白了，让盒子保持封闭实际上不会让猫既是活的又是死的。即使你不去观测那只猫处于什么状态，盒子里的空气也会这么做。因此，让盒子保持封闭只是让**你**处在黑暗中，而不是让这个世界。"

"明白了，"我说，"但是未能打开盒子不会**杀死**这只猫。"我们不再是讨论物理。

"不会，"她说，"这只猫已经是死的或是活的，根据实际情况而定。"

"嗯，这只猫有个男朋友。"我说。

"也许这个物理学家喜欢这只猫有个男朋友。"

"有可能。"我说。

"朋友。"她说。

"朋友。"我说。我们达成一致。

——《两个威尔》

在科幻小说，比如《来世蓝图》里，这只猫的故事构成貌似可信的怪诞情节，要不就是不可思议的情节——看到真实的众多分身的体验。对科普作家来说，它简洁地表达了常识实在论的问题。对那些探究量子力学是如何与日常世界联系在一起的人来说，它抓住了"中间层次的实在"这个观念，海森堡说这是我们不得不为量子力学所付出的代价。对于书呆子青少年来说，谈论薛定谔猫是专注于它和理解它——只是碰巧可以让他们分享加深友谊的感觉。只有当它的隐喻起源被忘记、它的意思被认为是来自于它的根源而不是来自于它是怎么样被使用的时候，好像它的科学根源赋予了它特别的、神奇的力量的时候，它才变成了水果圈式——古怪和做作。

插节　边界战争

曾经发生过的最长和最难以解决的边界战争之一是经典物理学与量子领域之间的分界线之争。

刻画分界线的第一个尝试是玻尔的"对应原理"。按照这个原理，当具有作用量量纲（普朗克常数 h 的单位）的量和 h 相比变得很大时，关于这个运动的经典描述会变得越来越精确。这有点儿像在刻画美国与加拿大之间的边界时说，你往北走得越远，事物就变得越来越加拿大化。它没有确定一个精确的分界线——它暗示着你不能这样做，但确实说了这个分界线涉及从一个地方到另一个地方的一个平滑过渡。

玻尔首先把这个原理（当时还没有取这个名字）应用在他关于玻尔原子的工作中。他提出，对于非常大的轨道，我们应该能用经典物理学推导出来自于一个原子的光辐射，然后将经典的物理量与量子物理里和它们相对应的量匹配起来。这让他能够推导出（而不仅仅靠假设）一个别人已经提出过的想法，即角动量应该以 h = $h/2\pi$ 为单位来量子化。如他也许已经说过的那样，在大量子数极限下，量子的处理方式应该转化为一个经典的方式。当你转动曲柄把 h 变得越来越小时，你变得越来越加拿大化，直到 h 变成零，你就完全到了加拿大！因为原子的能级变得越来越近，玻尔发明的那些不连贯的跳跃或跃迁变得越来越小，并开始模糊成一片。重要的一点是量子与经典描述之间的过渡完全是平滑的。

尽管这些轨道大，有关的能级之间的能量差非常小，但这个由一个电子环绕一个原子核运行的系统仍然只有少数几个组成部分。当系统组成部分的数量变得非常大时会发生什么情况呢？你能得到的最大的物体是什么？这个话题当然会引发玩笑。"袜子，"一个《新科学家》杂志的读者权威式地说，"以我的经验来说，它至少可以像一只袜子那么大，因为它们看起来似乎是随机冒出来的（检查一下袜子抽屉里落单的袜子的数目）。"这个读者补充说："我已经发现，在把它们置于一个水生环境的高温中之前，可以通过纠缠来防止它们消失。"[13]

从科学上来说，这是个复杂的问题，因为我们必须不仅仅考虑物质里组成部分的数目，还需要考虑这些组成部分是否能独立地运动。例如，在一块大的理想晶体里，在温度很低的时候，不可能有很多的激发存在，原则上我们可以想象把这个晶体处理成单个遵循量子规律的物体。在具体实践中，我们还没有能这样做的技术，但将富勒烯（球状分子，60 或 70 个碳原子组成一个笼状结构）通过一个适当设计的光栅，我们已经观察到了特征波衍射图样。经典粒子物理学也会给出振荡的强度图案，尽管是非常不同的图案，简单来说原因就是来自于光栅的周期性，但结果看起来和那些由量子波所预期的相似。

那么大得多的物体的衍射会是什么样子呢？在这种情况下，衍射光栅的间距需要相应地变大吗？这里碰到的第一个问题将是热激发，它会使束流变得不相干，不能正确地进行干涉。举一个荒唐的例子，如果想让人进行衍射，你首先得把他们冷却到如此低的一个温度，以至于他们都不能复活了！

大晶体的这个例子表明，我们也许能在大到足够能在显微镜下看到的物体里探测到量子干涉。有几个实验已经成功地进行了这种探测，其中一个实验是由我们在石溪的同事完成的。[14] 在那个实验里，一个超导圈中有外磁场通量穿过，大小正好处于两个超导体通量量子的半中间。因此，这个超导体得提供一个电流，将通量降低或升高半个量子。这两种位形的能量非常接近，因而我们可以寻找它们之间的量子振荡。这些量子振荡确实被探测到了，这意味着两个态之间的量子干涉，它们的磁矩相差大约为一个氢原子磁矩的 100 亿倍！这开始变得相当宏观了。

做这类实验的早期支持者之一有诺贝尔奖金获得者托尼·莱格特（获奖理由是有关氦 3 超流体的理论工作），他对是否真的能做这些实验持怀疑态度。如一场辩论所戏剧性显示的，他对进一步将量子干涉扩展到宏观世界也持续保留怀疑。这场辩论是关于量子力学以它现有的形式是否能说明我们关于明确结果的观念（例如，那些像盒子里的猫一样复杂的事物被观察到要么是活的要么是死的，而不是这两个状态的叠加）。这场辩论发生在 2005 年的一次学术报告会上，会议议题为"令人惊奇的光"，是为了庆祝查尔斯·汤斯的 90 岁生日。莱格特在这场辩论中的对手是诺曼·拉姆齐，他因为有关干涉系统的工作而获得诺贝尔奖。这些干涉系统能被用于制造原子钟以及其他东西。拉姆齐的年纪大一些，我们也许会因此认为他会更倾向于支持经典物理学而不是量子，但是他的立场是，对能展示出量子干涉的物体而言，不存在什么尺寸或复杂度上的内在极限。

在实际情况中，当系统变大时，是什么让干涉消失了呢？多数人的观点是，当尺寸增大时，将会有越来越多的"松散"自由度耦合到不管具体是什么的主要系统上。如果对应于主要系统的某些态，这些自由度处于不同的状态，那么这些态想要干涉就会变得极端困难，因为不仅仅它们需要处于单个频道中，那些额外的状态也需要。因此，这些"量子模糊"的出现会导致退相干，意味着不同的宏观态之间不能相互干涉。

薛定谔的猫是一个很好的例子。"活"和"死"这两个态是很多不同变量的极其复杂的组合，这些变量对这两个态而言自动就具有非常不同的值。仅仅举一个例子，要完全干涉携带二氧化碳的血红蛋白细胞数和携带氧气的血红蛋白细胞数，对这两个态而言应该完全一样，但这是高度不可能的。

除了其他可能性，莱格特也在探索一个最初由别人提出来的想法，就是也许存在着新类型的（目前尚未探测到的）涨落，它们越来越容易和大系统耦合到一起，并因此使得可观测的干涉变得越来越困难，而不管实验者对那些已知自由度的控制能有多好。寻找那样的一个现象肯定是值得的，因为它将会为我们对物理世界的了解增加一个重要的新特征。幸运的是，这种搜寻可以简单地通过努力制造越来越大的、确实呈现干涉的系统来完成。如果莱格特是对的，这将会像是发现了关于增加呈现出相干性的系统的尺寸和复杂度的一个"自然的障碍"，等同于美国与加拿大之间的一个自然的分界线。

同时，实验学家和理论家继续努力将物体置于越来越大的量子叠加态中。最近，杜伊斯堡－埃森大学的两个物理学家试图去量化有关这些物体的实验的尺寸或"宏观度"。他们把自己新定义的参数称为 μ，当然是发音为"缪"的希腊字母。μ 值越大，物体就越宏观。这些研究者计算了到目前为止所获得的最宏观的叠加态的 μ 值，结果为 12。这个叠加态是在一个他们帮助实施的 2010 年的实验中获得的，有 356 个原子。他们认为有可能最终实施一些实验，把 μ 值提升到 23。但是一只猫（他们用一个 4 千克的水球做模型，同时还做了一系列其他的大量简化）的 μ 值为 57，看起来没有希望能达到。或者说这等价于将一个电子置于一个叠加态，并保持 10^{39} 乘以宇宙年龄那么长的时间。"我们永远不应该说永远不，"两个研究者之一说，"但我们很可能永远都不能把一只猫置于一个量子叠加态中。"理论家指向其他的困难，有认真的和不认真的，包括放养思索的猫的问题。"所有的事情都变得有点没头没脑了。"报道这个故事的《物理世界》杂志的编辑们评论说。[15]

量子领域与众不同的特征，那个最终造成它所有怪异性的特征涉及为粒子做预言的波的性质。纠缠、叠加、极化以及干涉是经典的波中熟悉的事物，但对经典的粒子而言则是荒诞的。当量子与经典领域之间的分界线最终被找到后，我们就能确信一件事情：在分界点，波和粒子各走各路。

第11章　兔子洞：对平行世界的渴望

在戴维·林赛·阿贝尔的获奖舞台剧《出口》（2005）里，高中生杰森正开车行驶在一个安静的城郊住宅街区，突然一条狗冲出来跑到了他的车前。杰森猛然转向躲避这条狗，但却撞到了一个追赶狗的小男孩并导致其死亡。杰森对这个本可避免的悲惨事故感到悲伤和懊悔，他为自己学校的文学杂志写了一个故事。故事是关于一个科学家的，这个科学家发现了一个通向平行世界的通道网络，在那些平行世界里有这个世界里的人的不同版本。在这个科学家死后，他的儿子研究这些不同的世界，搜寻那个在其中他父亲还活着的世界。杰森把这个故事给了贝卡一份，那个因车祸去世的小男孩的母亲。

《山口》被改编成了一部由妮叮·基德曼主演的电影（2010）。《出口》中杰森关于旅行到平行世界的想象在一部拥有类似主题的电影《另一个地球》中变成了现实。这次的主人公是罗达（布里特·马灵饰），一个高中毕业班学生。她被麻省理工学院录取，在那里她能继续追逐她对天体物理学的热爱，她的人生将充满各种可能性。在一次和朋友的庆祝聚会后，她开车撞毁了另一辆车，使得那辆车的驾驶员约翰陷入昏迷状态，并导致约翰怀孕的妻子以及胎儿死亡。

接下来看到罗达是在她服刑 4 年刑满释放后搬回父母家。与此同时，另一个地球出现在天空中，和我们的地球一模一样，除了它上面的居民的人生事件在那个地球被发现的时候和我们的分了岔以外。而它被发现的那个时刻正好就在罗达的交通事故之前。一个叫联合太空事业的公司开始预订去这个被称为地球 −2 的星球的旅程。仍然受到刑期创伤的罗达赢得了一张票，她盼望去拜访那个不同的自己，那个拥有没被毁坏的、无疑是充实的和富有创造性的生活的自己。在最后一刻她改变了主意，把票给了约翰，那个在车祸中失去了家庭的男人，让他可以再次见到他的家人，看到一个完整的家庭。

在《出口》和《另一个地球》里传播的关于另外世界的想法不是新东西。自古以来它就已经存在（尽管不一定作为一个纯科学的想法）并提供了很多富于想象力的用途。在公元前 5 世纪，古希腊哲学家菲洛劳斯提出存在一个"反地球"或 *autichtbon*（反地球的希腊语，原著误写为 *autochtbon*——译者注），它对生活在我们这个半球的人来说是看不见的。这里它的用途是宇宙学的，没有反地球，菲洛劳斯的宇宙将会是不平衡的。另一个不同之处是菲洛劳斯没有想象反地球上有和我们对应的事物。同时，在古典希腊神话里，有关俄耳甫斯的神话想象有能通过爱和奉献让人复活的可能性——这样可以反转一次不幸的死亡。

跳到 19 世纪，路易斯·卡罗心爱的故事《爱丽丝梦游仙境》使用一个神秘的、幻想的世界来达到娱乐消遣和讽刺的目的。《神仙一样的人》，1922 年由郝伯特·乔治·威尔斯写的一个故事，使用一个替代的世界来做社会批判。在故事里，一个新闻记者被偶然运送到了乌托邦。这是一个平行世界，曾经很像地球，但现在是 20 世纪 30 年代英国的一个非常发达的版本。这个世界没有了很多弊端，包括没有政府。（如小说里的英雄巴恩斯特布先生被告知的，在乌托邦中"我们的教育就是我们的政府"。）

阿根廷作家豪尔赫·路易斯·博尔赫斯是一个对涉及时间和本体的哲学悖论不懈探索的人。他在 1941 年发表于同名文集里的短篇故事《分岔小径的花园》中想象了一个"多重宇宙"，在这里所有来自于全部可能抉择的可能性同时共存。这本书里的另一个故事《巴别塔的图书馆》是一个文学上的对应物。在这个故事里，博尔赫斯描绘了一个巨大的图书馆，馆里包含了字母、空隔以及具有某种格式的 410 页书本中的标点符号的每一种可能的排列组合，目的是探究包含意图和信息的谜题。

其他现实存在的这种想法，或如果我们做了不同的选择，我们的生活或世界将会不一样这么一个事实，也不是什么新东西。罗伯特·弗罗斯特的诗作《未走过的路》思索着一个骑马人在两条回家的路之间的选择。弗罗斯特写道，"两条路在一片黄树林里分岔"，让他感到遗憾的是不能两条路一起走。《亲密交易》是英国剧作家阿兰·艾克伯恩写的一系列戏剧，它的开场依赖于主人公们所做的微小选择而分支成 16 个不同的结局，每晚呈现其中的两个版本，总共是 8 场演出。这是一部戏剧杰作，如艾克伯恩有一次写的，它举例说明了"我们每个人在自己的生活中都会做出的细小决定，那些导致较大后果的细小决定"。[1]

《出口》和《另一个地球》的不同之处是它们利用了其他现实的一个非常具体的形式，由多个几乎完全同样并同时于我们这个世界的平行世界组成。它们因为一些不一定是有意识地做出的、瞬间发生的决定而相互分岔。这个想法诞生于一个最不可能的地方：一个高度有争议的量子力学诠释。为了让事情简单明了，我们区分**平行**世界（即很多同样实在的世界共存这么一个想法）和**其他**世界（即这个存在的世界是那个唯一实在的世界，但如果我们追随了不同的道路，它就可能会是别的样子这么一个想法）。平行世界的想法是量子力学为古老的梦想和渴望增添新的聚焦点的又一方式。

艾弗雷特的荒唐事

我们在上一章的开头说过，量子力学将亚原子世界描述成按照两个要素的相互交叉来进行演变：包含很多叠加在一起的可能性的薛定谔方程，以及某个使得这些可能性中的一个显现的东西。为了把这个奇怪的图像和我们熟悉的日常世界联系起来，物理学家采纳 3 个总体策略中的某一个。

第一个也是最普遍的一个叫哥本哈根诠释，以尼尔斯·玻尔工作所在的城市命名。它把这个世界分成两个非常不同的领域：量子的和经典的。量子领域由一个场来支配，场本身不是可触及的或可观测的，它由薛定谔方程来描述。薛定谔方程是一个给出某些真实状态具体发生的概率的处方。当这个量子场通过一次测量或别的什么相互作用遇到经典领域的某个东西后，这个函数在这次相遇中蒸发或"塌缩"，消除所有的真实态，只留下其中一个。关于这个世界会发生的事情所有我们最终能知道的东西是概率。

哥本哈根诠释本身就相当奇怪，它激起了两种持否定意见的人。一种人，我们在第 9 章里讨论过，否认第一个要素。这些否认者说，没有真正的叠加或信息波函数，我们有关量子场的知识是不完备的。存在着比我们已经发现的还要更多的因素，一旦我们发现这些"隐变量"，因果性和可预测性将被恢复。另一种否认者拒绝第二个要素。他们主张，我们没有也不能消除那些其他的可能性，它们都存在。

这是量子力学的平行世界或多世界诠释，是人类思想史上最符合逻辑、最离奇和最可笑的想法之一，并且是很多科幻故事的灵感来源。多世界这个想法是由休·艾弗雷特三世（1930—1982）提出的。艾弗雷特度过了一个不长和碎裂的人生。[2] 他出生于华盛顿哥伦比亚特区，是一个痴迷于模型构造的人。他"急于想减少世界的复杂性，把它整理成一个合理的公式"。[3] 然而，尽管他试图用模型来把握生活，他却一直不了解自己的生活。

艾弗雷特的个人生活和他的职业一样飘忽不定。他是一个倔强的人，身体超重，一根接一根地抽烟，并且酗酒。他不关心自己的孩子并虐待妻子。他和妻子于 1956 年结婚，是一个不折不扣的花心男人。在他和女人的风流韵事里，一个朋友说："他的目标函数不包含情感价值。"另一个朋友说："他视人生为一场游戏，而他的目标则是最大限度地寻找**乐趣**。他认为物理有意思，他认为核战争有意思。"不管怎样，建模吧。

艾弗雷特太着迷于模型了，以至于都不能有效地和真实世界发生关联。在他人生的最后阶段，当时接近破产了，他努力为一个叫"赢按揭"的软件程序写代码，用于计算不同情况下的抵押贷款还款额。他的女儿是一个狂躁抑郁症患者，嫁给了一个吸毒成瘾的人，并且自己也成了瘾君子，最后死于自杀。艾弗雷特死于醉酒时的心脏病发作。当急救人员把遗体拉走时，他儿子意识到自己从来都不记得生命中曾碰过自己的父亲。按照艾弗雷特的愿望，他的遗孀把他火化后的骨灰扔进了垃圾堆。

艾弗雷特 1953 年进入普林斯顿学习物理，并被量子力学以及它的"测量问题"激起了好奇心。"测量问题"是当一个测量事件发生时，波动方程所描写的叠加"塌缩"或蒸发方式的一个通俗名称。艾弗雷特对哥本哈根诠释以一种宇宙隔离制度的方式来描写世界感到不满意。哥本哈根诠释把世界分成一个确定的、真实的领域（这里住着做测量的人并是测量发生的地方）和一个不确定的、不真实的量子领域。他发现令人费解的一件事就是支配量子领域的波函数是连续演化的，而从经典领域这边闯入的测量行为却是突然和不连续的，并魔法般地消除了一个可能性之外的所有其他可能性。

艾弗雷特的博士学位论文（1957）是在物理学家约翰·惠勒的指导下完成的。在论文中，他发现了一个消除这种令人费解的情况的方法。这个方法既简单又奇异。当一个量子系统被测量时，或者说与经典世界相互作用时，那些叠加的概率不消失，这个系统劈裂成平行世界，这些平行世界里居住着差不多和我们自己一模一样的双胞胎。这些世界中的每一个本身又保持分裂，像灌木一样，那些分叉点就是每一处量子领域和经典世界接触的地方。用艾弗雷特的话说是：

> 随着之后的每一次观测（或相互作用），观测者的态"分叉"成一些不同的态。每一分支代表一个不同的测量结果以及测量对象系统的相应本征态。对于任何给定的观测顺序，叠加中的所有分支同时存在。

看起来，观测者的态不仅仅是经过弗罗斯特的那两条路，而是同时经过所有其他可能的路。

艾弗雷特把他论文的简写版提交给《现代物理评论》的一个特刊。那份特刊的编辑是布莱斯·德维特，他发现艾弗雷特的工作"完美地连贯一致"但难以置信。他说："我就简单地不分叉。"

德维特写信给艾弗雷特说他没有探讨量子力学里令人困惑的关键问题，也就是由波函数描述的概率和由测量得到的实际情况之间的转变。作为答复，艾弗雷特在他的论文里加了一个补充说明，说他的理论以"一个非常简单的方式"处理这个问题，即在这个理论里"不存在这样的转变"。他接着补充说：

从这个理论的观点来说，一个叠加态里的所有要素（所有"分支"）都是"真实的"，没有哪个比其他的更"实在"。没有必要假定除了一个之外其他的都以某种方式被消灭了，原因是一个叠加态里所有分离的要素各自遵循波动方程而不在乎任何其他要素是不是在场（"真实"与否）。这种一个分支对另一个分支完全没有影响的情况也暗示着没有观测者会觉察到任何"劈裂"过程。

持怀疑态度的人问，我们真的永远不会觉察到这种劈裂吗？是的！艾弗雷特在补充说明中强调：

那些质疑说这个理论所展现的世界的图像与经验相矛盾，因为我们没有觉察到任何分叉过程，就像那些对哥白尼学说的批评说地球的运动作为一个真实的物理事实和关于自然的常识理解是不相容的，因为我们感觉没有这样的运动。在这两种情形下，当我们证明理论本身预言了我们的经验将会是它事实上就是的东西时，质疑都不会成立。[4]

德维特后来变成了艾弗雷特理论的一个拥护者。他和他的学生尼尔·格雷厄姆共同编辑了一本关于艾弗雷特理论的论文集。他们指出："艾弗雷特的诠释呼唤一个对简单实在论的回归和对老式想法的回归，这个老式想法即是在形式主义与实在之间可以存在一个直接的对应。"[5] 这不完全是对的。唯一可想到的、能"看到"这些其他世界的方式（以便波函数这种形式能和它们对应起来），是具有一个神的视角和凭直觉感知这些世界而不"观测"它们中的任何一个。如果一个人观测其中的任何一个，那个人就成了那个特定世界的一部分，并且不能观测其他的世界。在薛定谔猫的图像里，能有两个共存可能性的唯一方式是对某个处在盒子外的人而言的。然而在宇宙中，我们都处在这只猫的位置。从猫的观点来看，只存在一个实在。

而且，波函数是一个用于预言的工具。但是这个函数只是陈述**从这一点**开始我所拥有的、关于系统下一步将会发生什么事的最好信息。薛定谔方程是对将来的一个预测；要有叠加态，你必须处于外面或处于最开始。作为一个计算工具，薛定谔方程不表示系统真的就处于所有这些态中，而只给出这些态中的每一个会成为现实的可能性。它不告诉你这只猫是死还是活，它被创造出来时就不是做这事的。比如，在第8章插节中提到的双缝实验里，波动方程不告诉你那个电子将会在这里还是在那里，而是告诉你电子将会在这里或那里出现的概率。概率的消失并不比下面这种情形下概率的消失更奇怪，就是一旦一个赢家被选出来后，我或者任何其他人能赢得彩票的概率就消失了。另一方面，艾弗雷特的想法把实在性给予了所有叠加在一起的概率。这个想法是一种欺骗，但能生存下来，因为它也假定了不可见这么一个掩盖——没有哪个态能看到另一个态。

艾弗雷特的观点的另一个古怪特征是，因为其他备选世界是振幅，它们不出现在不同的几何位置，而是所有世界都位于相同的时空处。这些平行世界在空间上没有分开；在一次测量里，所有的可能性一起在同一个地方发生。装猫的盒子里很拥挤，它们同时既是死的也是活的。但那怎么可能？因为死的猫大概该是躺着的，而活着的猫则是坐着的。

爱因斯坦的处理方法是说量子力学不适合我们关于实在的最简单的看法。艾弗雷特的方法是以一种花哨的方式重新定义实在——定义为可能会发生的每件事物。艾弗雷特的诠释恢复了因果性并通过弄乱有关实在本身的观念而消除了波函数的塌缩；它假定有无数多数目的无限分叉的"真实"世界，这些世界只对神的直觉而言才是"真实的"。

"没有人能批评他的逻辑，即使他们不能容忍他的结论，"查尔斯·米斯纳，一个普林斯顿同辈研究生写道，"对这个困境最常见的反应就是忽视休的工作。"⁶艾弗雷特离开了这个领域，此后再也没有发表有关量子力学的研究成果。

幸运的是，冷战为博弈玩家和模型爱好者创造了一个巨大的市场，用于军事研究来跟踪核战争实施策略的结果。艾弗雷特在这里得到了更多的尊重，发明了一个"艾弗雷特算法"来改进传统的拉格朗日乘子法，用于计算后勤问题中的结果。在20世纪50

和 60 年代，他为五角大楼的最高机密武器系统评估小组工作，为实行核战争设计策略和预估放射性尘埃沉降物的破坏效果。他也为另一个军事智库——兰达公司工作。

"严重的精神分裂症"

德维特，艾弗雷特的第一个编辑以及最初的一个怀疑者，很快就改变了他的主意。1970 年，德维特想吸引大家注意艾弗雷特关于量子力学的看法，他写了一个他后来称为"故意耸人听闻的"有关它的描述并发表在《今日物理》上，把它重新取了个名字叫"多世界"诠释。德维特的生动行文无疑引起了人们的注意："发生在每一个星球上的、每一个星系里的、宇宙每一个遥远角落里的每一个量子跃迁都把地球上我们的本地世界分裂成无数多它自己的复制品……这是一种严重的精神分裂症。"[7]但是，大多数物理学家仍然发现艾弗雷特的想法（对于整个宇宙存在一个宏观的波函数，对每一个粒子有一个不同的坐标变量，不停地分叉成具有不同概率的版本）符合逻辑，但没有什么帮助。

《自然》杂志在它 2007 年 7 月 5 日的封面上很好地捕捉到了大多数科学家的态度。它被做得有点俗艳，模仿一份蹩脚的 20 世纪 50 年代的科幻小说报。《自然：有关超科学的惊人故事》描画了一个正要尖叫的女人，她越过肩头瞥见一个没有尽头的队伍，里面全是差不多和她一模一样的双胞胎——尽管艾弗雷特的观点里有一个不可缺少的部分是说这个女人不能和她的孪生姐妹通信或不能知晓她们。专题报道的标题是《多世界：终极量子怪异的 50 年》。

《自然》杂志，2007年7月5日

对于大多数科学家而言，艾弗雷特理论的问题是它不产生新的预言，它假设这些分叉保留全部的世界，它消除了一个问题，付出的代价是假定无数多我们不能探测到的世界的存在。它以一种刺眼的方式违反了奥卡姆剃刀原则（一个说最经济的解释是最好的解释的法则），它使得"实在"这个观念没有了意义。为什么要假设不可数的无穷多不可知的、分叉的宇宙来处理一个问题？对这个问题存在着删除这些分叉的解决办法。换句话说，它是某个站在世界外面的人的观点，这个世界开始继续前行，那个人不能看到正在发生什么事情。过了某一段时间后，那个人问："我可能会看到什么？"波动方程说："这是你可能会看到的东西！"但它仅仅是一系列概率，不是真实情况——而且不存在这么一个人。

艾弗雷特的想法**只不过**是一个诠释，它不能够做预言且不能

被证伪。和薛定谔的猫一样，它几乎被许多物理学家所忽略（尽管科学家倾向于站在一定距离外把宇宙视为一个整体来考虑，比如宇宙学家往往喜欢这样），但在大众文化里它是一个大家熟悉的故事。

杜撰的诱惑

在《第五号屠宰场》里，库尔特·冯内古特把一种类似的、位于盒子外的直觉力赋予了生活在特拉法马铎星球上的生物。

我在特拉法马铎星球上学到的最重要的事情是，当一个人死了的时候，他只是看起来是死了。他在过去仍然是活得很好的，所以人们在他的葬礼上哭是很傻的事情。所有的时刻，过去、现在和未来，一直就已经存在，将来也会永远存在。特拉法马铎人能够看到所有不同的时刻，正如我们能看到（比如）落基山脉的绵延伸展。他们能看到所有的时刻是多么永恒，而且他们能查看任何让他们感兴趣的时刻。在地球上，一个时刻接着另一个时刻，就像一根绳子上的小珠子，一旦一个时刻过去了，它就永远过去了。这只是我们拥有的一个假象。

当特拉法马铎人看见一具尸首的时候，所有他想的只是这个死去的人在这个特定的时刻处于一个不好的状况，但同样是这个人他在许许多多的其他时刻都是挺好的。现在，当我自己听到某个人去世时，我只是耸耸肩说一句特拉法马铎人关于亡故的人的话："事情就是这样。"[8]

英国的一个电视节目《神秘博士》是世界上最长的科幻电视系列剧，它里面有一些叫时间管理者的角色。他们不仅能站在盒子外面，而且还能移动到盒子里的任何地方。

米基：我在漫画书里看到过这个。人们从一个世界突然出现到另一个世界，这很容易。

博士：在现实世界里不行。以前是容易的。当时间管理者照看事物的时候，你能在现实之间忽来忽去，回到家里还能赶得上喝茶。然后他们死了，把所有这个都带走了。现实的墙关上了，世界被封上了，所有事物都变得不那么友善了。[9]

艾弗雷特以及之后德维特提供的科学上的关注推动了另外世界的流行，并给了它新的可能性。这个想法对小说家、电影制作人以及所有类型的故事作者而言无异于天赐之物。如果你在艾弗雷特的想法上作点弊，想象在另外世界或平行世界之间能有信息交换或旅行，这会打开巨大的"情节空间"。关于另外世界的传统想法通常涉及两个世界，这两者中的事物因为一个决定或一个被改变的转折点而不同。它有点儿像传统科幻小说里的时间旅行。平行世界的想法，加上（在艾弗雷特的理论里，科学上是不允许的）能在这些世界之间横向或水平（可以这么说）穿越这个想法，而不是在线性的时间上往后和往前穿越，提供了一个新的叙事自由度，让作者、电影制作人以及其他讲故事的好手能发展出新的关于时间之谜、本体和史实性的探究。

第一个基于这个想法的故事《世界商店》于 1959 年出现在《花花公子》杂志中。它由科幻小说作者罗伯特·谢克里执笔，故事是关于一个非法商店的，店主使用注射剂和小机器把顾客送到另外的世界去，摆脱开我们自己的世界，在那里他们能实现秘密的愿望。很令人失望，对于那份杂志的典型读者来说，故事里没有关于性的东西，只有某个来自毁坏了的世界的人在搜寻一个普通的、正常的世界。

与后来有关平行世界的处理相比较，谢克里的情节构思是粗糙的。很快就出现了更精巧的情节探索更复杂的可能性。拉瑞·尼文的短篇故事《所有无数多的路》（1971）表达了这样一个信息，旅行到其他宇宙会导致道德上的虚无主义。在发现旅行到平行世界的可能后，犯罪浪潮随之而来。一个警探对此感到很困惑，他发觉这个可能性的发现已经破坏掉了道德选择的所有意义。这个发现助长了这么一个观念，就是任何行为甚至是一个犯罪行为都和其他行为一样是好的。在下页的连环漫画里也包含了一则虚无主义的信息。

李连杰领衔主演的电影《宇宙通缉令》（2001）采用的是一个更加以动作为导向的方式，它的情节涉及变成全能主宰的能力。电影里存在有限多个宇宙，因而每一个人也存在有限多个版本。当其中一个版本死亡后，其他宇宙中的这个人会得到更多的力量。意识到这一点后，人们建立了一支多重宇宙警察力量来防止有人杀害他们自己的其他版本，以及跨宇宙监测人的行踪。然而，警

"戴维相信多重宇宙——所有宇宙都很糟糕。"

察中的一个叛徒通过杀害（差不多）所有他自己的版本而接近了全能主宰。

尼尔·斯蒂芬森的小说《飞越修道院》（2008）是描写平行世界的科幻小说中的一个精巧例子。它的情节关乎平行世界居民之间的冲突，这些平行世界里的居民甚至在生物形式上都可能有点不一样，比如他们能消化的食物不同。

艾弗雷特的想法也被几个电视节目所运用，包括喜剧动画电视连续剧《恶搞之家》——关于一个被称为格里芬的不正常家庭。在几年前题为《通向多重宇宙之路》的这样一集故事中，格里芬家的宝贝儿子史杜伊和宠物狗布赖恩使用一个遥控器在平行世界里旅行，他们到了一个狗统治而人则服从的世界。布赖恩不愿意离开这个世界。

平行世界这个想法甚至还启发了一些雕塑家，例如伦敦漫溢工作室的乔恩·阿登和阿纳布·杰因。他们创造了一个作品叫作《第五维照相机》（2010）。它是 2011 年在纽约现代艺术博物馆举办的一个叫"和我聊聊"的展览的一部分，展览的特色主题是那些将技术和通信紧密结合在一起的东西。他们的展览品像一个照相机，装于一个三脚架上，附在一个红色的像牛角的圆锥体上。这个圆锥体指向墙上排成行和列的一个照片阵列。这些照片是在同一个地方拍的，每一张上打有同样的日期和时间（2012 年 11 月 25 日，15:09:38），但每一张上的某个东西会稍微有点不一样：骑自行车的人、吸烟者、吵架的夫妻、无家可归的人或什么人都没有。

标签上写着：

按照 1957 年物理学家休·艾弗雷特三世假定的多世界理论，尽管个人观察到的时间是线性的，但却存在着弄不清数目的宇宙，它们中的每一个都支持平行的时间轴，每一根时间轴都有可能倒转和影响其他轴上的结果。

艺术自由许可：艾弗雷特想法的基本原则是每一个世界都不能被其他世界观察到，并且也不能影响其他世界。不过没关系。标签上继续写道：

第五维的照相机，一个隐喻性的多透镜物体，探索我们怎样有可能同时看到所有那些不同的世界。在所有从我们的线性时间轴分叉出来的世界里，任何决定、行为或日期的所有那些可能的分叉从理论上来讲都可能被看见。

《第五维照相机》比《世界商店》里的间接乐趣、《飞越修道院》里令人眼花的复杂性以及《恶搞之家》的滑稽喜剧片段多重宇宙要更理性。它更多地瞄准智力带来的快乐，即推测如果有技术能让我们看到不是自己所在世界的演化世界，那将会是什么样子。

吸引力

平行世界利用了人类关于选择右边还是左边道路的焦虑。这个想法允许我们至少在想象中抱有同时选择两条道路的希望，或持有改写我们过去的能力。一个精神病专家同僚喜欢谈论他持有的（以及他的病人持有的）强烈冲动，他说："我本来应该做那件另外的事！"他指的是说这句话以及思考当我本来应该做了另外的事后将会怎样的冲动。我们发现甚至想到我们**本来能**做一个不同的决定也是令人欣慰的。平行世界以一种**可以**想象的方式（不像费米子和玻色子）给我们的本体和身份带来了一个变数。它暗示着对实在而言，比简单地就是那样还有更多的形式；它触摸到并利用我们对**这**是唯一可能的实在的恐惧。它允许我们觉得我们本来能做得更好——我们本来能是有力的竞争者，而且在有<u>些</u>世界里我们仍然是。

平行世界的水果圈式忽悠许诺有**真实的**能力来联系其他的世界，你很容易在网上找到这样的许诺。这些许诺说，实际上真的存在平行世界，而在其中的一个里，你非常地成功，你可以从那个人身上学到东西。在**这个**世界里，你仍然可以成为一个有力的竞争者，只要你简单地付钱购买一个教学视频。

相比之下，平行世界想法的虚构使用是有帮助的，它允许我们去思量其他的可能性，而不是欺骗性地坚称它真的存在。这是唯一的实在——我们不得不做了不好的决定，确实是恐惧的一个来源。我们本来能做得不一样（我们是优秀的但没做好）这样一种渴望是更给人以希望的。消极的一面是，这是一种逃避现实的幻想——遇到另一个你的这种想法。它是对伊甸园的向往的一种变化形式，渴望一个完整的、满足的现实，那个我们已经丧失了的现实——是对我们的有限性的一种压制。积极的一面是，这个想法能帮助我们接受自己的有限性。在《出口》里，这个想法让杰森能清楚地自我表达——因此也让我们这些旁观者能表达出——一种否则他无法表达的自责与悔恨。他的空想不是为了处理亚原子领域的事情，而是为了应对他自己的生活。它也帮助了蓓卡，那个因车祸去世的小孩的母亲。她默默地想："在某个世界里，我正过着愉快的生活。"

《另一个地球》里的平行世界从科学上来讲是不太合情理的：一个完全一样的地球能形成，它到目前为止一直没被探测到，人们能在不同的世界之间旅行，等等。然而对人而言，太空**天外救星**的使用是完全令人心悦诚服的，因为它有助于呈现和聚焦罗达的悔恨和悔悟。罗达最后赢得了一趟去往另一个地球的旅行。但是，在听从了一个年长的、为了"正视自己的内心"而把自己弄瞎的印度看门人的建议后，罗达确定遇见她自己不会让她学到什么东西。自知之明的获得是非常困难的，而诱惑反倒压倒性地让人心烦意乱并寻求欲望的满足。我们的一个学生在看了这部电影后如是说："你能拥有的最不寻常的相遇就是碰到你自己。"在这部电影里，我们看到罗达受到一个渴望的吸引，就是去遇见那个没有犯她的错误的另一个自己，但是我们也看到她意识到这没有什么帮助。我们看到，遇到另一个不同自己的这个期望增大了罗达对她自己的处境、对她自己的历史真实性的敏感度。它让她更专注于这个世界而不是另一个世界。她对拜访另外的自己（想来应该是成功的那个自己）这样一个愿望的满足失去了兴趣。她把

自己的票给了约翰，那个被她摧毁了生活的男人，因为这张票对他以及他的家庭来说具有**更大的**价值。这张票推动她重新聚焦她所悔恨的东西，焦点从她移动到了事情的处境。现在对她来说重要的东西不是让她自己往前走，而是让整个情况往前走，其中包括对约翰以及他的家庭所发生的事情。这部拥有一个不可能的情节设计的电影向我们展示了一个事实：罗达想法的一个转变，从"我想看看我曾经会是个什么样子"到"我将让**他**去看看**他的家庭**曾经会是个什么样子"。

这个不可能的情节手法使愈合成为可能，并因此向我们这些观众展示了有关愈合的一些东西。布里特·马灵饰演罗达并合写了电影剧本，如《纽约时报》引用她的话所说的："在科幻小说里，相比于遵循所有的科学规律，有时候你不那样做反而可以更靠近真理。"[10]

我们生活在易碎的幻想中，打开和关闭各种可能性的幻想中。这个不可能的情节设计能让我们意识到这个人类真相，这一和我们自己的有限性相关的真相。尽管平行世界是科学史上最难以置信和最不现实的想法之一，但这个想法能帮助我们更加了解人性。

插节　多重宇宙

我们在课堂里讨论平行世界的时候，有些学生感到困惑不解，因为他们混淆了平行世界和另外一个想法——多重宇宙。多重宇宙涉及其他可能的宇宙，最近在科学期刊上多次出现。多重宇宙想法的产生如下所示：在我们当前的物理图像中有很多自由参数，对这些参数的取值我们还没有找到解释。这个想法是说，这些参数中的每一个本来也可以在很大一个范围里取值，但对这些取值的绝大部分而言，人类生命不可能出现。因此，我们确实存在的这么一个事实保证了这些参数具有合适的取值。这样的参数的一个例子是氢原子核（即质子）的质量与电子质量的比值。电子被和原子核束缚在一起来组成那个氢原子。很显然还有很多其他这样的参数。"多重宇宙"的主张是，在我们的观测范围之外，必然存在很多其他的宇宙，它们具有非常不同的、随机确定的性质。

它的工作方式是这样的。在称为弦的这么一些东西中，其行为的量子涨落可以导致泡沫宇宙的形成，这些泡沫宇宙一开始是微小的，然后会膨胀。依赖于弦碰巧所处的方式，最终物理参数的取值完全取决于一种运气。这产生出一个所谓的地景图像：已被物理学家确定为基本常数的量（比如一个电子的电荷与质量）在其他宇宙里可能会很不一样，那些宇宙离我们可见的宇宙无法企及地遥远。实际上，另一个宇宙里也许甚至连类似于电子的粒子都没有。因而，我们所知道的生命在绝大多数这些猜测的宇宙里也许都不可能存在。这导致一个想法，就是之所以我们发现我们的宇宙具有它所具有的模式，是因为如果有任何事物非常地不一样，那就会使得我们的生命不可能存在，然后我们就不会在这里去发现任何事情！这个想法的名字叫作"人择原理"，就是说唯一能被人类理解的宇宙是那些人类存在于其中的宇宙。

这个想法没有像艾弗雷特的想法那样被冷落，但是有人找到了反对的理由。最主要的反对理由是，它暗示着我们将永远无法解释我们的宇宙所具有的这些性质。这意味着在科学探索中放弃越来越深入地理解这个世界。在某个地方我们会到达一个尽头。

这不是第一次有人提出此类意见。在 19 世纪末，有人觉得所有能被发现的重要的东西都已经被发现了。结果发现这是远远不对的！考虑到我们这本书里的话题，我们应该说在那个时候量子力学是一个不出现在当时任何人的雷达屏幕上的发现。科学作家约翰·霍尔根出版了《科学的终结》（1996），书的标题不解自明。这本书差不多和约翰·巴罗与弗兰克·迪普勒出版的一本关于人择原理的书同时但早于人择原理这样的想法出现在弦论中。很多科学家已经以不同的方式使用这个原理去预言某些实验的结果，他们基于这样一个观念，就是这些结果是必然的才能解释我们当前的宇宙（以及其中的人类）是怎么样变成它现在的样子的。这种方式里不一定就有这么一个暗示，就是这些结果将永远不能以更基本的概念来解释。弦论地景以及它那数量庞大的可能参数值（据推测应该是在一个宇宙的演化过程中被随机地确定）出现在

2003 年的一篇论文中，论文作者是理论物理学家迈克尔·道格拉斯（那时候他在罗格斯，近年来是我们在石溪的同事）。[11] 这个在不同地方的宇宙多重性与艾弗雷特关于（单个）宇宙的波函数有很大的不同。在艾弗雷特的想法中，波函数的不同组成部分对应于这个宇宙的不同可能性，这些不同可能性共存于同一时间和同一地点。

回到与弦论有关的多重宇宙这个想法，有人也许会问，怎么会有确定所有宇宙的量子振荡？这个问题的答案由弦论图像给出。在这个图像里，最初非常定域的量子涨落迅速膨胀，形成所有（而且仍然在膨胀）的宇宙。艾弗雷特的提议要求在一个非常大的宇宙尺度上的相干涨落，和那个不一样，在这里的情形中，你只在非常小的范围里发现有涨落。它们为一些参数设置了持续成立的初始条件，这些参数则描述每一个不断膨胀的宇宙中的物理定律。

第12章　拯救物理

　　有一天我们这门课的客座演讲人是戴维·凯泽,他是麻省理工学院的一个科学史学家。凯泽的书《嬉皮士怎样拯救了物理:科学、反主流文化和量子复兴》刚刚出版,而我们布置了章节阅读。凯泽不能从剑桥到石溪来在课堂上作演讲,但他爽快地答应了在他喂饱他的两个年幼的孩子并把他们送上床后,在家里通过网络电话参与我们的问答环节。在花了一个小时讨论他的书并准备了一些问题后,我们通过教室里的计算机拨通了他的网络电话。

　　凯泽的脑袋突然出现在教室前面的大投影屏幕上。他坐在书房中的桌子前,在他旁边是一摞书和论文,后面是一个黄色的坐卧两用沙发和几个白色的枕头。凯泽是一个有魅力的年轻教授,并一直是一个受欢迎的演讲者。他有动听的嗓音和活泼的演讲风格;他的肢体总是在动,点头、扶正他的眼镜、用手势来强调。他是一个富有魅力的很会讲故事的人,会让你觉得科学史是有史以来最酷的研究领域。他简洁地描述了一下他的书，提到了 20 世纪 70 年代将量子力学的含义与古老的东方神秘主义以及新纪元运动的关注点联系起来的这种尝试的起源，然后表示愿意回答问题。

要问问题，学生们必须离开他们的座位坐到课堂计算机前，朝向一边，因此凯泽不能看见或听见其他的学生和教室本身，而只能看到和听到直接坐在计算机前的那个学生。第一个学生问凯泽关于他的研究方法和保罗·福曼的方法的关系。福曼是一个历史学家，他主张（如我们在第 4 章里看到的）20 世纪 20 年代德国的文化焦虑是量子力学的创始人为什么将随机性置于他们理论核心的最终原因。凯泽是在做同样的事情吗？

凯泽笑容满面地说："谢谢你的提问！我的研究关注某些主题和研究题目怎样以及为什么迁入和迁出物理学的主流。我发现 20 世纪 70 年代特别令人感兴趣，因为它是一段命运快速变化的时期。"他用力点着头："第二次世界大战后，注册上物理学课程的人数急增，投入到物理学中的钱和资源很多并以越来越快的速度流入，更确切地说是直到 20 世纪 60 年代末期。那是抗议越南战争的时候，人们怀疑物理学家参与了国防研究，出现了一个向着应用科学的转变。注册上物理学课程的人数下降，用于物理学的资源骤然减少。在这样一段快速变化的时期里发生了什么事情？嗯，当我是一个研究生的时候，我已经读过福曼的论著……"

戴维·凯泽

突然，在屏幕上高于凯泽肩膀的位置，在他的背后出现了一只很小的、棕色的爪子，从坐卧两用沙发上一个枕头的下面冒了出来。教室里的每个人都能看到这个，但凯泽本人看不到。没人说一句话。但我们这些看屏幕的人不可能不在凯泽和爪子之间来回转移注意力，在前景和背景之间轮流交替。

　　"……我发现福曼的工作既是有启发的又是令人困惑的。福曼的工作是一个雄心勃勃的努力，试图将想法与机构联系起来……"

　　第二只棕色的爪子现在出现了，在第一只的旁边并平行于它。轻声的窃笑扫过整个课堂，尽管凯泽听不到。60秒过去了，凯泽还在继续说。一只猫突然从沙发上的枕头后跳了出来，很显然这只猫开始是在睡觉。它甩了甩身子，盯着凯泽看了一会，然后开始环顾整个房间。课堂上大部分人开始咯咯地笑。

　　"……但是福曼没有联系这两者的真正机制。在他的模型里他没有真正的'工具'，想法和机构在什么地方遇上了，什么地方有牵连，除了那些报告，那些科学家主要在正式场合给的报告以外。在福曼的方法里，他的工具只是'某个飘浮在空中的东西'，一种气氛……"

　　那只猫现在发现了它的尾巴并开始拼命地追逐尾巴，急得团团转，就像沙发上的一阵小旋风。现在整个课堂充满了喧闹的笑声，学生们歇斯底里般地相互对视，有些高兴地用手敲打着他们的桌子。但是，凯泽仍旧既看不到也听不到他身后的猫以及教室里的混乱场面。

　　"……我，在另一方面，想审视那个时代的特定机构体系并找出那些工具。我想看看人们是怎样受到训练的，他们读什么东西，他们坐在哪里，他们和谁谈论。这么说吧，我想找到他们的沙龙，搞清楚谁和谁在一起闲逛，谁为什么东西买了单。以这种方式，我想我能将特定的想法与特定的地方以及机构关联起来。这回答了你的问题吗？"

他确实回答了！第二个提问的人问凯泽怎么样对待他的猫，提示了他正在发生的事情。凯泽转过身，那只猫注意到了，从沙发床上跳了下去并从屏幕上消失了。"它的名字叫 Quizzie！"凯泽一边善意地笑着，一边说，"'Inquisitive（好询问的人）'的简称。"

量子神秘主义

《嬉皮士怎样拯救了物理：科学、反主流文化和量子复兴》涉及了一群被称为基础物理团体的加利福尼亚怪人。这个团体在 20 世纪 70 年代探索了一个可能性，就是量子力学可能指向一些深奥的、神秘的真理，只有在东方宗教里才能找到与这些真理相似的东西，这引起了一个与新纪元运动相关的、可被称为量子神秘主义的运动。如果福曼的工作提出了一个可能性说量子时刻根本就不是一个真正的时刻，而是西方历史中一个特定时刻的文化副产品的话，那么量子神秘主义则意味着我们真正在谈论的东西应该被叫作东方时刻。

这本书的标题很调皮，有着对科学家和哲学家而言的寓意。让我们回顾一下它的故事背景。1925—1927 年量子力学的创立（如我们在第 7 章和第 8 章中看到的）是一个惊人的科学成就，它同时也触发了一场真正的哲学危机。这个理论推翻了关于空间和时间、因果律和实在的基本信念，并揭示了关于科学的很多基本的文化与哲学假设是错误的。如布里奇曼1929年在《哈泼斯》里说的，"底已经完全掉出了"这个世界。顶尖的物理学家们试图去修复那个底部基础，在信件、论文以及教科书中为量子力学的含义展开搏斗。一致同意的看法没有出现。玻尔提出互补性，另外有人提出实在的统计性概念。薛定谔确实制造了波，但他试图将量子力学变成一个具有因果关系的理论，而爱因斯坦则完全反对，把他的希望放在牛顿时刻的完全恢复上。但是没有人逃避处理这么一个事实，即量子力学提出了具有哲学内涵的大问题。

凯泽的故事就从这里开始。他在书的开头指出，不管是在欧洲还是在美国，不讲情面的科学家都坚决要求他们的学生理解量子力学在认识论上离奇的一面并"磨炼出他们自己的哲学回答"。凯泽告诉我们的班级，对于20世纪30年代的一个物理学家而言，拥有一个关于量子力学的哲学立场是受过教育这个词所代表的含义的一部分。

战争改变了每件事情。"第二次世界大战将哲学从美国物理中清除掉了，"凯泽告诉我们的学生，"不是从美国人的性格中，而是从美国的物理学中。曼哈顿计划制造原子弹的巨大压力将哲学推出了视线之外。在课堂上，它也被抛在了后面。物理课堂曾经是研讨班规模的，而现在它们在讲演厅里进行，很多时间都是面对很多学生，并且全部课程都集中于解决问题。在研讨班上课和在讲演厅里上课，你必须教得不一样。物理学家学会了埋下他们的头，忽视哲学上相切的话题，从他们的方程出发尽可能快地写下数字结果。"

他继续说，职业物理学家的生活在冷战期间进一步发生了改变，当时他们越来越多地被招聘去做工业领域和国家实验室里要求较高的工作。增多的注册数量继续改变着课堂上的物理，现在它在教科书和标准化考试中着重强调计算和问题集。凯泽称之为"高产出教学法"。突然间物理变成了一个职业而不是一个强烈的愿望，它的从业者被训练得更像职员而不是学者。

那么当被问到怎样诠释量子力学时，说什么呢？答案是1955年海森堡所起绰号的哥本哈根诠释。在最近的一篇文章里，诺特丹的科学史学家唐·霍华德追溯了这个说法的起源是来自战后的一段时期。[1]"简单地说，"霍华德写道，"一个统一的哥本哈根诠释这个形象是战后的一个神话，是由海森堡创造的。"海森堡在第二次世界大战前曾经被尊崇为量子力学的奠基人之一，并且他在把量子力学应用于核物理中发挥了重要的作用。然而，如霍华德写的："这个在20世纪20年代受玻尔喜爱的人在战后时期，在哥本哈根的核心集团里已经变成了一个道德上的放逐者，主要的原因是1941年9月海森堡与玻尔关系的痛苦决裂，当时海森堡在接过德国原子弹计划的领导角色后对哥本哈根做了一次失败的访问。"战争结束10年后，海森堡试图去恢复一些他在战前的荣光。他重新讲述有关20世纪20和30年代哲学讨论的故事，其讲述方式是掩盖他自己、玻尔以及其他人之间的不同，并把自己描绘成一个杰出人物。"还有比这更好的方法吗？"霍华德说，"一个自豪的、曾经雄心勃勃的海森堡想要拿回哥本哈根大家庭的成员资格，他把自己弄成哥本哈根诠释的发言人。"

这个时机来自于一卷出版于 1955 年、向玻尔表示敬意的文集。海森堡提交的文章将一个单一的诠释归之于他自己、玻尔以及其他人。海森堡写道："1927 年在哥本哈根所诞生的东西不仅是一个清楚明白的解释实验的解决方案，而且是一种语言，我们用它来谈论原子尺度的大自然，并且迄今为止是哲学的一部分。"[2]

一旦被创造和被命名了，霍华德说，"这个神话就扎下根来，因为其他作者用它来推进自己的工作事项"。哥本哈根诠释要么成为了一个方便的、假定为正统立场的名称，并被认为几乎是无懈可击的，要么对少数持不同意见的人而言，成为了他们反对的立场的名称。这些持不同意见的人包括：戴维·玻姆，一个隐变量的支持者；保罗·费耶阿本德，一个方法论的无政府主义者；以及卡尔·波普尔，他拥护客观主义来反对量子力学被认为具有的主观主义。

然而在物理学家他们自己当中，哥本哈根诠释变成了任何能解释量子力学的哲学立场的某种占位符，变成了一个物理学家自己不需要研究的东西。问大问题被抑制住了，被认为是不必要的，甚至是碍事的。"量子实在的根本奇异性已经被吸走了。"凯泽写道。对诠释问题的适当回答是"安静，做计算"。我们已经听到过以其他方式表达的与这个相同的想法，比如"算了吧"以及"就这样吧"。

哲学家知道你不能就这样过去了。如果你没有正面处理哲学问题，它们就不会消失，它们会绕过来咬你的屁股。

1975 年年中，在物理泡沫破灭后，经费骤然减少，工作职位消失，加利福尼亚州一个职业发展处于困境的物理学家小团体对不要问大问题、转动曲柄埋头工作的处理量子力学的方式进行了反抗，在伯克利创立了基础物理团体。凯泽说，它的目的是"重温那些最开始吸引他们研究物理学的兴奋、惊奇以及神秘的感觉，正如它们曾经激励了量子力学的创立者那样"。

他们注意到量子力学描绘的亚原子领域的奇异图像不能以一种令人满意的方式与我们熟悉的日常世界连接起来。看起来就没有任何合适的词语或概念能澄清所发生的事情。这个基础物理团体开始在神秘主义的概念和那些与量子物理有关的概念之间抽取联系。几个物理学家加入了这个对话，不一定是因为基础物理团体这些人是对的，而是因为看起来周围只有这个对话是关于量子力学的含义的。

这个团体的一个成员是杰克·萨尔法季，他是一个出生于布鲁克林的理论物理学家，1969 年从加州大学河滨分校取得博士学位。他教过一段时间的书，但不再待在学术界里。另一个成员是弗雷德·阿兰·沃尔夫，他于 1963 年从加州大学洛杉矶分校获得博士学位。这两个人热衷于以尽管是疯狂的但富有想象力的方式来解释经典力学与量子力学之间的差别。其中之一涉及一个有创意的对甲壳虫乐队歌曲《为了凯特先生的利益！》的解释。在这里"K 先生"（他"将挑战世界"）代表玻尔兹曼的常数（k，和熵相关），而"H 先生"（他表演翻筋斗）则代表普朗克常数（h）。[3]

约翰·克劳泽，一个于 1969 年从哥伦比亚大学获得博士学位的理论物理学家，在来到劳伦斯伯克利国家实验室几年后也加入了这个团体。克劳泽认为团体里的其他成员是"一群疯子"，但他被吸引住了，因为他们提供了"唯一的一个场合，在这里物理学家能够谈论量子非定域性的最新进展"。[4] 还有一个团体成员是物理学家福瑞特乔夫·卡普拉，他于 1966 年从维也纳大学取得博士学位。20 世纪 60 年代，当他在加州的几个不同地方做物理研究时，卡普拉听过阿兰·瓦茨的无线广播电台讲座。阿兰·瓦茨是那个时候将东方哲学解释给西方听众的最重要的传译员，当时也住在加州。凯泽告诉我们的学生："那就是我说文化工具时意指的东西。为什么这个运动在那个特定的时间诞生在那个特定的地方？因为它的机构除了包括科研第一线的物理实验室，也包括那些推广东方哲学的机构。"卡普拉在 1975 年来到劳伦斯伯克利国家实验室后加入了基础物理团体。

这个团体受到一个自助大师的部分资助，这个自助大师出生时的名字叫杰克·罗森堡，但他给自己重新取名为维尔纳·埃哈德，其名来自于维尔纳·海森堡。埃哈德不久前因"埃哈德研讨会培训班"（或 EST）而成为了一个非常有名和富有的人。EST 是在新纪元运动初期最成功的个人成长倡议行动之一。在埃哈德和 EST 之外，这个团体还受到迈克尔·墨菲的支持。墨菲是伊莎兰学院的共同创办人之一，这个学院是位于加州大苏尔的一个度假胜地和静居处，它以极其绚丽的风景、精美的食物、温泉浴缸以及按摩推拿而出名。这些伊莎兰讨论会中的许多针对的是新纪元听众，尽管它们也吸引一些从欧洲来的物理学家。这些物理学家和基础物理团体的会员一样，对他们的同事回避讨论量子理论中的基本论题感到愤懑郁积。这里面包括像伯纳德·迪斯班尼特和海因茨·迪特尔·泽这样的科学家，凯泽在他的书中提到了他们对伊莎兰的访问。同时，埃哈德也联系了杰出的物理学家并提议在他位于圣弗朗西斯科的豪宅里由他赞助举办严肃的物理学聚会。哈佛大学物理学家西德尼·科尔曼接受了埃哈德的提议，并在 20 世纪 70 年代后期在埃哈德的住所组织了几场由埃哈德赞助的、关于量子力学各个方面的会议。我们中的一位、戈德哈伯参加过，并有机会和这位自助大师聊过几分钟。埃哈德尽量做到了举止得体，因为科尔曼言语激烈地坚持只能讨论严肃的物理学。科尔曼已经公开指责过将量子力学和东方哲学联系起来的这种风尚是"愚蠢行为的黄金时代"。至少在那次会议上没有出现什么愚蠢的行为。

量子神秘主义运动甚至在基础物理团体于 1979 年解散之后还在发展。一个里程碑是卡普拉的书《物理学之道》的出版，该书出版于 1975 年，虽然一开始被 25 家出版商拒绝了，但它还是卖出了几百万册。在书中卡普拉写道，物理学与佛教禅宗之间的联系具有极重要的意义，因为它展示了我们目前的世界观是不适当的，并指出需要一个剧烈转变。这个转变是如此剧烈，它意味着一场文化上的革命，"我们整个文明的生存也许都依赖于我们是否能实现这样一个转变"。[5] 卡普拉的书走进了课堂，结果是一本能吸引非理科学生选修物理的书。[6] 然后一个非科学家盖瑞·祖卡夫写了一本书《跳舞的物理大师》，他做了一个轻松愉快的声明："从哲学上来说……（量子力学的）含义是迷幻的。"这本书赢得了美国国家图书奖。[7]在数不清的其他拥护量子神秘主义的作者中有亚历克斯·康福特（他以《性的乐趣》这本书闻名），他写了本书《实在与共鸣：21世纪的物理、心灵与科学》。[8]量子神秘主义已经出现在电影中，苏珊·萨兰登在《百万金臂》中扮演的棒球迷是一个量子神秘主义者。量子神秘主义最过火的例子之一是电影《我们到底知道什么？》（2004），这部电影依靠大量有关量子的胡诌赚钱。

基础物理团体的很多更古怪的关注（比如将量子物理与意识联系起来）没有成功。如科学家说的，大脑"既潮湿又暖和"，这排除了量子效应的可能性。但是，凯泽仍然认为基础物理团体的反文化活动，通过促进量子理论某些更奇异的方面的发展和对它的一些更怪异的实验预言的检验，对主流科学施加了一个影响。在"不可能"物理的一个例子中，团体成员们想，他们可能用量子力学设计一个方法来反驳爱因斯坦的理论（超过光速的通信是不可能的）。凯泽说，这些努力失败了，但它们导致了一个积极的结果，引导他们发现了"不可克隆原理"，即证明了不可能完全复制一个量子态。这将成为量子密码学的一个关键要素。基础物理团体在使贝尔定理免于晦涩难懂上也做了很多工作，并因此"埋下了最终开出今天的量子信息科学领域这朵花的种子"[1]。在那个时候，贝尔定理已经被一本物理教科书简略地提及，但没有被广泛采纳。尽管克劳泽第一次实验检验贝尔定理是在1972年，早于

1975 年这个团体的成立，但他是这个团体的一个发起人，在团体成员卅始聚会以前就频繁地和他们联系，并在团体的存续期间里一直是一个关键的参与者。

然而，凯泽要讲的大故事是这些诠释性的问题是怎样重新露面成为大问题的。在当时加州的文化氛围里，充满着对东方哲学、超感官知觉以及通灵与心灵研究的讨论，充斥着温泉浴缸、兴奋剂以及性，这个由不遵循主流思想的人（标题中的"嬉皮士"）组成的五花八门的团体在主流之外创造了一个空间，重新恢复了提出大问题这种行为的正当性（"拯救了"这种行为）。但是，他们这个时代所处的大气候也鼓动人们在量子力学与东方神秘主义之间抽取联系，这一点仍然使物理学家感到厌烦。

几个物理学家和哲学家试图反击量子神秘主义，但是他们的解释差不多和他们反对的东西一样奇怪。[9]那么，我们怎么将水果圈式的胡搞从不是胡搞的东西中清除出去呢？这个问题的回答要求我们采用凯泽提供的线索来分析它们的用法。

量子神秘主义的产生来自于这样一种意识：量子力学迫使我们抛弃关于客观性的传统理解。它看起来证明神秘事物是有理的，看起来在歌颂不可知性，这就是它经常在大众文化里出现的方式。考虑一个来自小说《布莱达》的例子，该书的作者是葡萄牙小说家保罗·柯艾略。与书同名的主人公战胜了自己的恐惧，但仍感到害怕。她刚刚向男朋友劳伦斯解释了一段她最近的、神秘和魔幻的经历。这段经历在面对她称为暗夜的不可知性时需要某种信仰形式。她颤抖着告诉他，她确定他一句也不会相信她故事里的话。她的男朋友平静地在一张纸上弄了两个洞，然后从厨房里拿来一个软木塞。"让我们假装这个软木塞是一个电子，组成原子的小粒子之一。你理解吗？"

布莱达点点头。"好，那么听好了。"劳伦斯说，"如果我有某个高度复杂的仪器能让我将一个电子射向那张纸的方向，电子将同时穿过这两个洞，但它这样做时不用分成两个。"这个男朋友当然是在指第 8 章中讨论过的双缝实验。布莱达说她不相信，因为那是不可能的。劳伦斯向她保证这是真的。布莱达然后问："那么科学家们碰到这些神秘事物时怎么办？"劳伦斯回答：

使用你告诉我的字眼，他们进入暗夜。我们知道这个谜不会消失，所以我们学会去接受它，忍受它。我想同样的事情会发生在生活中的很多情形下。一个抚养孩子的母亲也一定会觉得她正在跳入暗夜中。或者一个去到遥远的国度寻找工作和财富的移民也会这样觉得。他们相信他们的努力会得到回报，有一天他们会明白一路走来所发生的事情，那些当时看起来令人很害怕的事情。推动我们前行的不是解释和说明，而是我们向前行的渴望。[10]

把故事背景中魔法的伪科学放在一边，这个男朋友的核心要点是，如果科学家们能接受神秘事物（暗夜），那我们所有人也能。如一个石溪的研究生向我们指出的，量子力学以这种方式培育着"启蒙性的科学项目和对终极神秘罗曼蒂克式的坚持这两者之间的一个奇特的交叉点"。[11]

大惊小怪啥

到这里，一个哲学家会感到好奇，这样大惊小怪是为了什么？它真的是量子力学呼唤的"新认识论"——一个东方认识论吗？或西方传统里拥有可以解释所发生的事情的方法而不需要歌颂非理性和神秘性吗？它无疑有。量子力学动摇了客观性基于19世纪牛顿学说的一个观念，但也仅仅是**那个**观念。在量子力学于20世纪出现的同时，客观性的一个适合于描述量子物体的观念也出现了。"客观性"这个字眼指的是关于知识的一个理想目标，它经常被刻画为一个"超越特定地点的视角"，就是一个观测者完全分离地站在被观测物体之外，和它没有任何关系时，可能以某种方式所获得的视角。如科学史学家罗琳·达斯顿和彼得·格里森在图书《客观性》中所展示的，科学家们关于怎样在实践中接近这个理想目标的思考，随着时间在含义和象征上都发生了演变。但是这个理想目标在牛顿时刻引导了科学的追求和抱负。玻尔在他的科莫报告中对这个追求进行了质疑，至少是在某些领域中。在科莫报告中，他引入了互补性这个观念。他说，实现量子现象与观测手段（你观测量子现象时所处的仪器环境）之间的"清晰的分离"是不可能的。

玻尔就是一个顽固的经验主义者。每一个知识的探求者（不管是在通常领域还是在科学领域）都和一个特定的地点绑定在一起，使用特定的理解方式，并被一系列特定的问题所推动。观测用的方式，不管它们是我们通常的感官还是拓展我们知觉的仪器，都是能组成世界的一部分。这些方式让我们能感受用别的方式无法感受的物体，并帮助我们构造这些物体。如果你不谈论探究本身这个过程，你对这些你正在探究的物体不能给出一个完整的描述。但是这个世界仍然是独立于人类而被体验的：我们不能让世界做我们想做的事情，这个世界会有反作用，它可能会表现出出人意料的行为。

　　客观性的新观念是在 20 世纪初由德国哲学家埃德蒙德·胡塞尔引入的，他是被称为现象学（尽管黑格尔差不多一个世纪前已经描述过这个观念的某些方面）的哲学运动的创始人。现象学的出发点是认为所有的探究（包括哲学的和科学的）首要的就是一个观察和发现的问题，而不是假设和推断。在观察和发现中，一个物体不是被从超越特定地点的视角观察着，而是显现给某人看，不管是个人还是社会团体。而且，这个物体显现其特定现象的方式与它是怎么样被观察的相关，如我们在第 8 章的插节里看到的。感知一个物体的这种行为包含其他行为的**预期**，在其他行为下，这同一个物体将以另外的方式被体验。这就是让我们对世界的体验有深度和密度的东西。去感知某个东西存在于世界上，是"客观的"，意味着将它当作从未完全被给出似的去理解它，将它当作具有无数多的没有被理解的现象似的去理解它。也许我们最初的理解是误导的，我们的预期也仅仅是假设，但是我们只能通过观察和发现（通过探索其他现象）来发现这个。在这种观点下，客观性不是意味着站在一个物体的外面并通过某种方式超越特定地点来理解这个物体，而是意味着能理解这个物体，以便我们知道从其他角度来看它将会怎样被理解。客观的观点不是指没人将怎样看到某个事情，或一个人怎样超越特定地点地看到它，而是指原则上每个人**能**怎样看到它。

在科学中，感知一个像电子或星球这样的物体涉及仪器的中介作用。当研究人员提出（比如）一个新粒子或星球的存在时，这样的一个提议涉及对那个物体的一个预期范围，即它在其他环境下以其他方式显现的预期。这些预期只能通过某种合适的宽泛意义下的观察来被证实或证伪。这个预期范围对科学物体也意味着总是会出现更多的东西。科学家们知道这个：对他们来说，这很显然，当用不同的仪器去观察时，现象会显现得不一样。因此，他们对现象的概念上的理解涉及仪器的中介作用和预期。不仅是没有对这些现象的"超越特定地点的视角"，而且也没有谷歌地球或方位（从这个方位我们能摆弄这些仪器来放大每一个能得到的轮廓）。原因是不存在一个享有特权的方位，而且我们所站的由仪器影响着的"方位"是在不停变化的。事件可能只发生在特别的实验室环境下这么一个事实不意味着它们是抽象的和超凡的，恰好相反，它意味着那些特别的实验室环境使得这些事件成为世界的一部分，并因此使得它们成为我们迫切关注的问题。

这个关于客观性的观念怎样解释量子力学让人困惑的特性（如波粒二象性和叠加态）呢？首先，现象学不受那些与通常的物体（如桌子和椅子等）不相似的现象的打扰，现象学的描述不预先假定某事物"是"怎么样的，而是着手于描述它是怎么样的。我们平常的体验里充满了其行为不像通常事物的现象，如情感、对亲密的体验、风。我们平常的体验里甚至包括多元的、混合的、不完整的或半抽象的实在的例子，其中一个例子是能在很多哲学与心理学教科书里找到的著名的鸭兔错觉。下面是它的一个版本：

　　放在一个池塘的背景中，有泛起涟漪的水波和睡莲的浮叶，它毫无疑问是一只鸭子。置于一片草地上，有青草和蒲公英，它同样毫无疑问是一只兔子。在每种情况下，图形的一部分是没有意义的或是有意义的。比如，在草地背景下右边的凸块是一张嘴巴，而在池塘背景下它只是一个凹痕。"态"是不同的。那幅图"本身""是"什么呢？脱离了环境，它具有某种模棱两可的——你甚至可以说是"模糊的"——实在。如果你一定要求知道它真的是什么，那么回答要么是无意义的，要么是矛盾的。你不能通过把图像拆开，考虑它的一部分或它是用什么墨水画的而得到一个更好的答案。它是一个整体。

　　鸭兔错觉是薛定谔猫所说明的情形的一个类比。在盒子打开之前猫的 ψ 函数叠加了两个可能性——活着的猫和死了的猫，其方式就像那个鸭兔图形和背景分离开了。提供一个背景，把它带"入"这个世界，就像做一个观测或者做一个测量。那个图形变成一个对人类的知觉而言清楚明白的物体，就像波函数的"塌缩"。

在这个过程中没有多少神秘的东西。神秘只是在一个人询问最初的图形"是什么"时才产生，并要求回答同类型于对一个能感知的物体提出这样的问题时所得到的回答。哲学家们知道某些类型的问题（"上帝能创造出一个比他所能举起的重量还要重的石头吗？"）是没有意义的，因为这些问题就预期一个没法给出的答案。科学是一个预言机器。当没有足够的信息来给出一个预言的时候，它能做的所有事情就是带着它拥有的信息停下来。薛定谔猫描述的就是那样的情形。

我们举另外一个例子。剧本或者乐谱具有一种有趣的、多形态的实在性。它也是不完备的和半抽象的，它是关于不相容表演的潜在不同类型（例如《哈姆雷特》或《恺撒大帝》的不同版本）的一个描述，并且是一个产生更多这种表演的工具。为了将一个剧本或乐谱变成一个真实的世间的表演，我们必须加入背景和创作这个表演，这意味着要做出一系列有关地点、演员和道具的决定。一组决定的结果，例如将哈姆雷特演成疯狂的，可能看起来会完全不同于另一组决定的结果，如让他神志清楚并老于世故。在一场表演中很关键的对白在另一场中则没那么有意义。但这并不意味着戏剧的制片人和导演从头开始"创作了"哈姆雷特。远非如此，他们被紧紧地约束住了。一个剧本或乐谱具有某种半抽象的实在性，因为它既限制我们也让我们能以新的方式来表演它。但是这不是一场明确的表演所具有的那种实在性。

薛定谔方程的 ψ 函数是另一种半抽象的东西，依赖于环境，它能以不同的方式被实现；它可能但不一定涉及人的目的和决定在其中起作用的测量情形。薛定谔的玩笑为一个经典问题准备了一个量子回答。它用一个 ψ 函数想象了一只猫，并问它是否真实。这就像在问那个鸭兔图形是一只鸭子还是一只兔子。

但我们知道不可能有这样的一个 ψ 函数。一只猫总是在和世界相互作用，它所处的盒子里充满了观测或"测量"这只猫的事物，提供着它存在的信息。例如，氧气与二氧化碳分子的比率测量着它呼吸的次数。在它活着的每一分钟里，它身体的热量会辐射到环境中。这个盒子里布满了等同于猫探测器的东西。

阿尔伯特·爱因斯坦曾经问亚伯拉罕·佩斯，他是否相信月亮只有在被观看时才存在。[12] 这个世界当然充满了和人类无关的月亮探测器：潮汐、卫星、月光、阴影以及诸如此类的东西。如哲学家马歇尔·斯佩克特说的那样：

> 当**没有什么客观的物理事件，不管是啥**，比如摄影图像、潮汐或任何这样的东西，能被解释为可以让我们得出一个结论，就是这个据说是巨大的、反光的、相对而言靠近地球的物体存在的时候，月亮存在吗？不，在这样的情况下它不存在！这确实多么让人震惊！但注意这远远不同于一个**貌似如此**的断言，即如果我们**人类**都**选择**转移**目光**避开月亮，那么月亮将不复存在，它将被我们（我们中的每一个）重建出来，在我们选择再次抬头看的那**一瞬间**。精神没有创造物质。[13]

世界密切关联在一个稠密的因果网络中。我们可以说在这张网中的事物是存在的，但对处于这个网络外的事物而言，并非如此。量子力学让人震惊的事情是，它让我们能对处于网络外的事物说点**什么**，就是说，它们能以这种或那种方式实现，但这两种方式相互之间有某种联系。某些可能性具有特定范围的真实性。

鸭兔错觉就像概率波以及量子现象的其他特征，它有一个形状，是真实的，但又与鸭子以及兔子的方式不一样。量子现象也是如此。[2] 客观性的新观念不是一个不为任何人的观点，而是一个为每个人的观点。客观是这样一个东西，至少在原则上，它必须对其他每一个做研究的人有意义。

结语　现在时刻

在科学史上从来没有过一个理论像量子力学一样对人类的思想具有这样意义深远的影响，也从来没有过一个理论在预言这么多不同种类的现象上取得了这样引人注目的成功。

——马克斯·伽莫，《量子力学的哲学》

在完成这本书之前不久，我们在石溪大学的人文学院做了一个报告。在这里我们碰到了一个不满的提问者，这个提问者表示他不相信科学能为文化贡献任何东西。他愤愤不平地问道，量子力学给文化上的对话真的增加了些什么？也许它给了我们一些别致的、关于一些老问题的新比喻，但是，如果这些东西被拿掉的话，真的会失去什么呢？艺术家和哲学家不会找到另外的方式来表达他们自己吗？科学家们需要不确定性原理，而诗人们需要吗？

最直接的回答方式是用一个思想实验：设想牛顿学说的时刻

从来就没有结束。假设在普朗克提出量子这个想法的几年之后，他和其他人想办法不用量子也解释了科学家们发现的大多数东西。在这之后，普朗克把量子给放弃了。比如他们发展了一个相当合理的方法来解释原子是由小块的物质组成的，它们相互之间通过微小的弹簧（我们在第 1 章里称这些弹簧为胡克定律弹簧）连在一起，它们的伸缩性是作用力的一个函数（我们喜欢这样的讽刺，就是用一个由牛顿的死对头胡克创造的东西来挽救牛顿时刻）。让我们设想胡克定律弹簧的理论加上其他牛顿学说的原理和热力学，以某种方式成功地证实了普朗克最初的信念，即量子只是一个数学上的技巧。量子很快从科学里消失了，只被历史学家们记得。也就是说，量子论和燃素论有同样的命运。燃素论是一个久已不再使用的猜测，它宣称一种称为燃素的物质引起燃烧。在我们的设想里，科学家认定微观世界和宏观世界一样遵循相同的基本定律，经典的微分方程仍然是每个物理学家主要的计算工具。

因此在 20 世纪初期，物理学家没有体验到什么特别的不安和危机感。几个未解之谜还在，尤其是关于光的本质，以及为什么物质的同类型基本组分都是全同的，但物理学家认为令人满意的答案最终是会出现的。他们的研究领域继续是有秩序的、可预言的和统一的，它的定律和性质在所有范围内和所有尺度上都是一样的。他们属于一个成长中的、适意的社会团体，并依然有信心能最终"把他们自己拿出"测量之外，找到一个关于自然和它的每个性质的客观描述。在 20 世纪第二个 10 年的开头，欧内斯特·索尔维因赞助发起一系列关于国际贸易方法和实践的会议（而不是关于物理学的会议）而出了名。

由于没有第一次量子革命，所以也没有第二次量子革命。物理学家们把 1925 年到 1927 年主要花在担忧宇宙射线的起源与本质上。大众文化从来就没有听说过什么量子跃迁、波粒二象性、不确定性原理、互补性、叠加、薛定谔猫、幽灵般的超距作用和平行世界。没有什么双缝实验，也没有贝尔定理。拉普拉斯侯爵被称颂为一个超级明星。爱因斯坦因为勇敢地站起来保卫因果性，反对一群目光短浅、没什么想象力的物理学家而著名。这群物理学家里包括玻尔、海森堡和狄拉克，他们在某一瞬间受到了诱惑要放弃因果性。因为这个，他们在职业生涯的剩余时间里得面对同事的嘲笑。

到 20 世纪 60 年代，注册学习物理的人骤然减少，物理学因为其在国防研究中的角色而导致声誉降低，以及很多人认为它过度向应用科学倾斜，所有这些导致一小群不满的加州物理学家去探索一个可能性，即物理学在纳米尺度上的实践也许能揭示深奥和神奇的真理。一个称自己为无穷小物理兄弟会的团体开始在伯克利聚会。它的成员们指出，物理学从来就没能想办法成功地解释为什么任意一个特定的原子会全同于另一个同类的原子。他们喜欢改述阿尔弗雷德·丁尼生男爵的话：

> 小小的原子，如果我能理解
>
> 你是什么，电子和一切，以及一切的一切，
>
> 我应该知道上帝和人是什么。

另外有成员探索了微观世界，把它与东方宗教的真理相类比。当公元前 6 世纪（原文笔误为公元前 60 世纪——译者注）中国的哲学家老子、道教的创始人宣称"天下难事，必做于易，天下大事，必做于细"时，他不是已经预言了纳米物理学吗？无穷小物理兄弟会的一个成员写了一本书《跳舞的纳米忍者》。科学家们批评它有些过头和意象松散，但它让很多普通大众认识了物理研究，卖了 100 万册并赢得了一个美国国家图书奖。

那么这个与事实相反的世界和我们的世界比起来怎么样呢？

不是很好。

从一个纯科学的角度来看，物理学家仍然会发现这个世界的很大部分（它的蓝图）不可能被理解。光肯定仍然是一个谜，物质的同类型组分完全相同也是一个谜。另一个谜是物质的稳定性，如果事物是由胡克定律弹簧建造出来的，那么它们为什么是坚固的而不摇晃呢？如我们已经看到的，不确定性在量子理论中是一种财富而不是一个瑕疵，因为在经典物理学中不松软的东西在量子力学里可以是坚硬的，其方式可以完全解释物质的硬度。简而言之，量子力学解释了世界的基础。很多更大范围内的问题也仍

然是谜，包括生命和它的发展。量子力学解释了 DNA 分子的两个基本特性：它的极端稳定性和它偶尔变异的能力。量子力学说 DNA 分子在实际的生活环境中是强健的，因为它解释了为什么需要很大的能量才能重新排布这个分子的某一部分。然而量子力学也确保改变分子所需要的有限大小的能量时不时也会出现，然后那个改变或变异将保持一段时间的稳定。作为结果，从物种的一个成员到另一个之间的变化性产生了生命在应对外部环境变化时的足智多谋。因此，DNA 分子本质上是一个量子的东西这一事实对它的成功来说至关重要。没有什么牛顿力学能解释这个。

从一个技术的角度来看，这个与事实相反的世界与我们的世界相比也将是非常贫瘠无力的。量子力学已经极大地拓展了我们操作这个世界的能力，因为知道了世界的蓝图，这让我们可以去制造新的事物。我们已经看到有过两次量子科学革命，但也已经有过两次量子技术革命。在第一次技术革命中，量子理论通过它和固体物理学的相关性找到了实际应用，极大地拓展了我们制造和操作材料的能力，让我们能制作像晶体管、半导体以及对移动电话、平板电脑和其他现代信息技术设备而言必不可少的材料。[1] 量子力学加上大规模计算能力已经让联系量子微观结构和牛顿学说里的宏观结构成为可能，而设计和发现所谓的量子材料和量子器件持续成为一个不断成长的领域。第一次量子技术革命开发利用了量子力学"不奇怪的"一面。现在刚刚开始的第二次量子技术革命在诸如量子计算机这样的设备和加密技术中开发利用量子力学"怪异的"一面，比如叠加和纠缠。这些东西也许正走在有望商业化的道路上。

不过，我们在人文学院碰到的对手不是在质疑量子已经给了我们一个对物质世界的更好的理解这一事实，而是在问它怎么可能带给我们一个对我们自己的更好的理解。在这个与事实相反的世界里，人文学科不会是一样地进展顺利吗？

我们的回答是不会。没错，在某种程度上，量子对艺术家、作家和哲学家的影响是它帮助他们将自己从受牛顿学说启发的错误想法中解放了出来。在这个程度上，量子力学通过显示一些我们认为是哲学真理的东西显然就是经验上有误的，已经做了"否定的哲学发现"。如爱因斯坦说的，在量子世界里，实在也许闻起来会不一样，但它的气味最终会是更清新的。例如，量子力学已经帮助我们摆脱了拉普拉斯理想学识幽灵的哲学，这是一个"足够巨大的智力"，能像是超越特定时间和特定地点一样地观察和描述事物。它也帮助我们摆脱了一个有关统一的科学的展望，一个关于现象的过于狭隘的概念，以及一个不可能的客观性。但是，像牛顿力学一样，量子力学也帮助我们以一种崭新的方式关注这个世界和我们自己。如我们在这一整本书里已经展示的那样，它已经提供了新的概念来聚焦于古老的人类渴望和问题，并给了我们一种专业名词和语言来帮助指引我们去搜寻什么和正确地忽视什么。我们的世界和我们祖先的不一样，充满了厄普代克所说的"漏洞、矛盾、反常以及妄想"。和我们的先辈不一样，我们不得不去应对道金斯所说的"那些非常小的、非常大的和非常快的东西的奇异之处"，以一种我们无法用牛顿学说的感悟力来消化的方式。作为结果，我们的小说家和诗人不得不应对这样一个现实，它的外表不那么像牛顿世界里的平滑几何形状，而是更像一壶烧开了的水。这个世界以及我们自己都比我们以前认识到的要更奇怪，而我们得到这个认识的受助方式很奇怪，借助一系列来自于物理学一个世纪前的一个偏远角落里的意象和语言。我们已经追溯了这些概念中有多少走出了物理学进入了其他领域，甚至是进入了日常语言中。[1] 在一些例子中，这种推移是由想使用比喻的冲动驱动的，它来自于一种不满。这种不满推动着我们把一些词汇和概念用到我们的生活体验中去。我们感觉现存的、传统的词汇和概念不太适用，还有更多的东西需要说出来，所以，我们搜寻其他可能更合适的词汇和概念。在另外一些例子中，这种推移是利用性的，充分利用科学具有的文化权威性，以及它的深奥和根本含义。没有什么替代物能具有**正合适**的形象，最佳地捕获我们直觉的形象。量子力学已经帮助重新点燃我们对宇宙的敬畏。如我们在第 2 章里引用的《纽约时报》论述所言，宇宙不是一个以一种可预言的方式运行的机器，它其中的现象可以比神话故事更稀奇古怪，比阿拉丁神灯更精彩，它的神秘和美妙等待着一个新的卢克莱修。他的灵感源泉来自于普朗克、爱因斯坦、薛定谔和海森堡这样的人培育的水井。在帮助我们认识这个世界的反常以及妄想的过程中，它帮助产生了厄普代克所说的"新人文主义"的前景。

在第 9 章中，我们引用了海森堡的评论："科学中几乎每一个进步都是牺牲换来的，对于几乎每一样新的知识和智力成就，先前的立场和概念都不得不被放弃。因此，在某种程度上，知识和洞察力的增加一再地削弱了科学家们关于'理解'大自然的宣言。"我们不同意。科学家、工程师以及其他每个人只放弃了很少的东西，而且每天都在成功地运用牛顿学说的直觉。量子力学的出现只是意味着我们必须为特殊的领域发展新的直觉；我们不得不牺牲的东西只是这样一个梦想，即一套单一的、无所不包的直觉在所有尺度上和所有领域里都能奏效。牛顿时刻和量子时刻属于彼此，相连在一起，没有对方就不能存在。它们的相互作用是富有成效的，而不是对抗性的和排他的。

确实，在很多方面，牛顿时刻和量子时刻比它们所显现的要更相似。牛顿学说的世界知道有不确定性和不可预知性，量子的世界受到一个高度精确的数学上的决定论的强烈影响，此决定论解释了世界的严格性。那就是为什么科学家一直到进入 20 世纪也可以不需要后者的原因。然而这两个世界的特点又是很不相同的。牛顿世界就像一个坚硬的建筑物没有根基地漂浮着；量子世界则像一座牢固建造的树屋，连在地面上，但能在微风中摇摆。更为重要的是，这两个世界向人类提供了针对 3 个关键哲学问题的不同回答：我们能知道什么，我们应该怎么做，我们可以希望什么？

理解和欣赏量子语言和意象——以及能从水果圈式用法中识别其滥用的能力——是今天一个受过教育的人所代表的含义的一部分。这样的一个教育涉及对科学和人文学科两者要素的学习。获得那种教育需要跨越很多传统学科的边界，但这是现代世界文化素养的纠缠态。面对量子时刻需要有一个 21 世纪人文学科的新

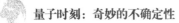
框架。

在第 1 章里，我们引述了历史学家贝蒂·多布斯和玛格丽特·雅各布的话，牛顿时刻提供了"现在大多数西方人和部分非西方人生活的物质和精神世界（工业的和科学的），这被贴切地描述为现代。"[2]然而这个世界在缓慢地变化。什么是描述牛顿时刻之后的世界的正确方式？我们厌恶那个通常用到的字眼"后现代"，它被很多不同的人赋予了很多意思说来说去。我们也不喜欢这个词语被好些人接受的方式，如索卡在他众所周知的、我们在第 8 章里提到过的恶作剧中所揭示的那样。这些人是科学上的文盲甚或是反科学的，因为很清楚，科学与这个后牛顿学说文化世界的框架是紧密相连的，这是任何一个希望来理解它的人所必须面对的事实。我们问班上的学生，那个描写牛顿时刻之后所发生的事情的合适字眼是否可能是量子时刻？

注　释

第1章　牛顿时刻

[1] 革命性的科学理论经常具有这种影响；关于达尔文进化论对文化的影响的一个叙述，见 Monte Reel 所著的，*Between Man and Beast: An Unlikely Explorer, the Evolution Debates, and the African Adventure That Took the Victorian World by Storm* (New York:Doubleday, 2013)。

[2] 例如在 *The Machiavellian Moment: Florentine Political Thought and the Atlantic Republican Tradition* (Princeton: Princeton University Press, 1975) 中，历史学家 J. G. A. 波科克详细论述了尼科洛·马基雅弗利的著作怎样对下面这个看起来似乎无解的事实做出回应：道德共和总是受到毁灭的威胁，其中很多毁灭看来是自己导致的。通过明确地面对和说明这个事实，马基雅弗利的著作为政治思想和行动开辟了一片新天地，远远长过马基雅弗利自己生命的天地。波科克演示了，为领会马基雅弗利时刻，我们不仅须理解马基雅弗利的著作，还必须理解他对之做出反应的历史形势，以及他怎样改变了它。

[3] 牛顿的生平和工作已被科学史家们仔细和广泛地记录、归档和分析。我们发现对教学目的而言有用的资源是 Dobbs 和 Jacob 所著的 *Newton* 以及 I. Bernard Cohen 所著的 *The Birth of a New Physics* (New York: Norton, 1985)。

[4] 经典的例子是英国随笔作家沃尔特·白芝浩的一本书《物理与政治》(1872)。这本书探索和扩展了牛顿学说的观点对政治理念的含义，包括那些后牛顿学说观念，如质量守恒、能量和原子行为。

[5] 不会觉得有多奇怪，在学者和普通百姓中发展出了类似于世俗宗教的牛顿学说崇拜。一个例子是共济会会员，他们建立了一种对模仿牛顿学说世界里的秩序和合理性的生活的替代文化体验。在共济会的会所里，

牛顿的体系受到"识字精英的崇拜，尽管他们实际上对科学所知甚少，只要有一个晚上，他们就把自己变成神职人员，主持发明出来向宇宙及其瑰丽产生之宏伟设计表示敬意的仪式"（Dobbs 和 Jacob 所著 *Newton*，第 104 页）。

第 2 章　一个像素化的世界

[1] 参加第一次索尔维会议（如它所被称呼的）的是 21 位知名的欧洲物理学家：7 位来自德国（包括能斯特、普朗克、维恩和鲁宾斯），2 位来自英国（包括瑞利－琼斯定律中的琼斯），6 位来自法国（包括亨利·庞加莱和唯一的女士居里夫人），2 位来自奥地利（包括那时在布拉格的爱因斯坦，布拉格当时是奥匈帝国的一部分），1 位来自比利时，2 位来自荷兰，以及 1 位来自丹麦。

[2] 在 Jammers 所著的 *Conceptual Development* 第 54 页中被引用。伽莫说，"即使不是最早"，这也很可能是"最早的放弃经典力学普适性的声明之一"。单单这就将使得这次会议成为科学史上的重要一笔。

[3] 在 Sopka 所著的 *Quantum Physics in America* 第 35 页中被引用，显然它是在肯布尔的论文中找到的一个学生的报告的开头。

[4] 例如 1916 年 4 月 3 日，哥伦比亚大学的乔治·皮格勒姆教授在纽约市的美国国家历史博物馆做了一个报告，题目是"光有原子吗？量子理论"。随着更多有关量子的新闻影响到公众，这样的报告的数量和听众越来越多。

[5] 例如想想下面这段来自马克·莱纳 1992 年的小说《还有你，贝比》中的对话。在小说中，某个名叫洛佩兹的将军正在被身份不明的讯问者盘问。

——将军，最后一个问题。你有任何文身吗？

——有，长官。

——在你身上什么地方？纹的是什么？

——我把 $E=nhf$（普朗克的能量辐射公式）纹在我的龟头上。

[6] 那么量子是什么时候诞生的呢？有时候发现刚出现的时候其本身

并没有被完全认识，量子就是这样的一个例子。有些人把它的诞生定为
10 月 19 日的那个公式。伽莫的日期是 1898 年 5 月普朗克第一次做他的
计算的时候，如果仔细考虑的话，这次计算需要有量子。其他历史学家
（包括克拉和库恩）则倾向于 1900 年 12 月甚至更晚些时候。最晚的是爱
因斯坦 1905 年论文的发表日期，因为爱因斯坦认识到量子适用于整个领
域——这就是它为什么能把电子从材料里面"撞"出来的原因。

[7] 阿尔伯特・爱因斯坦，"On a Heuristic Viewpoint Concerning the
Production and Transformation of Light"，*Annalen der Physik* 17 (1905),
pp. 132–48，复制在 *The Collected Papers of Albert Einstein*, vol.2, tr. A. Beck
(Princeton: Princeton University Press, 1989), Document14, pp. 86–103 中。这
篇论文的确是革命性的。但从另一方面来说它也是保守的，因为爱因斯坦
和普朗克一样，尽可能多地保留旧的理论，尽可能少地吸收额外的东西来
解释事物。普朗克保留经典力学和热力学原封不动，通过将量子这个想法
加到他的谐振子上来和黑体实验一致；爱因斯坦保持经典粒子和经典的波
原封不动，通过将量子这个想法往前扩展一点点，扩展到光子本身上来和
光电效应的实验数据一致。一场革命正在酝酿中，但它的创造者们用他们
所能采取的最小的行动把它一点一点往前推。

第 3 章　量子跃迁

[1] 玻尔的博士论文是通过把可移动的电荷描绘成经典电子气体来试
图理解物质的电学性质的。他确信在原子的尺度上必须有某种量子的描述。
他开始去寻找那样的一个图像，并展示了对于最简单的原子——氢原子而
言，当原子被激发后，发射的光谱能被下面这个假定解释：电子处在具有
分立能量的轨道上，在这些分立能量之间不允许有任何东西。

第 4 章　随机性

[1]1873 年麦克斯韦写道："分子科学教导我们，我们的实验永远

都不能给予我们任何超出统计学信息的东西，没有什么从这些实验中推断出来的定律能自称具有绝对的精度"（"Molecules", *Nature* [September 1873], pp. 437–41）。历史学家们确实已经将麦克斯韦对在自然科学中依赖统计学这个想法感到安心追溯到了社会科学越来越多地使用统计学。见 Theodore M. Porter, "A Statistical Survey of Gases: Maxwell's Social Physics," *Historical Studies in the Physical Sciences* 12, no. 1(1981), pp. 77–116, at p. 79。

[2] 在 19 世纪晚期，麦克斯韦、玻尔兹曼以及其他科学家努力地去寻找原理来将小尺度上的、可逆的、牛顿学说的行为与大尺度上的不可逆行为（比如那些由热力学处理的行为）联系起来。例如玻尔兹曼引入了一个现在以他的名字命名的常数（由字母 k 代表）来将一种物质的温度 T 和在同样温度下那种物质的一个原子具有的平均能量联系起来。但这些科学家找到的东西只是对强调微观与宏观世界间的差别有用。在小尺度上，事物是可逆的和可预测的，但在大尺度上则是由统计学管辖的。牛顿定律 + 由无数多的部分组成的物体 + 概率定律 = 时间之箭和熵的增加（无序）。结果是在热力学家中产生了布拉什所称的"运动学的世界观"，它的精神和传统牛顿物理学的很不一样。热力学也产生了一个被称为"吉布斯佯谬"的问题，在下一章里有讨论。

[3] 爱因斯坦的想法是光总是定域在一个一个的包（后来称之为光子）中，就像一连串的台球而不是水流。正是因为这些光子是定域的，当它们撞击原子时，它们能撞出电子（基于普朗克最初的想法，这本来是不容易理解的），你可以使用普朗克的公式来得到与一个原子碰撞的入射光子的能量，从而计算这些电子中的每一个所能具有的最大能量。电子在从材料中逃逸出来时损失了一些能量，因此计算公式中包含电子能有的最大能量（普朗克的 $h\nu$）减去代表电子从材料里"攀爬"出来需花费的能量的"功函数"。但是爱因斯坦的公式里没有什么东西会告诉你一个光子将真的撞出一个电子的概率。

[4] 海尔布伦写道："它还展示了历史学家的强有力分析工具和著书目

录的丰富资源以及他们的结果能被用于影响科学史……福曼向我揭示了科学史就是历史，历史写作和科学研究一样，是一门费力的、创造性的和有回报的学科。"

[5] 然而，如伽莫在 *Conceptual Development* 第 113 页所指出的，爱因斯坦把这视为一个非常初步的结论。

第 5 章　全同性的问题：还没有掉的量子鞋

[1] 在一个有关数学家和哲学家伯特兰·罗素的著名故事中，他正对着一群普通听众讲解逻辑。他说，如果一个数学体系的基本假设在逻辑上是矛盾的，那么就有可能证明任何结论。听众中一个持怀疑态度的人大声喊道："如果 1 等于 2，证明一下你是教皇！"罗素不受打扰地回答说："我和教皇是 2 个人，因此我和教皇是 1 个人。"罗素利用了同等与同一性之间的相当性："我和教皇是 1 个人"代表的是同一性，而"我是教皇"则是更照字面意义代表同等的方式。

[2] 泡利也假设了任何单粒子态（这里态的标签包括一个额外的、可取两个值的标签，现在被确认为是电子的自旋，和光子的极化很相似）最多能被一个电子占据。

[3] P.A.M. Dirac, *The Principles of Quantum Mechanics*, 4th ed. (Oxford:Clarendon Press, 1981). 事实上，从量子力学的基本原理以及三维空间的性质中推导出这个结果是可能的。要做到这一点，我们需要一点到下一章之前我们不会真正介绍的前传：在量子力学中，对一个粒子或粒子组成的系统的描述采用的形式是一个**波函数**——一个依赖于所有粒子位置坐标的函数。这个波函数不能被直接观测，这一点直接就来自于波函数是**复**的这么一个事实。也就是说，它既有一个实的部分，也有一个虚的部分。如"虚"这个字所表明的，这样的一个量不能用任何实在的测量仪器来观测。尽管如此，波函数绝对值的平方（等于它的实部和虚部的平方和）能被解释为在特定地点找到粒子的概率密度。

现在考虑两个不可分辨粒子的波函数 $\psi(x, y)$，这里 x 和 y 是三维空间中第一个和第二个粒子的坐标。如果我们交换 x 和 y，ψ 的绝对值的平方不会改变，因为这是同一个情形，因此必然具有同样的概率密度。这样，所有能发生的事情是这个复的波函数的实部与虚部被转动了一个角度 α，因为这保持 ψ 的绝对值平方不变。这个作为实方向与虚方向之间的转动的角度称为**相位角**，或简称为**相位**。我们可以通过一个空间中的转动来完成 x 和 y 的交换，绕着一根垂直于且平分连接 x 与 y 的直线的轴旋转 180° 或 π 弧度。如果我们回过去转动同样的角度，那么我们应该回到我们开始的地方，因此那个转动必然是给波函数一个 $-a$ 的相位。

到目前为止，我们对 a 没有做任何限制，但现在设想是你朝下看着一个包含这两个粒子的平面，你站在两个粒子的中间，将它们逆时针转动 180°。另外某个人过来把你转动了一下，这样和你开始的方向相比，你颠倒了过来。在你的眼中两个粒子的位置和以往一样，这个行为也给了波函数一个相位转动，把它称为 b。如果你现在又把这两个粒子相对于你自己的新视角沿逆时针方向转动一次，也就是相对于你原来的视角顺时针转动，这样得到一个相位 $-a$。让你的朋友现在把你转回到朝上的位置。这给出一个相位 $-b$。我们有两个相位转动，即 $+b$ 和 $-b$，它们相互抵消。当我们把这些都完成后，剩下来的东西就是你两次把两个粒子逆时针转动了 180°，给出相位 $2a$。然而如果我们还记得，第二次转动粒子的时候你是上下颠倒的，因此相对于你最初的方向，你是沿顺时针方向转动粒子，你发现净剩的相位是 $a-a=0$（或等价为 360°，因为一个 360° 的相位转动和完全不转动是等效的）。

把所有这些都放到一起，我们得出结论：绕中点处的轴朝同一方向旋转两次必然给出原来的 ψ。这意味着交换 x 和 y 必然是将 ψ 乘上 1 的平方根，就是说 $+1$ 或者 -1。-1 这个情形给出的结果是，对于 $x=y$，ψ 必然等于 0，这就是泡利原理。而 $+1$ 的情形给出的波函数在交换两个不可分辨粒子的坐标时是不变的，这就是玻色 – 爱因斯坦这种情形。所以，狄拉克的表述说这两种可能性是自然界里能找到的仅有的可能性，是三维空间中转动对称性的一个自然结果。

如果我们生活在一个只有两维空间的世界里，那么就不是这样了，角度 α 将可以是任何我们想要的值（J. M. Leinaas and J. Myrheim, "On the Theory of Identical Particles", *Nuovo Cimento* B37 [1977], pp. 1–23）。　可以拥有这些可能性的粒子已被称为"任意子"（FrankWilczek, "Quantum Mechanics of Fractional-Spin Particles", *Physical Review Letters* 49 [1982], pp. 957–59）。在实验室制备的一些系统中，运动更容易只是在两维而不是三维中进行，已有报导说找到了遵循这种分数统计的粒子的迹象。

第 6 章　鲨鱼和老虎：矛盾体

[1] 沃斯 – 安德里亚应该知道。他念大学时在柏林和爱丁堡学习物理，研究生时期是在维也纳跟随物理学家安东·蔡林格做关于碳 –60 富勒烯分子量子干涉的双缝实验。据沃斯 – 安德里亚说，虽然这个雕塑与互补性的数学没有直接联系，但它与量子物理的数学有联系。其联系程度是，如果你按照普朗克公式 $E=h\nu$ 给予一团能量（例如一块物质甚至是一个人）一个频率，然后移动它或按照狭义相对论的规则将它变换到一个运动参照系里，你就会得到垂直于运动方向的平面波前。这就是给予沃斯 – 安德里亚使用平板这个想法的东西（个人通信）。

[2] 康普顿效应涉及撞击原子中一个电子的 X 射线光子波长的改变与散射角度的关系。X 射线的能量是如此之大，以至于电子也可以是一个自由电子。康普顿使用动量与波长之间的关系，再加上动量守恒和能量守恒，找到了一个有关波长变化的公式，这个公式让他获得了 1927 年的诺贝尔奖。但是康普顿不知道怎么去预言任何特定光子的角度，只知道角度与波长变化的关系（*Physical Review* 21 [1923], pp. 483–502）。

[3] 玻尔是另一个波的支持者，他实际上尝试了这个。1924 年，他与亨德里克·克拉默斯以及约翰·斯莱特合作做了一个大胆的尝试，试图摧毁爱因斯坦的想法并发展出一个更传统的方法使用波动理论来解释光是怎样被发射和吸收的，以及解释光电效应和康普顿效应（N. Bohr, H. Kramers, and J. Slater, "The Quantum Theory of Radiation", *Philosophical*

Magazine 47 [1924],p. 785）。与达尔文一样，他们发现，要打垮爱因斯坦的想法，他们必须放弃能量守恒，只在平均的意义上让它守恒。他们也必须放弃任何关于光是怎样被发射和吸收的机制的可视化图像的希望。玻尔－克拉默斯－斯莱特（BKS）理论付出的代价被认为是太极端了，不仅仅大多数物理学家这么想，甚至这个理论的作者之一斯莱特也这样认为。他后来声称是被迫在论文上签下了自己的名字。当玻尔－克拉默斯－斯莱特论文在发表后不到一年的时间里被实验证伪时，几乎没有人对此感到惊讶甚或可惜。

第7章　不确定性

[1] George Steiner, *Real Presences* (Chicago: University of Chicago Press,1989)。作为对比，Phillip Herring 在 *Joyce's Uncer tainty Principle* 中不是把这个原理的意思视为定义文学解读，而是视为限制它。

[2] 人文学科领域的其他人同样发现不确定性原理是带来解脱感的，它意味着我们能研究和讨论像艺术、价值以及精神事物等这样的东西而没有羞愧感或防卫心理。"这是具有第一流重要性的东西。"《观察者》专栏作家 A. 沃尔夫 1929 年在一系列关于"物理科学中的新展望 / 普适机制被抛弃了 / 一个古老噩梦的终结"的专栏中写道，"当经济学家（包括学术的和现实的）看到他们的偶像破碎了，并理解了模仿一个受到质疑的力学让人文科学具有确定性这件事情中的不协调时，它应该对解放世界、追求理想大有帮助。"（*The Observer,* February 3, 1929, p. 17）

第9章　不行

[1] 我们喜欢的、在班上分发的一个关于贝尔定理的简明扼要的解释见 N. David Mermin, "Is the Moon There When Nobody Looks? Reality and the Quantum Theory", in *Physics Today* 38(April 1985), pp. 38–47。一个不同的版本是 "Quantum Mysteries for Anyone", in *Philosophy of Science and*

the Occult, 2nded., ed. P. Grim (Albany: State University of New York Press, 1990),pp. 315 25。

我们不知道怎样以贝尔定理最初的形式给出一个关于它的简明的、易于理解的叙述，但我们**能**给出一个好的方法来构想纠缠是如何工作的。首先，让我们注意量子力学的**所有**奇特性质，如叠加、不确定性等，包括纠缠实际上是波的效应，对经典的波来说它们可以被视为是完全正常的，只有当我们使用量子力学把波应用于关于粒子的预言时它们才变得奇怪。

考虑一个实验，一束光被射过一个"参量下转换"装置，这个装置将每一个光子转换成两个光子，转换后的光子频率减半，因此能量也减半。这两个光子的动量自动就是相互关联的。因此不奇怪，如果一个光子被观测到具有某个向左的动量，那么另一个就具有向右的同样大小的动量。这看起来不那么令人惊讶，但现在让我们想象一个不同的实验。在这个实验里，第一个光子通过一个遮挡物，遮挡物的开口形成几个字母，例如U-M-B-C（T. B. Pittman,Y. H. Shih, D. V. Strekalov, and A. V. Sergienko, "Optical Imaging byMeans of Two-Photon Quantum Entanglement"，*Physical Review* A 52[1995], p. R3429）。另一边的光子被收集起来，在它所允许的路径上没有设置任何形状。当足够多的光子到达了左边，在屏幕上形成一个可见的图案 U-M-B-C 时，我们可以看另一边，在它们的路径上没有任何限制的光子形成的图案。结果你瞧，这些光子（每一个在时间上和向左运动的光子中的某一个一致）产生了一个也是 U-M-B-C 的图案！这正是 EPR 论文反对的东西：这两个粒子在动量上是有关联的，而且在位置上也是关联的，因此它们显然是纠缠的，因为单独对于两者中的任何一个，我们不能同时测量其位置和动量。位置上的关联是一个微妙的关联。它不是那些时间上一致的光子最后处于正好对应的位置上，而是作用在向左运动的光子上的限制为向右运动的光子产生了一张"全息照片"，结果所有向右运动的光子的累积效果再现出那个强加在向左运动的光子上的图像。

这个纠缠是一个波动现象的证明来自于一个类似的实验，这个实验使用一束相当于一个经典波的强激光。这样的一个波能被分成两半，使用一块半镀银的镜子反射一半的强度并透射另一半。这一次平行于镜子表面的动量（对于经典波，类似的量被称为"波数"）必定是相等的，在动量上产生一种显然的关联，但相反，我们可以在其中一边观察一个形状，看它在另一边被复制出来。EPR 论文应该对这个没有反对意见，因为对波来说这样的一个关系是一个"预期的"实在的形式（Ryan S. Bennink, Sean J.Bentley, and Robert W. Boyd, "'Two-Photon' Coincidence Imaging with a Classical Source", *Physical Review Letters* 89 [2002], p. 113601）。

第 10 章　薛定谔猫

[1] 作为通俗文化的一个话题，薛定谔猫在 20 世纪 80 年代达到成熟阶段。例如 1984 年，科学家和科普作家约翰·格里宾出版了 *In Search of Schrödinger's Cat: Quantum Physics and Reality*，它的流行引发了一个续篇：*Schrödinger's Kittens and the Search for Reality* (1996)。其他讨论薛定谔这个图像的非小说类作品包括 *Who's Afraid of Schrödinger's Cat? An A-to-Z Guide to All the New Science Ideas You Need to Keep Up with the New Thinking*(Ian Marshall and Danah Zohar, 1997)，以及 *Schrödinger's Machines:The Quantum Technology Reshaping Everyday Life* (Gerald J. Milburn,1997)。过去几十年里包含这个主题的小说包括 *Schrödinger's Cat Trilogy* (Robert Anton Wilson, 1979)；*Schrödinger's Baby: A Novel* (H. R. McGregor, 1999)；*Schrödinger's Ball* (AdamFelber, 2006)；以及 *Blueprints of the Afterlife* (Ryan Boudinot, 2012)。短篇故事包括 Ursula K. Le Guin 的 "Schrödinger's Cat" (1974) 和 F. Gwynplaine MacIntyre 的 "Schrödinger's Cat-Sitter" (2001)。"薛定谔猫"是一个音乐团队的名字，"**薛定谔的老鼠**"是一本科幻小说杂志的名称。提到这只猫的电视节目包括 "*Stargate*" "*Futurama*" "*CSI*" 以及 "*Doctor Who*" 的一个音频集。约翰·列侬的儿子西恩以及一个乌克兰摇滚乐队发行过标题中含有"薛定谔猫"的歌曲。这只猫出现在 YouTube 上和数不清的电子游戏中。维基百科上甚至有网页

专门讲"通俗文化中的薛定谔猫"。

[?] 感谢（当时）来自布里斯扎尔和牛津的博士后研究人员 David Leigh、Gavin Morley、Denzil Rodrigues 以及 Jamie Walker 发给我们这些材料。

第 12 章　拯救物理

[1] 简明提到贝尔定理的教科书是 Kurt Gottfried 所著的 *Quantum Mechanics: Fundamentals* (W. A. Benjamin, 1966)。凯泽找到的第一本关注了贝尔定理的量子力学教材是 1985 年 Sakurai 的教科书 *Modern Quantum Mechanics*，也就是说贝尔定理没有进入主流物理教材，一直到基础物理团体已经留下它的影响之后。

[2] 想想下面这些来自 *Chimerical Cat*（Brush, p. 422）的评论。玻恩说："我个人喜欢把一个概率波，即使是在 3N 维空间中，当作一个真实的东西，它肯定不只是一个数学计算的工具。"魏斯科普夫说："原子现象很难理解和很难描述的这样一个事实并不让它们的真实性更少。"

结语　现在时刻

[1] 为了我们的课程，我们经常把很多这些用语和概念放进一个表中。

用语	起源	隐喻性应用
量子（1900）	解释黑体辐射	离散，不连续
量子跃迁（1913—1914）	非连续的、态之间的变迁	任何事物的巨大变迁
随机性（1916—1917）	原子的光发射和吸收	来自无序和混乱的秩序
波粒二象性（20世纪20年代）	量子现象的行为	矛盾，精神分裂

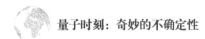

续表

用语	起源	隐喻性应用
不确定性原理（1927）	$\Delta p \Delta q \geqslant \hbar/2$	无法确定性，观测者效应，随机性，自由意志，意识影响实在，无法图像化性……
互补性（1927）	一个现象的两个特征（例如波和粒子）可以都是必需的但又相互排斥	这么一个事实：一个现象可以展现出矛盾或不相容的行为，或依赖于观测者采用的方式可以显现得不一样
薛定谔猫（1935）	一个玩笑，取笑波函数暗示着某个事物可以具有不确定的存在，一直到它"被观测"为止；对哥本哈根诠释的一个实在论者的批评	一个图像或玩笑，有时是虐待狂的，有关不确定的存在，或生与死，或猫的古怪行为
平行世界（1957）	量子力学的一个诠释，与哥本哈根诠释相反，这里波函数不会"塌缩"。这些世界之间没有相互作用	一个虚构的想法，这里平行世界存在，并且有可能在它们之间旅行。"我本应该做另外那件事"之类的东西

用语	起源	隐喻性应用
多重宇宙（2004）	弦论的一个应用，量子涨落产生无数个"婴儿宇宙"，它们通过膨胀变大，但相互之间没有重叠	我们的宇宙只是无限多个宇宙中的一个

参考文献

引　言

1. David Javerbaum, "A Quantum Theory of Mitt Romney," *The NewYork Times*, March 31, 2012, p. SR4.

2. Alison Bechdel, *Fun Home: A Family Tragicomic* (New York: Houghton Mifflin, 2006), p. 104.

第 1 章　牛顿时刻

1. John Green and David Levithan, *Will Grayson, Will Grayson* (New York: Dutton, 2010), pp. 82–83.

2. Ryan Boudinot, *Blueprints of the Afterlife* (New York: Grove Press, 2012).

3. Mordechai Feingold, *The Newtonian Moment: Isaac Newton and the Making of Modern Culture* (New York: Oxford University Press, 2004), p. xi.

4. Feingold, *The Newtonian Moment*, p. xiii.

5. Pierre Laplace, *A Philosophical Essay on Probabilities*, tr. F. Truscott and F. Emory (New York: Dover, 1951), p. 4.

6. William Thomson (Lord Kelvin), *Kelvin's Baltimore Lectures and Modern Theoretical Physics: Historical and Philosophical Perspectives* (Studiesfrom the Johns Hopkins Center for the History & Philosophy of Science),ed. R. H. Kargon and P. Achinstein (Cambridge: MIT Press,1987), p. 206.

7. Betty Jo Teeter Dobbs and Margaret C. Jacob, *Newton and the Culture of Newtonianism* (Atlantic Highlands, NJ: Humanities Press, 1985), p. 123.

8. Richard Rorty, *Objectivity, Relativism, and Truth* (Cambridge: Cambridge University Press, 1991), p. 22.

9. See for instance A. S. Barnhart, "The Exploitation of Gestalt Principles by Magicians," *Perception* 39 (2010), pp. 1286–89.

10. Richard Dawkins, Why the Universe Seems So Strange.

11. Rudolf Carnap, Hans Hahn, and Otto Neurath, "The Scientific Conceptionof the World: The Vienna Circle," in *Philosophy of Technology:The Technological Condition*, ed. R. Scharff and V. Dusek (Oxford: Blackwell Publishing, 2003), p. 89.

12. See for instance Stephen Brush, "Irreversibility and Indeterminism:Fourier

to Heisenberg", *Journal of the History of Ideas* 37 (1976), pp. 603–30.

13. Voltaire to Pierre-Louis Moreau de Maupertuis, October 1732, *in Voltaire's Correspondence*, vol. 2, ed. T. Besterman (Geneva: Voltaire Institute and Museum, 1953), p. 382.

14. As in Chapter 7 of Cohen, *The Birth of a New Physics*.

15. Brush, "Irreversibility."

16. Quoted in Brush, "Irreversibility", p. 611.

第 2 章　一个像素化的世界

1. John Updike, "Notes and Comment," *The New Yorker*, December 9,1967, p. 51.

2. Planck's struggles to protect science during the Nazi regime are outlined in Philip Ball, *Serving the Reich: The Struggle for the Soul of Physicsunder Hitler* (London: Random House, 2013).

3. J. L. Heilbron, *The Dilemmas of an Upright Man: Max Planck as Spokesman for German Science* (Berkeley: University of California Press,1986), p. 3. Other biographies of Planck and his work: H. Kragh, *QuantumGenerations: A History of Physics in the Twentieth Century* (Princeton:Princeton University Press, 1999); and T. S. Kuhn, *Black-Body Theoryand the Quantum Discontinuity: 1894–1912* (Oxford: Clarendon Press,1978).

4. Max Planck, *Scientific Autobiography and Other Papers* (London: Williams & Norgate, 1950), pp. 34–35.

5. Albert Einstein to C. Habicht, May 1905, in *The Collected Papers of Albert Einstein*, vol. 5, tr. A. Beck (Princeton: Princeton University Press, 1995), Document 28, p. 21.

6. Quoted in Max Jammer, *The Conceptual Development of Quantum Mechanics* (New York: McGraw-Hill, 1966), p. 59.

7. Quoted in Guido Bacciagaluppi and Anthony Valentini, *Quantum Theory at the Crossroads: Reconsidering the 1927 Solvay Conference* (Cambridge:Cambridge University Press, 2009, p. 4).

8. Henri Poincaré, "The Quantum Theory," in *Mathematics and Science:Last Essays*, tr. J. W. Bolduc (New York: Dover, 1963), p. 88. See also Russell McCormmach, "Henri Poincare and the Quantum Theory", *ISIS* 58 (1967), pp. 37–55.

9. See for instance Maila L. Walter, *Science and Cultural Crisis: An Intellectual Biography of Percy Williams Bridgman (1882–1961)* (Redwood City, CA: Stanford University Press, 1991), p. 81.

10. Katherine Sopka, *Quantum Physics in America: 1920–1935* (New York: American Institute of Physics and Tomash Publishers, 1976), p. 39.

11. Werner Heisenberg, *Physics and Beyond: Encounters and Conversations* (New York: Harper & Row, 1971), p. 26.

12. Robert Millikan, "Einstein's Photoelectric Equation and Contact Electromotive Force", *Physical Review* 7 (1916), p. 18. See also G. Holton, "R. A. Millikan's Struggle with the Meaning of Planck's Constant", *Physics in Perspective* 1, no. 3 (1999), pp. 231–37.

13. Paul Epstein, *Physikalische Zeitschrift* 17 (1916), p. 148; *Annalen der Physik* 50 (1916), p. 489.

14. Paul Heyl, *New Frontiers of Physics* (New York: D. Appleton, 1930), p. 67.

15. Jammer, *Conceptual Development*, pp. 36–37.

16. *Manchester Guardian*, January 23, 1929, p. 9.

17. "Science Needs the Poet", *The New York Times*, December 21, 1930, p. 47.

18. Paul Hartman, *A Memoir on The Physical Review: A History of the First Hundred Years* (Woodbury, NY: AIP Press, 1994), pp. 43–44.

19. Max Planck, "On an Improvement of Wien's Equation for the Spectrum", *Annalen der Physik* 1 (1900), p. 730.

20. Max Planck, *Scientific Autobiography and Other Papers* (New York: Philosophical Library, 1949), p. 41.

21. Max Planck, "The Origin and Development of the Quantum Theory", Nobel Prize Lecture, 1922.

22. Max Planck to R. W. Wood, October 7, 1931, reproduced in A. Hermann, *The Genesis of Quantum Theory (1899–1913)*, tr. C. Nash (Cambridge: MIT Press, 1971), p. 23.

23. Jammer, *Conceptual Development*, p. 18.

24. Max Planck, "On the Theory of the Energy Distribution Law of the Normal Spectrum", *Verhalungen der Physikalischen Gesellschaft* 2 (1900), p. 202.

25. Jammer, *Conceptual Development*, p. 22.

第3章　量子跃迁

1. George Gamow, *Thirty Years That Shook Physics* (New York: Doubleday, 1966), p. 56.

2. John L. Heilbron, "The Scattering of Alpha and Beta Particles and Rutherford's Atom", *Archive for History of Exact Sciences* 4 (1968), p. 304.

3. See Heilbron, "The Scattering".

4. Quoted in Abraham Pais, *Niels Bohr's Times, In Physics, Philosophy, and Polity* (New York: Clarendon Press, 1991), p. 144.

5. James Jeans, *Report on Radiation and the Quantum-Theory* (London: The Electrician Publishing Company, 1914), pp. 79–80.

6. Cited in Jammer, *Conceptual Development*, p. 77.

7. Niels Bohr, "On the Constitution of Atoms and Molecules, Part I", *Philosophical Magazine* 26 (1913), pp. 1–24; "On the Constitution of Atoms and Molecules, Part II: Systems Containing Only a Single Nucleus", *Philosophical Magazine* 26 (1913), pp. 476–502; "On the Constitution of Atoms and Molecules, Part III: Systems Containing Several Nuclei", *Philosophical Magazine* 26 (1913), pp. 857–75.

8. Pais, *Niels Bohr's Times*, p. 147.

9. Jeans, *Report*, p. 1.

10. These include Bertrand Russell's book, *The ABC of Atoms*, in 1923, and James Jeans's Rouse Ball lecture of 1925.

11. Waldemar Kaempffert, *The New York Times*, January 11, 1931.

12. "Down the Spillway," n. a., *The Sun*, July 4, 1929, p. 6.

13. "At Random", *The Observer*, November 10, 1929, p. 15.

第 4 章 随机性

1. BBC News, December 4, 2002.

2. David Lindley, *Uncertainty: Einstein, Heisenberg, Bohr, and the Struggle for the Soul of Science* (New York: Doubleday, 2007), p. 30.

3. A. Einstein to M. Besso, August 11, 1916, in *The Collected Papers of Albert Einstein*, vol. 8, tr. A. Hentschel (Princeton: Princeton University Press, 1998), Document 250, p. 243.

4. A. Einstein to M. Besso, September 6, 1916, in *Collected Papers*, vol. 8, Document 254, p. 246.

5. "The 'Thirties' ", *The New York Times*, December 29, 1929, p. E4.

6. Cathryn Carson, Alexei Kojevnikov, and Helmuth Trischler, "The Forman Thesis: 40 Years After", in *Weimar Culture and Quantum Mechanics: Selected Papers by Paul Forman and Contemporary Perspectives on the Forman Thesis*, ed. C. Carson, A. Kojevnikov, and H. Trischler (London: Imperial College Press, 2011), p. 3.

7. Paul Forman, PhD dissertation, University of California, Berkeley, 1967.

8. *Archive for History of Exact Sciences* 6 (1969), pp. 38–71.

9. *Historical Studies in the Physical Sciences* 3 (1971), pp. 1–115, reproduced

in *Weimar Culture and Quantum Mechanics*, pp. 87–201, from which all quotes are taken.

10. Carson, Kojevnikov, and Trischler, eds., *Weimar Culture and Quantum Mechanics*, p. 2.

11. The most frequently cited of the three papers is "Quantentheorie des Strahlung", *Physikalische Zeitschrift 18 (1917),* pp. 121–28, reprinted as "On the Quantum Theory of Radiation", in *Sources of Quantum Mechan- Notes to pages 84–100 289 ics*, ed. B. L. van der Waerden (Amsterdam: North Holland Publishing Co., 1967), pp. 63–78. This is a reprint of a paper in the *Physik. Gesell. Zurich Mitt.* 16 (1916), pp. 47–62; the third paper is "Strahlungsemission und Absorption nach der Quantentheorie", in *Verh. Deutsch. Phys. Ges.* 18 (1916), pp. 318–23.

12. Einstein, *The Collected Papers of Albert Einstein*, vol. 6, tr. A. Engel (Princeton: Princeton University Press, 1997), Document 34, p. 216.

13. Albert Einstein to Michele Besso, March 9, 1917, in *Collected Papers*, vol. 8, Document 306, p. 293.

14. Albert Einstein to Max Born, January 27, 1920, in *The Collected Papers of Albert Einstein*, vol. 9, tr. A. Hentschel (Princeton: Princeton University Press, 2004), Document 284, p. 237.

15. Albert Einstein, "Physics, Philosophy, and Scientific Progress", *Physics Today*, Vol. 58, June 2005, p. 46.

第 5 章　全同性的问题：还没有掉的量子鞋

1. Peter Pesic, *Seeing Double: Shared Identities in Physics, Philosophy, and Literature* (Cambridge: MIT Press, 2002), p. 98.

2. Pesic, *Seeing Double,* p. 14.

3. Robert P. Crease and Charles C. Mann, *The Second Creation: Makers of the Revolution in 20th Century Physics* (New York: Macmillan, 1986), p. 95.

4. Wolfgang Pauli, *Zeitschrift fur Physik* 31 (1925), p. 765.

5. See John L. Heilbron, "The Origins of the Exclusion Principle", *Historical Studies in the Physical Sciences* 13 (1983), p. 261.

6. Abraham Pais, *Inward Bound: Of Matter and Forces in the Physical World* (New York: Oxford University Press, 1986), p. 272.

7. Wolfgang Pauli, *Zeitschrift fur Physik* 31 (1925), pp. 765–85.

8. Henry Margenau, "The Exclusion Principle and Its Philosophical Importance", *Philosophy of Science* 11 (1944), pp. 187–208.

第 6 章 鲨鱼和老虎：矛盾体

1. Daniel Albright, *Quantum Poetics: Yeats, Pound, Eliot, and the Science of Modernism* (Cambridge University Press, 1997), pp. 24–25.

2. John Polkinghorne, *Quantum Physics and Theology: An Unexpected Kinship* (New Haven: Yale University Press, 2007), p. 91.

3. Arthur G. Webster, *Weekly Review* 4 (1921), pp. 537–38.

4. G. E. Sutcliffe, "The Eastern School", letter to the editor, *The Times of India*, October 12, 1921, p. 11.

5. "The Quanta Theory", n.a., *Los Angeles Times*, October 20, 1922, p. II4.

6. F.C.S. Schiller, "Psychology and Logic", in *Psychology and the Sciences*, ed. William Brown (London: A & C Black, 1924).

7. Myra Nye, "British Savant Club Speaker", *Los Angeles Times,* October 19, 1922, p. II8.

8. W. Kaempffert, "Details Concepts of Quantum Theory; Heisenberg of Germany Gives Exposition Before British Scientists", *The New York Times,* September 2, 1927, p. 6.

9. Jammer, *Conceptual Development*, p. 196.

10. Sir William Bragg, *Electrons & Ether Waves: Being the 23rd Robert Boyle Lecture, on May, 1921* (New York: Oxford, 1921).

11. Quoted in Jammer, *Conceptual Development*, p. 171.

12. Cited in Roger Stuewer, *The Compton Effect: Turning Point in Physics* (New York: Science History Publications, 1975), p. 331.

13. J. J. Thomson, *The Structure of Light: The Fison Memorial Lecture, 1925* (Cambridge, England: Cambridge University Press, 1925), p. 15.

14. Stuewer, *The Compton Effect*, p. 331.

15. Albert Einstein, *Berliner Tageblatt*, April 20, 1924.

16. James Jeans, *Atomicity and Quanta* (Cambridge, England: Cambridge University Press, 1926), p. 62.

17. Robert P. Crease, *The Great Equations: Breakthroughs in Science from Pythagoras to Heisenberg* (New York: Norton, 2011), p. 236.

18. Werner Heisenberg, *Physics and Beyond: Encounters and Conversations* (New York: Harper and Row, 1971), p. 60.

19. Max Born, *Physics in My Generation* (New York: Pergamon Press, 1969), p. 100.

20. Pais, *Inward Bound,* p. 255.

21. See for instance Stephen Brush, "Irreversibility and Indeterminism: Fourier to Heisenberg," *Journal of the History of Ideas* 37 (1976), pp. 603–30.

22. Werner Heisenberg, *Naturwissenschaften* 14 (1926), pp. 899–904.

23. The complete correspondence, from which the following quotes are translated and drawn, is contained in A. Hermann, K. von Meyenn, and V. Weiskopf, *Wissenschaftlicher Briefwechsel mit Bohr, Einstein, Heisenberg u.a.* (New York: Springer, 1979), vol. 1.

24. See for instance Jammer, *Conceptual Development*, p. 166.

25. *Manchester Guardian,* February 14, 1935.

26. David Foster Wallace, *Everything and More: A Compact History of Infinity* (New York: Norton, 2003), p. 22.

27. John Updike, *The New Yorker,* December 30, 1985.

28. John Polkinghorne, *Quantum Physics and Theology: An Unexpected Kinship* (New Haven: Yale University Press, 2007), p. ix.

29. Teju Cole, *Open City* (New York: Random House, 2011), p. 155.

第 7 章　不确定性

1. Ray Monk, *Robert Oppenheimer: A Life Inside the Center* (New York: Doubleday, 2012), p. 142.

2. See for instance Dorothy Wrinch, "The Relations of Science and Philosophy," *Journal of Philosophical Studies* 2 (1927), pp. 153–66.

3. Craig Callendar, *The New York Times*, July 21, 2013.

4. John Updike, *Roger's Version* (New York: Knopf, 1986), p. 168.

5. Arthur Eddington, *The Nature of the Physical World* (New York: Macmillan, 1928), p. v.

6. Eddington, *Physical World*; this and the following quotes are from the sections on the "Principle of Indeterminacy" and "A New Epistemology", pp. 220–29.

7. Eddington, *Physical World*, p. 350.

8. Eddington, *Physical World*, pp. 309, 339.

9. Gerald Holton, "Candor and Integrity in Science", in *Scientific Values and Civic Virtues*, ed. Noretta Koertge (New York: Oxford University Press, 2005), p. 87.

10. Maila L. Walter, *Science and Cultural Crisis: An Intellectual Biography of Percy Williams Bridgman (1882–1961)* (Redwood City, CA: Stanford University Press, 1991), p. 4.

11. Bridgman to Korzybski, March 18, 1928. In Percy Williams Bridgman Papers, Harvard University, Cambridge, Massachusetts. Bridgman's article: "The New Vision of Science", *Harper's* 158, March 1929, pp. 443–54.

12. Waldemar Kaempffert, *The New York Times*, January 11, 1931.

13. "By-Products", *The New York Times*, November 3, 1929, p. F4

14. *The New York Times*, September 5, 1936, p. 9.

15. Review of A. Eddington, "The Nature of the Physical World", *Union Seminary Review* 41 (1929), pp. 77–78.

16. Christian Wiman, *My Bright Abyss* (New York: Farrar, Straus and Giroux, 2013), p. 17.

17. J.W.N. Sullivan, "Science and Philosophy: Sir Arthur Eddington's New Book", *The Observer*, March 3, 1935, p. 4.

18. Wolfgang Paalen, "Art and Science", *DYN* 3 (Fall 1942), p. 8.

19. Martin Heidegger, "What Are Poets For?" in *Poetry, Language, Thought*, tr. Albert Hofstadter (New York: Harper & Row, 1971), p. 112.

20. *The New York Times*, May 25, 1930, p. 25.

21. *The New York Times*, March 27, 1931, p. 27.

22. "Religion", *The Methodist Review* 46, no. 5 (September 1930), p. 740.

23. *The Christian Science Monitor*, March 30, 1931, p. 5.

24. *The Methodist Review* 45, no. 4 (July 1929), p. 580; the *Methodist Review* is drawing much of its remarks from Eddington's book.

25. Ernest Rice McKinney, *The Pittsburgh Courier*, December 12, 1931, p. 12.

26. Quoted in Lindley, *Uncertainty*, p. 185.

27. Paalen, "Art and Science", p. 8.

28. William Barrett, *Irrational Man: A Study in Existential Philosophy* (New York: Doubleday Anchor, 1958), p. 38.

29. Barrett, *Irrational Man*, p. 40.

30. Slavoj Žižek, *The Indivisible Remainder: An Essay on Schelling and Related Matters* (New York:Verso, 1996), p. 226.

31. W. Heisenberg to W. Pauli, February 23, 1927, in A. Hermann et al., eds., *Wissenschaftlicher Briefwechsel,* pp. 377–78.

32. See Brush, "Irreversibility and Indeterminism".

33. Quoted in Brush, "Irreversibility and Indeterminism", p. 626.

34. Pais, *Inward Bound*, p. 262.

35. Interview, W. Heisenberg, February 25, 1963, in Archives for the History of Quantum Physics, p. 17, The American Institute of Physics, College Park, Maryland.

第 8 章　实在性破碎了：立体主义和互补性

1. Shirley MacLaine, *Dancing in the Light* (New York: Bantam, 1985), p. 403.

2. James Jeans, *The Mysterious Universe* (New York: Cambridge University Press, 1930), p. 137.

3. Pais, *Inward Bound*, p. 178.

4. Arthur I. Miller, *Einstein, Picasso: Space, Time, and the Beauty that Causes Havoc* (New York: Basic Books, 2002).

5. Arthur I. Miller, "One Culture", New Scientist, October 29, 2005, p. 44. For more on the background to the idea of complementarity, see Gerald Holton, "The Roots of Complementarity", in *Thematic Origins of Scientific Thought: Kepler to Einstein* (Cambridge: Harvard University Press, 1988), pp. 99–145.

6. Niels Bohr, *Collected Works*, vol. 6, ed. Jorgen Kalckar (New York: North-Holland, 1985), p. 26.

7. Ibid., pp. 113–36, with the revision on pp. 580–90. This volume also has Bohr's preparatory notes and accompanying documents.

8. Ibid., p. 52.

9. Ibid.

10. Jammer, *Conceptual Development*, p. 354.

11. C. Moller, *Fysisk Tidsskrift* 60 (1962), p. 54.

12. Karl Popper, *The Logic of Scientific Discovery* (London: Routledge, 1959), p. 456.

13. J. Robert Oppenheimer, *Science and the Common Understanding* (New York: Simon & Schuster, 1954), p. 9.

14. J. Robert Oppenheimer, "Electron Theory", *Physics Today* 10 (1957), p. 20.

15. Niels Bohr, *Collected Works*, vol. 10, ed. David Favrholdt (New York: North-Holland, 1999), Editor's preface, p. v.

16. Pais, *Niels Bohr's Times*, p. 433.

17. See Bohr, *Collected Works*, vol. 10, and Pais, *Niels Bohr's Times*, pp. 438–47.

18. M. Beller, *Physics Today 5* (September 1998), pp. 29–34.

19. Pais discusses this talk in *Niels Bohr's Times*, p. 415.

20. William L. Laurence, "Jekyll-Hyde Mind Attributed to Man", *The New York Times*, June 23, 1933, pp. 1, 13.

21. *The New York Times*, June 24, 1933, p. 12.

22. References are numerous; see for instance: J. Haas, "Complementarity and Christian Thought: An Assessment", *Journal of the American Scientific Affiliation* (1983), pp. 145–51, 203–9; R. Nadeau, *Readings from the New Book on Nature: Physics and Metaphysics in the Modern Novel* (Amherst: University of Massachusetts Press, 1981); S. Ryan, "Faulkner and Quantum Mechanics",

Western Humanities Review 33 (1979), pp. 329–39; J. Honner, "Niels Bohr and the Mysticism of Nature", *Zygon* 17 (1982), pp. 243–53; J. Honner, "The Transcendental Philosophy of Niels Bohr, *Studies in History and Philosophy of Science* 13 (1982), pp. 1–29; R. Schlegel, "Quantum Physics and the Divine Postulate", *Zygon* 14 (1979), pp. 163–65; A. Hye, "Bertolt Brecht and Atomic Phys ics", *Science/Technology and the Humanities* 1 (1978), pp. 157–70; F. Falk, "Physics and the Theatre: Richard Foreman's Particle Theory", *Educational Theatre Journal* 29 (1977), pp. 395–404

23. Leonard Shlain, *Art and Physics: Parallel Visions in Space, Time, and Light* (New York: Morrow, 2007), p. 24.

24. See Jammer, *Conceptual Development*, section 7.2: "Complementarity".

25. Example: "Art and physics, like wave and particle ... are simply two different but complementary facets of a single description of the world" (Shlain, *Art and Physics*, p. 24).

26. Lawrence LeShan, *The Medium, the Mystic and the Physicist: Toward a General Theory of the Paranormal* (London: Thorsons, 1974).

27. Slavoj Žižek, *Less Than Nothing: Hegel and the Shadow of Dialectical Materialism* (New York: Verso, 2012), p. 931.

28. An excellent analysis of Bohr's remark is found in Don Howard, "Who Invented the 'Copenhagen Interpretation'? A Study in Mythology", *Philosophy of Science* 71 (2004), pp. 669–82.

29. Niels Bohr, "Natural Philosophy and Human Cultures", in *Collected Works*, vol. 10, p. 89.

30. R. Crease, "The Most Beautiful Experiment", *Physics World*, May 2002, p. 17; "The Most Beautiful Experiment", *Physics World*, September 2002, pp. 17–18; "The Only Mystery: The Quantum Interference of Single Electrons", in R. Crease, *The Prism and the Pendulum: The Ten Most Beautiful Experiments in Science* (New York: Random House, 2003), pp. 191–205 (the respondent's quote is on p. 191). "Dr. Quantum" has a superb YouTube video of the double-slit experiment.

第 9 章　不行

1. Edmund Taylor Whittaker, *From Euclid to Eddington: A Study of Conceptions of the External World* (Cambridge: Cambridge University Press, 1949), pp. 59–60.

2. See Don Howard, " 'Nicht Sein Kann Was Nicht Sein Darf,' or The Prehistory of EPR, 1909–1935: Einstein's Early Worries about the Quantum

Mechanics of Composite Systems," in *Sixty-Two Years of Uncertainty: Historical, Philosophical, and Physical Inquiries into the Foundations of Quantum Mechanics*, ed. Arthur Miller (New York: Springer, 1990), pp. 61–111.

3. Einstein to Hedwig Born, April 29, 1924, in *The Born-Einstein Letters*, ed. Max Born (New York: Walker & Co., 1971), p. 82.

4. Quoted in Lindley, *Uncertainty*, p. 133.

5. *Nature*, March 26, 1927, p. 467.

6. Guido Bacciagaluppi and Antony Valentini, *Quantum Theory at the Crossroads: Reconsidering the 1927 Solvay* Conference (Cambridge: Cambridge University Press, 2009), pp. 234, 237.

7. Ibid., p. i.

8. Ibid., Ch. 2.

9. Ibid., pp. 440ff.

10. Ibid., 175–76.

11. Quoted in Bacciagaluppi and Valentini, *Quantum Theory*, p. 442.

12. Bacciagaluppi and Valentini, *Quantum Theory*, pp. 247–82.

13. Leon Rosenfeld, quoted in Pais, *Niels Bohr's Times*, pp. 446–47.

14. A. Einstein, R. Tolman, and Boris Podolsky, "Knowledge of the Past and Future in Quantum Mechanics", *Physical Review* 37 (1931), pp. 780–81.

15. "Einstein Affirms Belief in Causality", *The New York Times*, March 17, 1931, p. 13.

16. "Conservative Einstein", *The New York Times*, March 18, 1931.

17. William L. Laurence, "Einstein Offers New View of Mass-Energy Theorem", *The New York Times*, December 29, 1934, pp. 1, 7.

18. A. Einstein, B. Podolsky, and N. Rosen, "Can Quantum-Mechanical Description of Physical Reality Be Considered Complete?" *Physical Review* 47 (1935), pp. 777–80.

19. Paul Schilpp, ed., *Albert Einstein, Philosopher-Scientist: The Library of Living Philosophers*, vol. VII (Chicago: Open Court, 1949), p. 666.

20. Russell McCormmach, *Night Thoughts of a Classical Physicist* (New York: Avon, 1982).

21. Robert P. Crease and Charles C. Mann, "Interview: John Bell," *Omni* (May 1988), pp. 85–92, 121.

22. Jeffrey Bub, "Von Neumann's 'No Hidden Variables' Proof: A Re-Appraisal", arXiv:1006.0499.

23. David Bohm, *Physical Review* 85 (1952), pp. 166, 189.

24. John Bell, *Speakable and Unspeakable in Quantum Mechanics* (Cambridge: Cambridge University Press, 1987), pp. 1–13.

25. Ibid., pp. 14–21.

26. J. Clauser, M. Horne, A. Shimony, and R. Holt, "Proposed Experiment to Test Local Hidden-Variable Theories", *Physical Review Letters* 23 (1969), pp. 880–84.

第 10 章 薛定谔猫

1. See for instance Howard, "Who Invented the 'Copenhagen Interpretation'?"

2. E. Schrodinger to A. Einstein, June 7, 1935. This letter is quoted in Walter Moore, *Schrodinger: Life and Thought* (New York: Cambridge University Press, 1989), p. 304.

3. Ibid.

4. Ibid., p. 305.

5. E. Schrodinger, "Die gegenwärtige Situation in der Quantenmechanik", *Naturwissenschaften* 23 (1935), pp. 807–12; 823–32, 844–49. For the English translation see John D. Trimmer, "The Present Situation in Quantum Mechanics", *Proceedings of the American Philosophical Society* 124 (1980), pp. 323–38, reprinted in J. A. Wheeler and W. H. Zurek, eds., *Quantum Theory and Measurement* (Princeton: Princeton University Press, 1983), p. 152.

6. For a good discussion see Howard, "Nicht Sein Kann".

7. Stephen Brush, "The Chimerical Cat: Philosophy of Quantum Mechanics in Historical Perspective", *Social Studies of Science* 10 (1980), pp. 393–447.

8. For Schrodinger's references see Karl Meyenn, *Eine Entdeckung von ganz auserordentlicher Tragweite: Schrodingers Briefwechsel zur Wellenmechanik und zum Katzenparadoxon* (Berlin: Springer, 2011).

9. As in Anthony J. Leggett, "Quantum Mechanics: Is It the Whole Truth?" in *Visions of Discovery: New Light on Physics, Cosmology, and Consciousness*, ed. Raymond Y. Chiao et al. (Cambridge: Cambridge University Press, 2011), pp. 171–183; see also A. J. Leggett, *Journal of Physics* A 40 (2007), p. 3141.

10. Gary Zukav, *The Dancing Wu Li Masters* (New York: William Morrow, 1979), p. 86.

11. Lily Tuck, *I Married You for Happiness* (New York: Atlantic Monthly Press), pp. 126–27.

12. Steve Field, "Quantum Socks," *New Scientist*, June 23, 2012, p. 31.

13. J. R. Friedman, V. Patel, W. Chen, S. K. Tolpygo, and J. E. Lukens, "Quantum Superposition of Distinct Macroscopic States", *Nature* 406 (2000), pp. 43–46.

14. "How Fat is Schrodinger's Cat," *Physics World*, April 25, 2013.

第 11 章 兔子洞：对平行世界的渴望

1. Movies depicting alternate versions of reality in ways that serve yet other purposes include *It's a Wonderful Life* (1946), *Groundhog Day* (1993), *Sliding Doors* (1998), and *Back to the Future* (1985). See also alternate histories, as in *Steamboy* (2004), a Japanese film about an alternate Europe, and *Difference Engine*, a novel by William Gibson and Bruce Sterling (1992). Books with alternate worlds include Ray Bradbury's *Martian Chronicles* (1950, the third expedition) and Diana Jones's *The Lives of Christopher Chant* (1988). Movies include *The Girl Who Leapt Through Time, The Source Code, and Lake House.*

2. For a biography of Everett, see Peter Byrne, *The Many Worlds of Hugh Everett III: Multiple Universes, Mutual Assured Destruction, and the Meltdown of a Nuclear Family* (New York: Oxford University Press, 2010), and the review by R. Crease in *Nature* 465 (2010), pp. 1010–11. For a collection of papers, see Bryce S. DeWitt and Neill Graham, eds., *The Many-Worlds Interpretation of Quantum Mechanics* (Kathmandu: Five Mile Mountain Press, 1980).

3. Byrne, *Many Worlds,* p. 11.

4. Hugh Everett, III, " 'Relative State' Formulation of Quantum Mechanics" , *Reviews of Modern Physics* 29 (1957), pp. 141–49, reprinted in DeWitt and Graham, *Many-Worlds Interpretation.*

5. DeWitt and Graham, *Many-Worlds Interpretation,* p. v.

6. Ibid., p. xii.

7. DeWitt and Graham, *Many-Worlds Interpretation*, p. 161.

8. Kurt Vonnegut, *Slaughterhouse-Five* (New York: Delacorte Press, 1969).

9. *Doctor Who*, Episode 5, Series 2, 10th Doctor.

10. "On View: It's Fashionable to Take a Trip to Another Universe" , *The New York Times, July* 26, 2011.

11. Michael Douglas, *Journal of High Energy Physics* 0305 (2003), p. 46.

第 12 章 拯救物理

1. Howard, "Who Invented the 'Copenhagen Interpreta tion' ?"

2. Quoted in Howard, "Who Invented the 'Copenhagen Interpretation' ?" p. 676.

3. Jack Sarfatti and Fred Alan Wolf, personal communication, March 17, 2013.

4. David Kaiser, *How the Hippies Saved Physics: Science, Counterculture, and the Quantum Revival* (New York: Norton, 2011), p. 119.

5. Fritjof Capra, *The Tao of Physics: An Exploration of the Parallels Between Modern Physics and Eastern Mysticism* (Berkeley: Shambhala Publications, 1976), p. 298.

6. D. Harrison, "What You See Is What You Get!" *American Journal of Physics* 47 (1979), pp. 576–82; "Teaching the Tao of Physics", *American Journal of Physics* 47 (1979), pp. 779–83.

7. Zukav, *The Dancing Wu Li Masters.*

8. Buffalo: State University of New York Press, 1984.

9. See for instance Martin Gardner, "Quantum Theory and Quack Theory", in the *New York Review of Books* 26 (May 17, 1979); "Magic and Paraphysics", *Technology Review* 78 (June 1976), pp. 42–66.

10. Paulo Coehlo, *Brida: A Novel* (New York: Harper Collins 2008), pp. 73–74.

11. Thanks to George Clinton for this remark.

12. Abraham Pais, *Subtle Is the Lord: The Science and the Life of Albert Einstein* (New York: Oxford, 2005), p. 1.

13. Marshall Spector, "Mind, Matter, and Quantum Mechanics", in *Philosophy of Science and the Occult*, 2nd ed., ed. P. Grim (Albany: State University of New York Press, 1990), p. 344.

结语　现在时刻

1. See for instance Lillian Hoddeson, "The Entry of the Quantum Theory of Solids into the Bell Telephone Laboratories, 1925–40: A Case- Study of the Industrial Application of Fundamental Science", *Minerva*, 1980, pp. 422–47.

2. Dobbs and Jacob, *Newton,* p. 123.

图片及引文出处

p. 2: Courtesy Juan Mesa.

p. 5: CartoonStock.

p.7: © by Alison Bechdel. Reprinted by permission of Houghton Mifflin Harcourt Publishing Company. All rights reserved.

p. 8: xkcd.com.

p. 12: ©Tate, London 2013.

p. 20: Courtesy the Sir Isaac Newton Pub, 84 Castle Street, Cambridge,England.

p. 32: Courtesy Chi Ming Hung.

p. 36: Emilio Segrè Visual Archives, Gift of Hans Kangro.

p. 39: Courtesy Franklin W. Olin College of Engineering.

p. 40: Photographie Benjamin Couprie, Institut International de Physique Solvay, courtesy AIP Emilio Segrè Visual Archives.

p. 43: Courtesy AIP Emilio Segrè Visual Archives.

p. 52: Courtesy Chi Ming Hung.

p. 59: Niels Bohr Archive, Blegdamsvej 17, DK-2100 Copenhagen Ø,Denmark, courtesy AIP Emilio Segrè Visual Archives.

p. 66: Courtesy *Saturday Morning Breakfast Cereal* (SMBC), webcomic by Zachary Alexander Weinersmith. Zach Weinersmith, zach@smbc-comics.com.

p. 67: CartoonBank. Mark Thompson/The New YorkerCollection.

p. 74: Photograph by Stephen White, London © the artist.

p. 76: Courtesy Tony Zurlo.

p. 91: © 1962 Schroder Music Co. (ASCAP), Renewed 1990, Used by Permission. All rights reserved.

p. 96: xkcd.

p. 102: AIP Emilio Segre Visual Archives, Gift of KameshwarWali andEtienne Eisenmann.

p. 109: Courtesy Roy Glauber.

p. 117: Courtesy Julian Voss-Andreae.

p. 119: xkcd.

p. 128: Courtesy Sidney Harris, ScienceCartoonsPlus.

p. 140: Courtesy Chi Ming Hung.

p. 143: Courtesy Chi Ming Hung.

p. 146: Courtesy Sidney Harris, ScienceCartoonsPlus.

p. 149: Courtesy Universal Uclick.

p. 149: domaineboyar.

p. 151: Courtesy AIP Emilio Segrè Visual Archives, Gift of Subrahmanyan Chandrasekhar.

p. 153: Photo by Bachrach.

p. 163: Courtesy Universal Uclick.

p. 163: Courtesy JeroenVanstiphout.

p. 178: xkcd.

p. 179: Courtesy Alexander Crease.

p. 183: © 2013 Artists Right Society (ARS), New York/ADAGP, Paris.Image: ©SMK Photo

p. 221: © Peter Menzel.

p. 227: From Will Grayson, Will Grayson by John Green and David Levithan, copyright © 2010 by John Green and David Levithan. Usedby permission of Dutton Children's Books, a division of PenguinGroup (USA) Inc.

p. 238: Michael Ramus, Courtesy Physics Today.

p. 241: xkcd.

p. 242: icanbarelydraw CC BY-NC-ND 3.0.

p. 252: "Another Earth," TMand ©Twentieth Century Fox Film Corporation.

p. 263: Courtesy Nature Publishing Group.

p. 267: Courtesy Ryan Lake.

p. 267: Lee Lorenz/The New Yorker Collection.

p. 277: © Donna Coveney.

p. 298: xkcd.

致　谢

我们需要表达的感谢甚多。我们俩大约于 10 年前首次相识，缘于我们分别递交了对同一笔拨款的申请，然后主任要求我们合作。同时，石溪的一个大一学生正在我俩各自所在系的大楼里到处寻找，希望能有一位哲学家和一位物理学家来教导一门关于量子力学的哲学课程。我俩是仅有的认真对待他的人，并开始思考什么样的内容能对学哲学和学物理的本科生都有意义，能被他们都理解。我们知道，关于量子力学的哲学、历史以及科学内容的材料有很多（这个领域几乎不再需要更多东西了），但是研究量子力学对大众文化的影响（反之亦然）这个想法引起了我们的兴趣。这门课不止实现了这些期望。我们把这门课叫作"量子时刻"，灵感来自于 2004 年纽约公共图书馆的一次展览。这次展览由科学史学家莫迪凯·法因戈尔德组织，名字叫作"牛顿时刻"。我们俩不仅要感谢石溪大学允许我们教这样一门新颖的课程，还要感谢学校的行政人员（哲学系的艾丽莎·贝茨以及物理系的帕姆·伯里斯和纳森·尼奥斯－夏品）年复一年费劲地把一门共同执教的课排进一个高要求的课程设置中。

在 2006 年春季这门课程的首轮讲授中，我们很幸运。不仅有聪慧和勤奋的学生，还有几位资深老师参与，包括物理学家哈罗德·梅特卡夫、哲学家帕特里克·格里姆和米勒·李以及生物化学家保罗·宾厄姆。每一年，全班同学去石溪物理系的激光教学中心实习一次，由梅特卡夫和激光教学中心的执行主任约翰·诺亚指导。我们也请了好些知名的客座演讲嘉宾，有些嘉宾亲自来到了教室里，另一些使用网络电话 Skype，还有几位是两种方式都用了。这些人里包括保罗·福曼、戴维·凯泽、宫本信子和吉诺·塞格雷。这些演讲嘉宾为我们的学生增加了见解，也使我们自己对这个丰富多彩的主题增加了见解。

2012 年夏天，我们俩中的一个（克里斯）在石溪位于俄罗斯圣彼得堡的纽约－圣彼得堡语言、认知与文化学院（NYI）讲授了这门课的一个微缩版本。我们感谢学院的联席主任、石溪的教授约翰·弗雷德里克·贝林和很多热情的学生，这些学生选了这门课并给我们提供了俄罗斯人的思考角度。戈德哈伯在 2012 年 7 月 25 日至 29 日于马里兰州陶森大学举行的"艺术、音乐和科学中的数学联系"Bridges 会议上做了一个与我们的课程相关的报告；克里斯于 2012 年 3 月在亚特兰大举行的第十届加德纳聚会（G4G10）上做了一个报告；2012 年 9 月我们一起在石溪大学的人文学院做了一个关于这门课的联合报告。

克里斯为《物理世界》杂志撰写一个每月一次的专栏《临界点》，《物理世界》是由英国物理学会出版的一本非常有益和有启发性的杂志，编辑马丁·杜拉尼确保为这本杂志的写稿是高要求的以及阅读这本杂志是有趣的。我们不仅感谢他，也感谢许许多多对专栏做出回应的人。这本书中的有些材料首次出现于这些专栏文章中，包括第 1 章的部分（"量子时刻"，2013 年 3 月），第 3 章的部分（"水果圈式"，2012 年 2 月），第 5 章的部分（"全同物理"，2013 年 1 月），第 9 章的部分（"不可能物理"，2007 年 7 月），第 10 章的部分（"永远不死的猫"，2013 年 4 月），以及第 11 章的部分（"非现实世界的故事"，2011 年 12 月）；其他材料取自 2001 年 12 月（"对不确定性太自信"）、2008 年 5 月（"玻尔佯谬"）以及 2008 年 9 月（"文化的量子"）的专栏文章。我们非常感激能被允许修订和改编这些材料。

感谢诺顿出版公司的编辑玛丽亚·瓜尔纳斯凯利。她对我们书稿的早期版本做了富有见地的阅读。感谢她的耐心，等待我们重新调整书稿以使其更加连贯和有条理。我们也感谢米切尔·科霍斯对整理书稿的帮助；感谢主编南希·帕姆奎斯特和制作经理戴文·扎恩；感谢朱莉·薛瑞尔；感谢文字编辑卡罗尔·罗斯，她的很多建议极大地提高了我们的写作水平。

我们也感谢约翰·格林和戴维·利维坦，感谢他们允许我们转载《两个威尔》中威尔（两个中的一个）和简之间关于薛定谔猫的有趣长谈。我们谢谢哈佛大学图书馆，在这里我们使用了珀西·威廉姆斯·布里奇曼的作品集，也谢谢哥伦比亚图书馆和石溪大学图书馆，我们频繁地使用这两个图书馆的资料。我们还要感谢爱德华·凯西、帕特里克·格里姆、乔治·威廉·哈特、唐·伊德、已故的约翰·哈曼·马伯格、爱德华多·门迭塔、哈尔·梅特卡夫、米勒·李、罗伯特·沙夫以及马歇尔·斯佩克特，感谢他们的各种深刻见解。非常感谢罗伊·格劳伯允许我们复制他那张关于泡利的精彩照片和允许我们引用他对这张照片来由的描述。杨振宁理论物理研究所的系统管理员洪启明绘制了书中的一些图表。感谢总是出人意料的 XKCD，感谢它富有想象力的漫画和它的慷慨大方，允许人们分享这些漫画。克里斯感谢他的妻子斯蒂芬妮，没有她的爱和支持，他不可能完成这本书。斯蒂芬妮阅读了书稿的很多版本，为它的清楚明晰和内容做了很多贡献，并帮助校订了本书稿之前的很多专栏文章。克里斯也感谢他的儿子亚历山大和女儿伊迪亚的爱和支持，亚历山大帮助制作了一些图表。戈德哈伯感谢妻子苏珊·戈德哈伯的爱、鼓励和建议，感谢他俩的孩子们戴维·戈德哈伯－戈登和莎拉·戈德哈伯－菲尔伯特以及他们各自的家庭，他们让写这本书之前和写这本书之中的生活如此特别和有意义。此外，戴维对我们的文字给了一些很有见地的意见。最后，我们感谢彼此，6 年来一起克服我们之间很不一样的感觉、风格和日程安排，让每一节课都显得新奇和新鲜。